修訂三版

自然地理學

physical geography

劉鴻喜　著

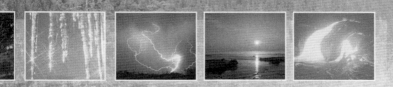

三民書局

國家圖書館出版品預行編目資料

自然地理學／劉鴻喜著.－－修訂三版五刷.－－臺北市：三民，2014
　　　面；　　公分

ISBN 978-957-14-4108-5　（平裝）

1.自然地理

351　　　　　　　　　　　　　　　　　　93015271

©　自然地理學

著　作　人	劉鴻喜
發　行　人	劉振強
著作財產權人	三民書局股份有限公司
發　行　所	三民書局股份有限公司
	地址　臺北市復興北路386號
	電話　(02)25006600
	郵撥帳號　0009998-5
門　市　部	(復北店)臺北市復興北路386號
	(重南店)臺北市重慶南路一段61號
出版日期	初版一刷　1975年9月
	修訂三版一刷　2004年11月
	修訂三版五刷　2014年1月
編　　　號	S 600120

行政院新聞局登記證局版臺業字第○二○○號

有著作權‧不准侵害

ISBN　978-957-14-4108-5　（平裝）

http://www.sanmin.com.tw　三民網路書店

※本書如有缺頁、破損或裝訂錯誤，請寄回本公司更換。

修訂三版序

　　本書出版雖歷有年所，但因所引用的學術論述久成定論，雖經時間考驗，尚無舛誤不實之處，經得起近年的實際驗證。例如本書第二章有關火星的敘述，經 2004 年美國施放兩次無人探測船降落於火星表面，探測車在火星表面行駛探測並傳回影像，據以判斷火星表面昔日似有流水跡象，目前仍為無水狀態。另如 2001 年臺灣南投 921 大地震的驗證，其發生的原因即為大陸板塊（歐亞板塊）和海洋板塊（菲律賓海板塊）互相推擠所形成，和本書第十三章的板塊構造理論，若合符節。

　　為使本書益臻完善，三民書局編輯部特以越洋電話聯絡本書作者，作者自臺灣師範大學及中國文化大學退休有年，目前客居於美國加州聖荷西市，為對讀者負責，遂允詳細審視本書，並予以適當的修訂，在重點增訂方面則有：一為增加水資源一章，因世界人口日益增多，需水大增，昔日不缺水者（如臺北地區），今亦難免限水；為使對水的利用及開發有正確的認識，特增列此章；另在地圖繪法一章中，增加電腦製圖一節，俾讀者對近年電腦的流行及普及，和地理製圖方面的關係，可有正確的了解和體會。

　　在本書修訂過程中，作者曾得到學弟中央氣象局紀副局長水上的協助，使本書第八章氣團鋒面及氣旋一章的內容資料，得到全面的更新；而在第五章地圖繪法方面，則得到學弟臺灣師範大學地理系吳信政教授的協助，其多年從事地圖繪製的經驗，使增編的電腦製圖一節，更為言之有物，符合現況，嘉惠於讀者，作者特藉此敬表感謝之意。

劉鴻喜

序於臺北市國立臺灣師大綜合大樓八樓（校友樓）

中華民國 93 年 9 月

原　序

　　近年各國地理學系，多將其入門課程「地學通論（或名普通地理學）」更名為自然地理學，此項改變顯示國外地理學界已僉認：對於初學者言，自然地理的知識應該優先學習，以為研究地理學之基礎；而將地學通論內的人文地理部分省略，俾使自然地理可有較多的篇幅及充分的教學時間，供讀者研習。另在其他年級直接開授人文地理學、人口地理學、運輸地理學、經濟地理學及都市地理學等，反可免去重複。

　　自民國 52 年秋拙作《自然地理學》初版問世以來，繆承國內地理學界及港、星各地廣泛採用及閱讀，衷心感荷。去歲該書三版已售清無存，本應即予重編，但以美國夏威夷大學地理學系邀聘，前往該校任暑期班客座教授，講授自然地理及中國地理兩課程，至 9 月初旬始返臺，廑即開學授課；同年 11 月至 12 月間，又赴紐西蘭出席國際地理聯合會之區域會議，沿途並訪問香港、新加坡及澳洲等地，致使本書之改編工作，延後一年，至最近始告殺青付印，有勞讀者探詢，至以為歉。

　　本書新版之內容刪除了一些次要章節，但對地理學的基本觀念及氣候分類方面增加闡述，另增添了地理製圖及讀圖部分及最新的地設構造理論——板塊構造學說 (Plate tectonic theory)，以及近年重被推崇的大陸漂移理論 (Continental drift theory) 等項，希讀者注意及之。

劉鴻喜

序於國立臺灣師範大學地理研究所

中華民國 64 年 9 月

自然地理學
Physical Geography

目次

附表目次

附圖目次

照片目次

第一章 地理學的含義和地學通論的內容

第一節 地理學的含義和地理學的使命

地理學的含義

地理學的英文名辭為 geography，其字根溯源於希臘文的 geographia，是由字首 geo（地或地球）和字尾 graphia（記載或描述）合成。此字表示古代西方的地理學也是以對地區的描寫和記述為主的。可是地理學的使命早已不限於對地區的描寫和記述，而著重於解釋、評價和研究如何利用地理環境，因此，英文的 geography 實不如我國固有的「地理」一辭，因為今日的地理學正致力於闡述地表事物的道理。

歷史學的研究對象是時間，講究的是某椿歷史大事於何時發生及如何發生？在英文來說是 when and why？而地理學研究的領域是空間，講究的是地表事物的空間分布並探求其分布差異的原因，在英文來說是

where and why? 所以我們說：「地理學就是研究地球表面各種事物的空間分布及其差異的科學。」

我們若以亞洲和歐洲的氣候差異為例，可以看出由於兩區氣候環境的差異，所造成的影響是十分深遠的。亞洲的冬季氣溫特別低寒，故迫使居住在蒙古高原上的胡人（秦漢時代的匈奴和宋元時代的蒙古人），處心積慮的希望「南下牧馬」，因而與在其南方的農業民族漢人發生長期戰鬥，然細審當時胡人的生存空間約在北緯 40 至 55 度（包括今日的貝加爾湖一帶），並非高緯區，距北極圈尚遠，然其冬季低溫已可達到攝氏零下 50 度，一次寒流可使牛羊牲畜凍餓而死者達數十萬頭。反觀西北歐洲所處緯度實較東亞為高，像巴黎位在 48.51°N，倫敦位在 51.30°N，挪威的奧斯陸位在 59.56°N，這些地方的夏溫雖不甚熱（巴黎最熱的 7 月份平均溫度攝氏 18.3 度，倫敦同月均溫為 17.2 度，奧斯陸同月亦為 17.2 度），但冬季相當溫暖，巴黎 1 月份均溫為 2.7 度，倫敦攝氏 5 度，奧斯陸最冷，也僅和中國的北京相當，1 月份均溫為零下 4.4 度。西、北歐洲因夏涼冬暖，海港冬不結冰，故自古以來環繞北海的各國皆發展航海及漁撈事業，終於演變而成遍及全球的殖民事業，為西北歐洲拓殖了許多新的生存空間，今日的南、北美洲和澳、紐皆成為他們的天下，其影響是如此深遠。但為何會造成這種歐、亞氣候上的差異，則是由於不同的地理環境所造成，其中原因可分析如下：

㈠冬季盤據在東亞大陸上的冷氣團（或稱蒙古高氣壓）是世界上最強大的冷性高氣壓，當它向東南方移動時，可使所經之區氣溫陡降，形成寒潮，故東亞的冬溫低於同緯度的平均值，特別寒冷。

㈡歐陸半島及內海眾多，陸地氣候深受四周海洋的影響。歐洲本身就是亞洲西部的一個大半島，其上又分出許多大小半島及島群，這些陸地除三面臨海外，又有許多內海深入內陸，對於內陸氣候深具調節作用，

遂使歐洲夏無酷暑，冬少嚴寒。

㈢歐洲深受北大西洋暖流及盛行西風的聯合影響，海水溫度特高，使位在高緯區的北歐各海港，冬季亦不結冰，西、北歐洲的航海及漁撈事業乃得以發展。

㈣歐洲的主要山脈多為東西走向，既不致妨礙盛行西風的深入，又可防阻冬季北方寒冷氣流的南侵。匈牙利平原較暖，乃受喀爾巴阡山脈的保護；義大利特別溫暖，乃受阿爾卑斯山脈的保護，此中因果關係顯而易見。

㈤歐洲陸地的面積較小，冷氣團的發育差，威力較弱；反之，氣旋（低氣壓）的活動頻繁，遂使歐洲的天氣多變而富刺激性，利於工作，被稱為工作氣候，故人民多奮發自強。

由上例可見，地理學的研究不但要了解地表各種事物的分布實況，也要深入地去探討它為何會有如此的分布？如此的差異？這樣的分析和研究，就是在探討「地的道理」，正如物理學是研討「物的道理」一樣。由此可見，中文的「地理」較英文的 Geography，更能表示這門科學的內涵。

地理學和環境科學

人類在地球上生存，自然和他賴以生活的空間，發生密切關係。這個生存空間，就是地理環境 (geographical environment)。人類及生物主要活動在大氣層下方，地表之上的一個平淺的空間，可稱之為生命層 (life layer)，此層係以自然環境 (physical environment) 為基礎，上有人類的各種活動,研究生態系 (ecosystem) 的學問,可稱為人類生態學 (human ecology)。人類生態學大致和環境科學 (environmental science) 相當。而環境

科學乃指研究人類生息其間的地理環境各門學科而言，如地理學、氣象學、水文學、海洋學、地質學、土壤學、生物學等，均為環境科學的一支；其中因為地理學最富綜合性 (comprehensive) 及區域性 (regional)，自然成為環境科學的主幹。

上述這些學科在昔日常被稱為純粹科學 (pure science)，以別於由工程為主體的應用科學 (applied science)，然而科學發展至今日，原來純粹科學與應用科學各不相牟的觀念已不切實際，應加以指正。茲以臺北盆地的防洪問題為例：

自從民國 52 年 9 月葛樂禮颱風通過臺灣北部海上，因移行緩慢，暴雨期長達 60 小時，在臺北盆地形成大水災，各方對於防洪要求殷切，乃有防洪小組的設立及臺北區防洪治標治本計畫的提出，在其治標的各項辦法中，有一項為：「關渡拓寬」，以便洪水下洩。按關渡地處淡水河下游觀音山及大屯山之間，水道狹隘，成一水口 (water gap)，故於民國 53 年施工將大屯山麓的關渡臺地及觀音山麓的獅子頭，同時鑿寬，原來的河寬 300 餘公尺，拓寬至 500 餘公尺，54 年完工後，本以為可以減輕洪水的威脅，然事實證明，臺北盆地的洪災依然嚴重；反之，由於關渡水口的拓寬，使海潮進入臺北盆地大為容易，故自民國 55 年起，每逢各月大潮之期，海水大量沿淡水河經關渡水口湧入，倒灌了盆地內甚為低窪的蘆洲和五股，該區農田經海水間歇性的浸泡，均已成為鹽漬地，不堪農耕，連竹林亦已枯死，昔日蘆洲市原為臺北市花卉及菜蔬的供應地，今日該市農民多已廢耕停業，就食於臺北市。此種利未見，害已現的防洪工程設計，當時顯然只著眼於洪水的下注，而忽略了海潮的頂托及倒灌，不能不說是一項失敗！過去國內人士悉將防洪工程委之於水利工程師，而工程界亦居之不疑；事實上，有關集水區洪水流量的推算，海潮的升降及其對地形的影響，海潮高低所受天文及氣象因素的影響，壩址

的選擇，防洪水庫群配置地點的調查及規畫，各庫蓄洪能力的估算等，均非純工程的問題，而與地理學、水文學、氣象學、地質學等這些環境科學具有密切關係，其中又以和研究整個環境的地理學，關係最大。由此可知，地理學並非是純粹的國民知識教育學科，實具有多方面的應用價值。

地理學的科學使命

　　地理學在中學階段注重於基本地理知識的培養，如對臺灣地理的介紹，可說是鄉土地理教育；中國地理教材，則是使國民對中國生存空間有基本的認識；世界地理教材則是要求國民對世界各國獲有初步認識。

　　地理學是科學，在研究方法上首重觀察 (observation)。因人類對在他周圍的環境，首須觀察，以求更能熟悉這個環境，這種觀察能力的培養和訓練，可說是地理學的第一重科學使命。

　　地理學既著重於對地理環境的觀察與認識，其初步自是定性的，譬如本區的天然植物分布如何？但進一步的要求，就是定量的，如在本區天然植物中，針葉樹佔多少？闊葉林佔若干？草地佔若干？另如在一個區域，河流橫阻，兩岸需建橋樑，以利交通，此為定性的觀察；但若從定量上作研究，則以下各項必須先行考慮：

　　1.建橋一座或多座？當視兩側居民人數多寡而定。

　　2.建橋地點的勘定。應視兩側街道分布狀況而定。

　　3.橋樑高度應視當地河流洪水位的高度而定，而橋樑高度又和橋樑兩端的引道密切相關。

　　4.橋樑寬度應視交通流量而定，但逐年交通流量的增加率亦應正確估出，以供設計者的參考。

　　由上舉例證，可知當代地理學的使命，已由原來的定性分析及研討，增進至今日的定量分析及研究。故目前國內各大學地理學系已將計量地理學 (quantitative geography) 列為重要課程。

　　地理學的第二重科學使命為對地理環境加以適當的描寫 (description) 和正確的解釋 (explanation)。這是因為人類有了文字和典籍，由於求知慾的需要，自會把這個環境加以刻意的描寫而記載下來。我國大史學家司馬遷曾在其名著《史記》的〈貨殖列傳〉中，對當時（西漢）首善之區的關中，有如下的描寫：

　　「漢興，海內為一，開關梁，弛山澤之禁，是以富商大賈周流天下，交易之物莫不通，得其所欲，……故關中之地，於天下三分之一，而人眾不過什三，然量其富，什居其六」。關中為何會形成特別富庶之區，司馬遷分析其原因有三：

　　㈠關中農產豐饒：他說：「關中自汧、雍以東至河、華，膏壤沃野千里，……其民猶有先王之遺風，好稼穡，殖五穀。」

　　㈡巴蜀物產眾多：太史公說：「關中……南則巴蜀，巴蜀亦沃野，地饒巵、薑、丹沙、石、銅、鐵、竹、木之器，……唯褒斜綰轂其口，以所多易所鮮。」也就是說，當時巴蜀所產貨物主要輸往關中，遂使關中益顯富庶。

　　㈢西北畜產富饒：司馬遷指出：「天水、隴西、北地、上郡與關中同俗，然西有羌中之利，北有戎翟之畜，畜牧為天下饒。」

　　由於上述農牧特產之向關中匯集，遂使其富甲天下，乃能成為西漢時代名實相符之中樞區域，由此區發號施令，乃能南平百越，西開四郡，北伐匈奴，使漢民族的生存空間，大為擴張。

　　由上所述，可見司馬遷在二千年前對於我國經濟地理已有深刻的觀察，並作了確切的描述和分析，這當然和司馬遷曾經遊歷河、淮、大江

南北、四川及關中各地，對我國的地理環境有深刻的認識及體驗所致。

地理學所負有的第三重科學使命，乃是對各個地理環境予以適當的評價 (evaluation)，俾使各區可有更合理的設計 (planning) 及利用 (utilization)。例如臺北縣境內的烏來，早以瀑布著名，但對瀑布的觀賞，僅能使遊客佇足小立，不足以吸引遊客作較長時間的逗留。但自從建設纜車使旅客可登臨瀑布之上，並在該上游區建立了現代化旅舍、別墅以來，使旅客的視野擴大，遊域增加，該區才真正成為臺北近郊的旅遊渡假勝地之一。國外的山區也多利用纜車的方法，克服崎嶇地形的障礙，使旅客可以逕行直達山顛，而利用地形的差異，使旅客可以享受到夏季避暑，冬季滑雪的樂趣。

第二節　地理學的特性和地理學發展史

地理學的特性

地理學在先天上即具有二元化 (dual) 的特性，這是因為地理環境的本身就是二元性。氣候、地形、海洋、河湖、土壤、生物，都是組成自然環境的要素；人口、聚落、經濟、交通，則是構成人文環境的單元，合自然環境和人文環境組成一個完整的地理環境，而地理學是探討地理環境的科學，對於地表自然的現象 (physical phenomena) 和人文的景觀 (cultural landscape)，自應等量齊觀，視為一體的兩面，並行而不悖。這種自然和人文二元並重的現象，在其他科學上是少見的，卻是地理學的

第一個二元特性。

　　構成地理環境既有上述許多要素，我們如對這些要素 (elements) 逐一加以探討，就是通論地理學 (general geography)，也可叫做普通地理學或系統地理學 (systematic geography)。但從另一角度看，地理學的研究，既是以空間為對象，則分成大、小區域加以研究，自屬必要。小區域像臺北盆地，大一些像臺灣省，更大的像中國、亞洲、非洲等區域的地理狀況，均可稱為區域地理 (regional geography)，這種通論地理和區域地理平行發展，相得益彰的現象，可說是地理學的第二個二元特性。

　　凡是研究空間的科學，如地質學、水文學、生物學等，都可以具有上述第二個二元特性，但不具備上述第一項二元特性；因此，可知上述的兩種二元特性是地理學所特有的。

地理學通論的內容

　　地學通論的內容包括兩部分，一為自然地理學 (physical geography)，其內容以氣候、地形、海洋、河湖、土壤、生物等為主；一為人文地理學 (cultural geography)，又可分為狹義的和廣義的二種，狹義的人文地理學係以人類的食、衣、住、行為研討的範圍，故又可稱為人生地理學 (human geography)，廣義的人文地理學，除探討人口、聚落、經濟、交通等人文因素外，尚可研究：宗教、歷史、文化發展、文化移殖等問題，故又可稱為文化地理學 (cultural geography)。

　　地理學是一門綜合性的科學 (comprehensive science)，它與許多學科都有關係，但這些學科並不能取代地理學。在自然地理學方面，我們知道自然地理學和氣象學 (meteorology)、地質學 (geology)、生物學 (biology)、土壤學 (pedology)、以及水文學 (hydrology) 等，皆有密切關係，但

彼此研究的目標卻不相同。地理學者研
究氣象學在於了解氣候學的本質，而氣
象學者研究氣象學的終極目的卻在於
預報天氣！地質學者研究地質學後，要
進一步的研究岩石學、礦床學、構造地
質學等，而地理學者卻將地質學的研
究，作為探索地形學的基礎。由此可見
自然地理學和上述各項自然學科間的
關係，可如圖 1–1 所示。

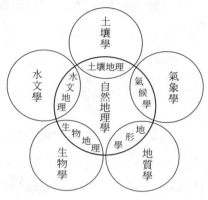

圖 1–1　自然地理學和其他自然科學間之關係圖

　　由圖 1–1 可見，在自然地理學和其
他自然科學間所產生的中間科學如氣
候學 (climatology)、地形學 (geomor-
phology)、生物地理學 (biogeography)、
水文地理學 (hydrogeography) 等，皆是
自然地理學的一部分，當我們研究這些
中間科學時，難免要借助有關的自然科
學的原理和原則，因之，彼此之間的關
係是很密切的。

　　在人文地理學方面，它和人口學、
人類學、社會學、政治學、經濟學、運

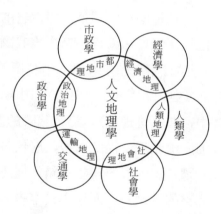

圖 1–2　人文地理學和其他人文科學間之關係圖

輸學、都市計畫學等，均有密切關係，彼此疊合的結果，也產生了許多
中間學科如：人口地理學、人類民族學、社會地理學、政治地理學、經
濟地理學、運輸地理學、都市地理學等（圖 1–2），這些皆是人文地理學
的一環，地理學者對於每一環節皆有深入探討的必要。地理學者若欲從
事計量方面的研究，則需借助統計學的方法和技術，而介在地理學和統

計學之間的中間科學，就是計量地理學，它在人文地理學及自然地理學兩方面都有應用的價值。

地理學發展史略

人類誕生並發展於地球之上,故對於地球的臆說和研究最早也最多。初民時代以為「天圓地方」，二千五百年前，希臘哲學家畢薩哥拉斯 (Pythagoras) 出，始有地為圓形之揣測；其後，地圓之說日盛，但直到距今四百五十餘年前，葡萄牙人麥哲倫 (Magellan) 環球一週成功 (1519–1521)， 地圓觀念始被公認無疑。

地理學在中國是一門古老的學問，起源甚早，紀元前 1120 年左右問世的《尚書·禹貢》篇， 為我國第一本敘述地理的專論，後來司馬遷在《史記》(紀元前 97 年) 中特撰〈貨殖列傳〉，為區域經濟地理學的濫觴。而《史記》中的〈河渠書〉，則為水文地理的先河。在班固所編的《漢書》中， 有〈地理志〉，記述我國的區域地理；〈食貨志〉記述我國西漢時代的經濟地理。從此以後，歷代各地皆有地方志出刊，數量甚多，但可惜我國方志的內容博雜不精，僅止於對當地區域的描述，不能算是純正及完整的地理學，而且主其事者多為歷史學者，並不能使我國的地理學多所發揚。這種情況一直持續了一千多年，地理學在中國並無顯著的進步，只有極少數的學者在地理著述上，曾有劃時代的貢獻。且主在明、清之際完成：

㈠顧亭林所著《天下郡國利病書》,是一本有關我國經濟地理的好書，此書為亭林先生的未完稿，否則價值更高。

㈡顧祖禹所著《讀史方輿紀要》，是我國規模最大、最有系統的一本國防地理，書中備載山川海岸險要，評論南北軍事形勢及古今用兵興亡、

成敗、強弱、得失之原因。我國地理學大師張曉峰（其昀）先生曾明指顧氏此著即為我國的地略學。

　　㈢徐宏祖所著之《徐霞客遊記》，目前傳世的只有二十卷，共四十餘萬字，散失未能刊行者恐尚不止此數。徐氏一生（1586-1642 年）熱愛旅行，從二十二歲至去世的五十六歲，每年皆曾出外旅行，足跡遍及江、浙、華北及西南共十七省，在旅途中，他曾三次絕糧，兩次遇盜，但都未能減少他對旅行考察的熱愛。因此徐霞客及其遊記，曾被稱為是「奇人奇書」。這本「奇書」對我們的啟示，至少有以下兩點：

　　1.徐氏重視實地觀察的科學態度，並有數值觀念，值得效法。

　　2.徐氏有不迷信、不怕吃苦的克難精神，值得發揚。

　　近代科學的地理學源於德國，十八世紀末葉，德國哲學家康德 (Emmanuel Kant) 在其所著《地理學》(*Geographie*) 中即曾指出：時間上的敘述是歷史，空間上的敘述為地理。其後兩位德國學者將科學的地理學創立起來，一為洪保德 (Alexander Von Humboldt, 1769-1859)，一為李特爾 (Karl Ritter, 1779-1859)，洪氏對自然科學的興趣極為廣泛，重實地觀察，因而創立自然地理學；李氏偏好歷史，重視人文因素，因而創立人文地理學。洪保德氏曾創立兩大科學原則，才使地理學得以科學化：

　　㈠因果原則 (principle of causality)：洪保德氏對於問題必先求其因而推及其果。

　　㈡綜合原則 (principle of general coordination)：洪保德氏不拘研究何地區，對於其他各區的同類現象，亦作比較分析，以求獲得相通的準則或定律。

　　李特爾氏的貢獻在於能將洪保德氏的兩大原則，述成條文，使其清順易解，對於綜合原則的闡述，應用尤多。

　　十九世紀歐西人士對外探險之風大盛，其中著名的探險家有：巴斯

(De Barth) 及納雪加 (Nachtigal) 在蘇丹及撒哈拉區探險，司皁克 (De Speke)、許溫福司 (Schweinfurth) 及史坦來 (Stanley) 等，深入尼羅河及剛果河上源，李文斯敦 (Livingstone) 在三比西河上的探險，斯文海定 (Sven Hedin) 和倭白羅契夫 (Obroutschev) 等對中亞及我國新疆的探險，均在地理上有新發現。

在地理學思想方面，自從洪保德和李特爾兩氏於西元 1859 年同年去世後，地理學分為二支，一為自然，一為人文，彼此異向發展，愈離愈遠，因而形成二元論 (dualism)，直到雷齊爾 (Friedrich Ratzel, 1844–1904) 出，才使自然和人文聯貫起來，他將人類在地表的活動作為地理學研究的主要對象，但又注重自然現象對於人類活動的影響，此種見解可稱之為一元論 (unitarism)。雷氏並主張範圍原則 (principle of scope)，認為地理學乃研究分布之學，應注重研究的範圍。像對於火山組織結構之研究，並不屬於地理學，而調查一區火山之分布及其成因，即入地理學的範疇。其後雷氏弟子過於強調自然對人類活動的影響，認為人類的一切活動均在自然環境的控制支配 (control) 之下，因而被稱為必然論學派 (school of determinism)。此種絕對性的說法自不能為其他地理學家所接受，因此法國的地理學者白蘭士 (Paul Vidal de la Blache, 1845–1918) 乃提倡地理環境影響 (influence) 說，指出地理環境對於人類的一切活動均可產生大小不同的影響，但由於人類的智慧高超，也往往可以克服其影響。也就是說，人和地之間的關係，只是相互的，並非絕對不可改變的；因此，白蘭士的理論被稱為可能論學派 (school of possibilism)，又因為這一學派特別著重於人地間的相互關係及其相互影響，因之又被稱為人地關係學派 (school of man-land relationship)。

和雷齊爾同時的另一德國地理學家為李希霍芬 (Ferdinand von Richthofen, 1833–1905)，李氏曾遨遊亞洲及新大陸，而以在中國的時間

最久，其成名作 "*China*" 五大卷，為劃時代巨著，李希霍芬擅長地質，偏重自然，雷齊爾偏於人文，其情況和洪保德及李特爾二氏時代相仿。但雷氏亦未忽視自然環境對於人類活動的影響力。

法國地理學派以白蘭士為始祖，繼其衣缽者有白呂納 (Jean Brunhes, 1869–1930)，馬東男 (Emmanuel de Martonne, 1873–1955) 及狄曼喬 (Albert Demangeon) 諸氏，白呂納偏重於人生地理 (human geography)，馬東男偏重於自然地理，狄曼喬則治經濟地理及人文地理，歐洲地理學之傳播及發展，至此乃由德國經法國而至英國。英國早期的地理學家有麥金德 (H. J. Mackinder, 1861–1947)，精研區域地理，其著名論文《不列顛和不列顛海》(*Britain and the British Seas*) 及《民主的理想和現實》(*Democratic Ideals and Reality*)，先後發表於 1902 年及 1919 年，俱為區域性的精心傑作，尤其是後者，乃是一篇以海權思想為觀點的世界區域論，是為大陸心臟學說，被譽為地緣政治 (geopolitiks) 之父，其後德人豪斯侯夫 (Karl Haushofer) 的地略思想，深受麥氏之影響。此外，英國著名地理學者羅士培 (P. M. Roxby)，恩斯臺德 (J. F. Unstead)，均重視區域特性及人類對周遭環境的適應性，是以英國地理學派被認為是區域論學派 (school of regionalism)。

美國的地理學發展更晚至二十世紀，執教於哈佛大學的戴維斯 (W. M. Davis, 1850–1934) 其著作初在氣象學，繼成為著名的地形學家，首創「侵蝕輪迴」(cycle of erosion) 學說；亨丁頓 (Ellsworth Huntington, 1876–1947) 講學於耶魯大學，對人生地理特有研究；鮑曼 (Isaiah Bowmen, 1878–1950) 於第一次世界大戰後，著有《新世界》(*The New World*) 為政治地理學名著；加州大學的索爾 (C. O. Sauer) 倡景觀論，所著《景觀形態》(*Morphology of Landscape*) 為其代表作。威斯康辛大學的哈茲宏 (Richard Hartshorne) 以其名著《地理學的本質》一書而名垂不朽，對地

理學的思想均有劃時代的貢獻。

今後地理學的發展將注重於以下數方面：

㈠由定性趨向於定量：當前科學的發展精益求精，因而對於數據的要求也日形增加，地理學亦不例外。例如我們說某地有峽谷，風景奇麗，可以發展觀光旅遊業，這只是定性的觀點，但若細加分析，則需要統計數字，如每年可有多少遊客？年增加率為若干？本區風景可供遊客多少時間的逗留？是兩小時抑或是兩天？附近尚有那些潛在的風景可供開發以招徠遊客？這些均需要用數字來支持，因之，計量地理學現已成地理學中的重要一支。

㈡由肉眼觀察趨向於利用遙測：地理學著重於觀察，昔日的觀察以親身目視為主，輔以照片及影片；但近年來，由於人造衛星遙測技術 (remote sensing technology) 的發展，人類已可自數百公里的地球上空，拍攝地表景象，將這些景象錄下而可洗出彩色照片，再利用特殊的儀器和知識，可以研判這些照片的內容。這些遙測照片不但可以表示地表景象，也可利用水中鹽分多寡的不同，來區分海水和淡水，還可因為地下溫度的不同，而顯示不同的地下結構。因之，對於大範圍的崎嶇地區或難以實地考察的地區，均可利用遙測技術，作室內研究，所節省的人力經費，當不在少。

㈢電腦在地理學上的應用：國際商業計算機 (International Business Machine, IBM) 是具有高度效率的計算機器，俗稱電腦，其在地理學方面，可利用其快速的操作製作地圖，及製成各種不同的程式來適應人文地理學研究上的需要。

㈣傳統地理學的繼續發展：以上所述的三項，均為利用新觀念及技術，作地理學上的應用，像電腦及遙測術均只屬於技術，可用為研究上的工具，它們並不能取代傳統的地理學，不過有了這些工具可使我們的

研究工作事半功倍，也可擴展我們研究的領域，但在研究過程中，仍應依據傳統地理學所有的原理和原則；因之，今後傳統地理學的發展，仍將賡續進行。

〔問　題〕

一、試述地理學的含義。

二、歐洲和亞洲的冬季，在同緯度的氣溫為何相差懸殊？試述之。

三、地理學和環境科學有何關係？

四、地理學具有那些科學使命？

五、地理學有那些特性？

六、略述地學通論包含那些內容？

七、歐西地理學者在研究上創立了那三項原則？試述之。

八、今後地理學的發展趨勢有那些方向？試述之。

第二章　地球的來源和歷史

第一節　地球在宇宙中的地位

浩如煙海的宇宙

宇宙 (cosmos or universe) 是一個龐大無比的太空 (space)，其中有引人注目的日、月、星、辰，統稱為天體 (celestial bodies)。這些天體大致可分為以下六種：

㈠星雲 (nebulae)：星雲在太空中是稀薄而炎熱的氣團，瀰漫於空中，有雲霧狀的外表，作漩渦狀或紡錘形的旋轉，彼此相吸，自成系統，有的發光，有的不發光，或云是初期的恆星。

㈡恆星 (stars)：我們用肉眼仰觀太空，所見星辰中的絕大部分為恆星，它們皆能自行發光，但光度有強弱，依光之強弱，可將恆星分為六等，最強者為一等星。每一星等的光度差為 2.512，一等星光度為六等星的 $(2.512)^5$ 倍，亦即一百倍。恆星也並不是完全恆靜不動，像太陽除能

自轉外，尚以每秒 20 公里的速度向織女星 (Vega) 移動，不過我們人類所在的地球也隨著它移動，故日、地間的相對位置並無變化。我們每天看到太陽東出西落，實際上只是視覺的差誤，正如我們坐在火車中進行，未覺車行而見兩側景物樹木後退，此種視象上的運動，稱為視動 (apparent motion)。而且較近的景物移動較速，較遠的景物移動較緩，這種現象稱為視差 (parallax)。

㈢行星 (planets)：係以圍繞恆星行動而得名。我國古稱緯星。行星不但繞著恆星運動，而且跟隨恆星運動。行星皆不能自行發光，太陽系九大行星皆係自西向東繞日旋轉，其軌道近似同一平面。

㈣衛星 (satellites)：圍繞行星而旋轉的星體，稱為衛星。它們本身亦不發光，僅和行星一樣可以反射恆星給它的光輝。至西元 2004 年，太陽系已知的衛星有 138 個。

㈤流星 (shooting stars)：是一種很小的天體，由於質量甚小而散布天空，或形成流星群，沿著一定的軌道而運動，若受到其他巨大天體的吸引，常被吸引而下墜。流星如被地球吸引，以高速進入大氣圈，因摩擦生熱而燃燒，可形成一條灼亮的光芒，鬆軟物質被燒去，堅硬殘餘物墜落地面稱為隕石 (meteorite)。其中所含元素以矽質為主者為隕石，以鐵質為主者名隕鐵。

㈥彗星 (comets)：質量也很小，是帶有發光長尾的天體，我國俗稱它為掃帚星，出現不祥。其運動軌道不似流星作直線，而是依雙曲線、拋物線或是很扁的橢圓形運行。

我們仰望天空，很容易看到一條長長的微白光帶，似雲若霧，橫亙天空，稱為銀河 (Milk Way)，乃是由許多小恆星及星雲構成，其直徑約有十萬光年，厚度也有四萬光年。太陽系也位在這銀河系統內。

何謂光年 (light year)？光年乃是用來計算宇宙各天體間距離的單位，

也就是以光線走一年的距離作為長度的標準。光速每秒約可行 29 萬 8 千公里（18 萬 6 千哩），算成光年的算式如下：298,000 公里 ×60（秒）×60（分）×24（小時）×365.24（日）=9,403,907,328,000 公里，亦即一光年約行 94,039 億公里。對於太陽系而言，光年實為一個過大的單位，因為整個太陽系的直徑長度，亦僅及一光年的千分之一，太陽光到達地球僅費時八分鐘而已。

地球的大家庭——太陽系

太陽本身的體積非常龐大，直徑達 1 百 39 萬 4 千 5 百公里，約為地球直徑的一〇九倍，表面熾熱，溫度可達攝氏 6,000 度（合華氏 10,300 度），太陽表面熾熱火焰跳躍的高度亦達 2 萬公里，故其光熱向為太陽系各行星的光熱來源。不過由於各行星距離太陽的遠近相差懸殊，過近者因受熱過多，水分受日光曬乾，成為乾熱而無水氣的星體，像金星表面溫度高達華氏 300 至 400 度。折合攝氏亦約 150 度至 200 度，使任何動植物均難生存。而距日過遠的行星，所受到的日熱量又嫌過低，同樣不利於生物的發育。因此，在太陽系中，只有地球所處位置不遠不近，日射量適中，遂由日光、空氣、水的適當孕育而生萬物，並逐漸發育至今日文明的世界，而在太陽系中其他行星卻無此種幸運。由天文觀測可見，只有位在外側的火星可能亦有生物發育，因用望遠鏡觀察火星，有時十分清晰，有時卻是模糊一片，此表示在火星之上，有水汽變化，當其上雲霧瀰漫時，即成一片模糊，不過由於火星距日達 2 億 2 千 8 百萬公里，較地球距日遠了約 7,850 萬公里，故照常理判斷，火星上的氣溫應較地球上的氣溫為低，其上生物的發育亦較遲緩。

有關太陽的體積大小及九大行星直徑和體積、距日遠近、以及衛星

數目，可列如表 2-1 及圖 2-1，以供參考。

表 2-1　太陽系各星數值統計表

星名	直　　徑		體　積	平　均　距　日		衛星數
	公　里	地球等於1	地球等於1	百萬公里	地球等於1	
太　陽	1,394,500	109.18	1,300,000.00	－	－	－
水　星	5,120	0.39	0.06	58.0	0.39	0
金　星	12,604	0.97	0.92	119.0	0.72	0
地　球	12,756	1.00	1.00	149.477	1.00	1
火　星	6,828	0.53	0.15	228.0	1.52	2
木　星	142,964	10.95	1,312.00	775.0	5.20	63
土　星	120,033	9.02	734.00	1,420.0	9.54	31
天王星	53,150	4.00	64.00	2,900.0	19.19	27
海王星	49,467	3.92	60.00	4,500.0	30.07	13
冥王星	6,436	0.51	0.13	6,726.4	39.54	1

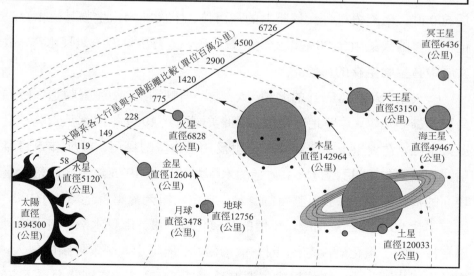

圖 2-1　太陽系全圖

太陽系其他行星概況

㈠水星: 水星 (Mercury) 距太陽最近，跟太陽幾乎同出同沒，故不易察見。據美國太空船水手十號探測的結果，確定向陽一面的溫度為 700°C，在鉛的熔點以上。背陰一面的溫度降至 100°C。由於引力小，溫度高，以致表面缺乏大氣，其上無生物存在。

㈡金星: 金星 (Venus) 在水星與地球間的軌道上繞太陽運行，因其上空雲層厚達 80 公里，終年不散，望遠鏡無法觀測到真實情況。其自轉軸與軌道面幾近垂直，無季節變化。根據美國於西元 1967 年發射的水手五號，1974 年發射的水手十號，與蘇聯於 1972 年發射的金星船八號，1975 年再發射的金星船九號及十號等太空船所獲得的資料，表面溫度高達攝氏 500 度，氣壓為地球大氣壓力的一百倍，上面無水，生物甚難生存。但在金星的大氣中含 90% 以上之二氧化碳，或有少許游離氧及水汽，故雲層中有生物生存的可能。

㈢火星: 火星 (Mars) 的體積、大氣層、自轉週期、轉軸對軌道面的傾角及季節變化等，均與地球相似。根據美國西元 1969 年的水手六號及七號太空船，在火星上空 2 萬 7 千公里及 3 千公里的探測，1971 年 5 月發射，而於同年 11 月抵達火星軌道的水手九號以及 1975 年先後降落火星表面的海盜一號、二號所獲得的資料，判定火星大氣壓為地球的 1/100，大氣中含 90% 的二氧化碳，少量的一氧化碳、氧、碳及水汽，在兩極地區有冷凍的二氧化碳，或水，因空氣稀薄，不能阻止太陽紫外線的射入，同時火星表面無水，赤道區中午溫度達攝氏 26 度，入夜則降至零下 76 度，故推定無生命型態出現。但由各方面推測，火星應屬青年星體，即使目前無生命存在，將來亦極可能繁衍出屬於其本身的生命型態。同時

認為火星亦具核心與外殼，且呈一有熱能的星體，與地球極相類似。

　　㈣木星：木星 (Jupiter) 為太陽系中最大的行星，赤道直徑 14 萬 2 千 9 百餘公里，為地球的十一倍。因自轉速度最快，赤道離心力大，故赤道直徑較兩極大 9,120 公里，扁平率為 6.4%。外層為大氣環繞，其中氫為 60%，氦為 36%，其他則為甲烷（沼氣）與氨等。雲狀物為冰凍的氨，呈液狀時即行降雨。大氣頂部氣壓與地球上標準氣壓相同。底層大氣的溫度為攝 110 度，雲層下為 −17 度至 38 度。西元 1972 年 3 月與 1973 年 4 月，先後發射先鋒十號與先鋒十一號太空船，並於 1973 年與 1974 年 12 月先後到達，發現木星也有一個光環；又根據儀器發回的訊號判斷，在木星外面包圍一龐大的磁性圈。

　　㈤土星：土星 (Saturn) 為太陽系第二大行星。周圍有光環圍繞，據先鋒十一號探測的結果，光環竟多至數十個以上，或謂係冰晶及其他小固體物質所組成。土星的質量較木星小，而密度僅為水星的 7/10。

　　㈥天王星：天王星 (Uranus) 因距地球甚遠，吾人所知不多。其轉軸靠近軌道面，故極區晝夜均長達四十二年。

　　㈦海王星：海王星 (Neptune) 與天王星的密度均較土星與木星為大，顯示其中含氫與氦少，而應含多量的水與氨冰。

　　㈧冥王星：冥王星 (Pluto) 的軌道有一部分在海王星軌道之內，體積較火星小，其亮度為十五等。

地球的衛星——月球

　　月球為地球唯一的衛星，直徑為 3,478.7 公里，距地球平均只有 38 萬 4 千 4 百公里，因距地球甚近，故對地球的影響如潮汐作用、蝕象及朔望現象均特別明顯。月球為一陰冷固體，其上無水亦無空氣，本身不會

發光，古有太陰之稱。所謂月光純係反射太陽的光，可是月球表面有許多火山口，並非一個十分良好的反光體，故滿月時所反射的月光強度，也只有太陽光的十六萬分之一，全月平均所反射的太陽光熱強度，更只有二百五十萬分之一左右，故雖是皓月當空，也毫無炎熱的感覺。月球表面晝溫可達 100°C，夜間則降至零下 173°C，其上為一死世界。

　　月球公轉軌道為橢圓形，其橢圓率且較地球繞日軌道為大，故月球也有近地點 (perigee) 及遠地點 (apogee) 之分，距地最近時為 36 萬 3 千公里，最遠時達 40 萬 5 千公里。月球繞地球一周（360 度）費時 27 日 7 小時 43 分 11.5 秒，稱為恆星週期或恆星月 (sidereal month)，此一公轉週期也是它的自轉週期，故我們從地球上只能看到月球的這一面，看不到它的背面。月球公轉一周時，因地球也在同時繞日運行，故日、地、月三者在此段時間內並未能回復原來的相對位置，月球必須再多繞行地球約 27 度許，才能追及地球繞日所行多費的一段路程，而月繞地球每日約行 13 度 11 分，故須多行二日餘，才能使月球回復原來的視象，這種從朔（初一）回到朔，或由望（十五）回到望的運行週期，稱為朔望週期或朔望月 (synodical month)，所費時間計為 29 日 12 時 44 分 3 秒，我國習用的陰曆，將大月作為 30 日，小月作為 29 日，即係依照此項週期擬訂的。

第二節　地球的結構和形狀

地球的內部結構

　　初由太陽分出來的地球，本是一團熾熱的氣體，經數十億年的冷卻，外表早已凝為固體，但內部仍甚熾熱，平均每深入地下 33 公尺，溫度可增攝氏 1 度，至球心溫度估計可達 2,500 度左右。此種溫度本已超過一切物質的熔點，不過地心所受到的壓力也很大，使內部物質的密度大為增加，因而也不易熔化，故地球內部大致是呈半固結的黏稠狀態。地球於生成後不斷的自轉，使較輕的物質外浮於地表，較重的物質沉降於內部，今日我們經由地震波的測定，也可知道地球內部具有各種不同密度的層次，而且愈深入，密度愈大。而由天空墜落地表的隕石，經摩擦燃燒後，所餘物質也以鐵、鎳等物質為主，可以推想地球內部亦以這類物質為主。由地表至地心，我們可以分為下列層次（圖 2–2）：

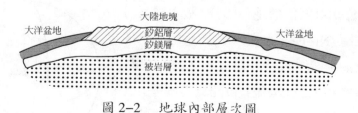

圖 2–2　地球內部層次圖

　　㈠地殼 (earth crust)：也就是岩石圈 (lithosphere)，是由岩漿凝固的火成岩和細碎岩屑堆積而成的沉積岩共同組成。平均厚度只有 16 至 40 公

里（10 至 25 哩），層次淺薄，最易變形，岩石的平均比重為 2.6，又可分為兩種岩層：

　　1. 矽鋁層 (sial zone)：此類岩層以矽 (silica) 和鋁 (aluminum) 為主，其比重最輕（所謂比重乃以水為準，水重為一，某岩層如為其二倍，其比重即為二），分布於地殼最外層，並常為組成大陸岩層的主體，可以花崗岩 (granite) 為代表。

　　2. 矽鎂層 (sima zone)：此類岩層的組成乃以矽質和鎂質 (magnesium) 為主，比重較大，通常位在矽鋁層的下方，故為構成海底岩層的主要物質，比重可為水的三倍，可以玄武岩 (basalt) 為代表。

　㈡地函 (zone of mantle rocks)：地殼之下為地函，厚度約為 2,895 公里（1,800 哩），平均比重為水的四倍，故又名重土層 (barysphere)，以橄欖岩 (olivine) 物質為主，內含矽、鋁、鎂、鐵等元素。密度大而相當堅硬，接近外殼者為熾熱熔岩，一旦噴出地面即成火山，接近核心者溫度更高，成白熱的熔岩。具有橄欖岩性質的被岩層，平時在地殼內係以半凝的膠體存在。介在地殼和地函之間因雙方岩石的密度有顯明的差異，可使地震波速發生突變，因而易於察知地殼的厚度，此兩層間的接觸帶稱為莫荷層 (Moho)，乃因此層係由地震學家 Mohorovicic 發現而得名。

　㈢地球核心 (earth core)：地球內部比重最大的鐵、鎳物質聚集於地心部分，故本層又可名為鎳鐵層 (Ni–Fe zone)。平均比重約為水的七倍，外核心可能是流體，厚度約 2,220 公里，內核心厚度約 1,255 公里，被認為是固體。此因地心所受壓力甚大，每 6.25 平方公釐的面積上，可有二萬四千噸的壓力，遂使內部物質的密度大為增加，達外殼岩層密度的五倍。

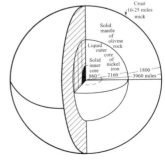

圖 2–3　地球內部結構圖

整個地球內部的結構厚度如圖 2–3 所示。

地球的形狀

　　地球不是一個正球體，而是一個上下略扁，腰部稍形膨脹的球體。本身又有快速的自轉，在赤道上每小時自轉的速度可達 1,666 公里以上，因而所產生的離心力也最強，故地球上的赤道圈最大，長有 40,076 公里，赤道半徑長約 6,378 公里；而兩極間的經線圈長度為 40,008 公里，兩極半徑為 6,356.5 公里，長短半徑相差 21.5 公里。地球的長短圓周則相差 68 公里，故概略的說，地球一周即為 4 萬公里，今日我們的長度單位為公尺 (meter)，其定義即是地球一周的四千萬分之一。

　　地球既為球體，則我們通常所說的地平面，實際上是一個曲面。我們臨海遠眺，先見海上來船的桅杆和煙囪，然後才見船身，這就是最早期的地圓證據。華萊斯 (A. R. Wallace) 曾在淺海上豎立三竿，竿高 10 呎，各竿相距 3 哩 (4,827 公尺) (圖 2–4)，華氏在岸邊以望遠鏡望之，見首尾二竿同高

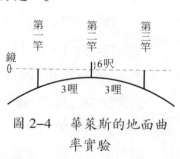

圖 2–4　華萊斯的地面曲率實驗

時，中間之竿高出首尾二竿 6 呎 (1.83 公尺)，由此實驗可見地球表面的曲率 (rate of curvature) 每 3 哩為 6 呎，即每 2,640 呎，曲率 1 呎，也就是 1:2,640。

地表曲面距離的計算

　　地球表面為一曲面已如上述，則此曲面距離和高度間的關係如何計

算？此可用下列簡單算式計算：

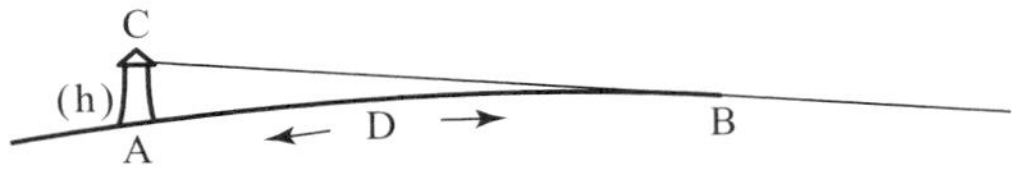

圖 2–5　地球表面曲率計算示意圖

$$D^2 = h \times 2R \quad \text{或} \quad h = \frac{D^2}{2R}$$

在上式中，D 為 A、B 兩點間的水平距離

　　　　　h 為 A、C 間的垂直距離

　　　　　R 為地球半徑

設海濱有一燈塔 AC，其高度為 100 公尺，地球半徑如採長短徑的平均值應為 6,367 公里，代入上式則：

$$D^2 = 100\ \text{公尺} \times 2 \times 6{,}367\ \text{公里} = 0.1\ \text{公里} \times 12{,}734\ \text{公里}$$

$$D = \sqrt{0.1 \times 12{,}734}\ \text{公里} = \sqrt{1{,}273.4}\ \text{公里}$$

$$= 36\ \text{公里（約數）（35.68 公里）}$$

上式之 36 公里即為該燈塔可見的水平距離。此外，若利用上列公式，亦可求得目標物的高度。

設有某君在岸以望遠鏡見一島，該島山頂適在海平面上，現知該島距岸為 39 公里，求該島山頂高度，套入公式，則山高：

$$h = \frac{D^2}{2R} = \frac{39^2}{12{,}734} = 0.1194\ \text{公里} = 119.4\ \text{公尺}$$

有關地球曲面距離計算公式的來源，係由以下的算式推求得之，茲附錄於下：

地球表面為曲面，其上水平距離與垂直高度，可依下列公式計算：

$$D^2 = 2Rh \quad \text{或} \quad h = \frac{D^2}{2R}$$

式中 D 為水平距離，h 為垂直高度，R 為地球平均半徑。上述公式證明方法如下：

1. 由△ ABC，得 $\sin\theta=\dfrac{h}{\sqrt{d^2+h^2}}$

$\cos\theta=\dfrac{d}{\sqrt{d^2+h^2}}$

將 $\sin\theta$ 和 $\cos\theta$ 代入倍角公式 $\cos2\theta=\cos^2\theta-\sin^2\theta$

則 $\cos2\theta=\dfrac{d^2}{d^2+h^2}-\dfrac{h^2}{d^2+h^2}$

$=\dfrac{d^2-h^2}{d^2+h^2}$ .... (1)

2. 由△ OAB，得

$\cos2\theta=\dfrac{R^2+R^2-d^2}{2R\cdot R}=\dfrac{2R^2-d^2}{2R}$ （餘弦定理） ⋯ (2)

故 $\dfrac{d^2-h^2}{d^2+h^2}=\dfrac{2R^2-d^2}{2R^2}$

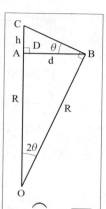

$D=\overset{\frown}{AB}$, $d=\overline{AB}$

θ 為弦線與切線所夾之角度，稱為弦切角，依幾何學原理，弦切角等於 1/2 圓心角。

餘弦定理公式：根據投影定理，得

$a^2=b^2+c^2-2bc\cdot\cos\alpha$

$\therefore \cos\alpha=\dfrac{b^2+c^2-a^2}{2bc}$ .... (a)

$b^2=a^2+c^2-2ac\cdot\cos\beta$

$\therefore \cos\beta=\dfrac{a^2+c^2-b^2}{2ac}$ .... (b)

$c^2=a^2+b^2-2ab\cdot\cos\gamma$

$\therefore \cos\gamma=\dfrac{a^2+b^2-c^2}{2ab}$ .... (c)

利用(a)式，得 $\cos2\theta=\dfrac{R^2+R^2-d^2}{2R\cdot R}=\dfrac{2R^2-d^2}{2R^2}$

解此方程式，得 $2R^2(d^2 - h^2) = (d^2 + h^2)(2R^2 - d^2)$

$\quad 2R^2d^2 - 2R^2h^2 = 2R^2d^2 - d^4 + 2R^2h^2 - d^2h^2$

移項 $2R^2d^2 - 2R^2h^2 - 2R^2d^2 + d^4 - 2R^2h^2 + d^2h^2 = 0$

$\quad -4R^2h^2 + d^2h^2 + d^4 = 0$

$\quad h^2(-4R^2 + d^2) = -d^4$

或 $d^4 = h^2(4R^2 - d^2)$

上式兩端通除以 d^2，則

$$d^2 = \frac{h^2(4R^2 - d^2)}{d^2}$$

或 $\dfrac{d^2}{h^2} = \dfrac{4R^2 - d^2}{d^2}$

開方 $\dfrac{d}{h} = \dfrac{\sqrt{4R^2 - d^2}}{d}$，$\because R \gg d$，而 d 之長度甚小，可略而不計，

$\therefore \dfrac{d}{h} = \dfrac{2R}{d}$

或 $d^2 = 2Rh$ ⋯⋯⋯⋯⋯⋯⋯⋯⋯⋯⋯⋯⋯⋯⋯⋯⋯⋯⋯⋯⋯⋯⋯⋯⋯⋯⋯⋯ (3)

又因 $h \ll R$, $d \to D$，代換之，得

$\quad D^2 = 2Rh$ ⋯⋯⋯⋯⋯⋯⋯⋯⋯⋯⋯⋯⋯⋯⋯⋯⋯⋯⋯⋯⋯⋯⋯⋯⋯⋯⋯⋯ (4)

或 $h = \dfrac{D^2}{2R}$ ⋯⋯⋯⋯⋯⋯⋯⋯⋯⋯⋯⋯⋯⋯⋯⋯⋯⋯⋯⋯⋯⋯⋯⋯⋯⋯⋯ (5)

原式得證

第三節　地球的歷史

　　地球初自日球（太陽）分出，仍為熾熱的氣體，其後外殼逐漸冷凝成固體，但內部仍多氣體及流體，故多火山活動及造山運動。地球自誕生迄今，據估計已有五十億年，但約有一半的時間，並無生物存在；初期的生物只有海藻及海綿等，直至距今六億年，生物才大量增加，隨著生物數量的增多，在地層中遺留的化石 (fossil) 才顯著增加，也才使地史的研究工作有所依據。化石即為古生物的石化，由地層中的生物化石，才可辨認該地層年代的新舊。在地質界，有人將化石豐富的最近六億年製成一座地史鐘 (the geologic clock)，每五千萬年以一小時代表，則十二小時共代表六億年，在最初的三小時內，地球上只有無脊椎動物 (invertebrates)，三小時後才開始有魚類，近五小時才有兩棲類 (amphibians)，至六小時始有爬蟲類 (reptiles)，至九小時始有哺乳動物 (mammals)，至於人類的誕生，如以時間的長短來譬喻，恰在到達午夜以前的數分鐘之內而已（圖 2–6）。

　　為易於辨認及比對各地的地層，故有地史年表的製作，所用名稱有代 (era)、紀 (period)、統 (system) 等，表 2–2 為最近六億年的地史年表，以供參考。

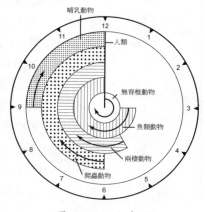

圖 2–6　地史鐘

表 2-2　地史年表摘要（自古生代起）

代	紀	盛行之代表性生物	生物時代	距今年數（單位：百萬年）	本期總年數
古生代 (Paleo-zoic)	寒武紀 (Cambrian)	三葉蟲 (trilobite) 最盛，次有海綿 (sponge) 及海林檎 (cystoid)。	海洋無脊椎動物時代	600–500	一億年
	奧陶紀 (Ordovician)	以軟體動物 (mollusks) 及頭足類動物 (cephalopods) 為主，如星魚、筆石等。	同　上	500–425	七千五百萬年
	志留紀 (Silurian)	以軟體類的蝸牛及珊瑚類為主，已有低等魚類。	魚類時代	425–405	二千萬年
	泥盆紀 (Devonian)	魚類盛行，兩棲類開始，多肺魚 (lung fish) 及蚌類，陸上森林開始。	同　上	405–345	六千萬年
	石炭紀 (Carboniferous)	林木茂密，針葉林開始，鯊魚發育，爬蟲出現，第一次大造煤期發生於本期。	兩棲動物時代	345–280	六千五百萬年
	二疊紀 (Permian)	爬蟲類繼續發育，昆蟲 (insects) 盛行，許多海生無脊椎動物消滅。	同　上	280–230	五千萬年

中生代 (Meso- zoic)		三　疊　紀 (Triassic)	爬蟲類盛行，哺乳類出現，針葉林豐茂。	爬蟲動物時代	230–181	四千九百萬年
		侏　羅　紀 (Jurassic)	大爬蟲昌盛，有齒鳥類出現，是蛇頭龍 (plesiosaur) 的全盛時期，本紀又為地史上第二次大造煤期。	同　　上	181–135	四千六百萬年
		白　堊　紀 (Cretaceous)	恐龍 (dinosaur) 及魚龍 (ichthyosaur) 在本期由昌盛並消滅，蛙類出現，落葉林及現代植物開始發育。	爬蟲動物時代	135–63	七千二百萬年
新生代 (Ceno- zoic)	第三紀	古　新　統 (Paleocene)	鳥類及哺乳類 (mammals) 興起。	哺乳動物時代	63–58	五百萬年
		始　新　統 (Eocene)	食蟲動物 (insecti-vore) 發育，近代哺乳動物出現。	同　　上	58–36	二千二百萬年
		漸　新　統 (Oligocene)	哺乳類繼續發育，鯨魚及猿猴出現。	同　　上	36–25	二千一百萬年
		中　新　統 (Miocene)	哺乳類全盛，有袋動物 (marsupial) 如袋鼠出現，馬類發育。第三次大造煤期。	同　　上	25–13	一千二百萬年
		上　新　統 (Pliocene)	食肉類動物如獅、虎、豹等發育，人類和猿猴分歧，人類開始發育。	同　　上	13–1	一千二百萬年

| 第 四 紀 | 更 新 統 (Pleistocene) （洪積統） 近 世 統 (Holocene) （全新統） | 石器時代的原人出現，蝙蝠、象、駱駝等發育，地表氣候多變，發生四次大冰河時期。現代人類開始。 | 人 類 時 代 泥河灣 期（早） 周口店 期（中） 馬蘭期 （晚） 板橋期 （早） 皋蘭期 （晚） | 2 | 一百九十萬年 一百萬年 十七至十八萬年 一萬多年 |

　　由表上可知，在過去六億年間，生物的發育共可分為：海洋無脊椎動物時代、魚類時代、兩棲動物時代、爬蟲動物時代、哺乳動物時代等五個時期。而在地史上共分為古生代、中生代及新生代三個階段，其中古生代共佔三億七千萬年為最長，中生代佔一億六千七百萬年，新生代的第三紀 (Tertiary) 佔六千二百萬年，第四紀 (Quaternary) 只有一百萬年為最短。古生代一般分為六紀如附表所列，但在美國卻將石炭紀分成兩段，即將下石炭紀命名為密士失必統 (Mississippian)，佔時三千五百萬年；上石炭紀命名為賓夕法尼亞統 (Pennsylvanian)，佔時三千萬年。而在新生代的第三紀內，一般是分為四統，即自始新統起，而美國卻增一古新統，佔時五百萬年，這也就是一般所泛指的老第三紀了。

　　在新生代中，只有第三紀及第四紀卻無第一紀及第二紀何故？這是因為過去對於地層的辨認不清，也未想到地球的發育有如此的古老；因此，在十八世紀中葉義大利地學家阿杜諾 (G. Arduino, 1713–1795) 將阿爾卑斯山地的地層分為第一紀 (Primitive)、第二紀 (Secondary) 及第三紀

三時期，後來才發現第一紀地層實為中生代，而第三紀者又實在是第四紀者。所以，後來才由十九世紀的地學家根據生物化石的不同狀況，逐漸將古老的地層區分為古生代六紀及中生代三紀，而將比第三紀還新的地層，增添而成第四紀。

〔問　題〕

一、何謂天體？在宇宙中的天體可分那幾種？

二、太陽系有那九個行星？試依距日近遠的次序寫出。

三、月亮的恆星週期和朔望週期有何不同？試析述之。

四、地球的內部結構可分為那幾部分？

五、地表的曲率為何？是怎樣計算得來的？

六、設有沿海某燈塔，塔高 150 公尺，則自塔頂可見之地表距離可有若干公里？試計算之。

七、在地史上由古生代至新生代，共有若干紀？新生代又可分為那些統？

八、在最近的六億年間，生物發育可分為那幾個時代？

第三章　地球的運動及其影響

第一節　地球的運動

　　地球的運動有二，一為自轉 (rotation)，一為公轉 (revolution)。自轉是它自身不停的由西向東旋轉，每旋轉一周，作為一日，劃分成二十四小時。地球的自轉可以由下列方法證明：

　　一、我們觀察日、月、星辰，每天皆出於東，沒於西，古時以為眾星乃繞地球旋轉，至十六世紀初，經天文學家哥白尼氏 (N. Copernicus) 倡地動說，並由觀察得知凡星體距離天赤道 (celestial equator) 近的時候轉得快，而在地軸兩端的星（如北極星附近的星）轉得慢，由此可知此種現象皆由地球自轉所引起。

　　二、我們如將物體自高處拋下，可以發現高度愈高，向東偏向愈甚。如圖 3-1 所示。

　　圖中物體由 A 下落，本應墜至 B 點，但以地球自西向東轉動，故當物體下

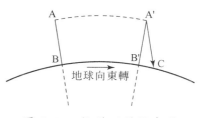

圖 3-1　物體下墜偏東圖

墜時間內，A 已轉至 A′，本應垂直墜落於 B′，但因 AA′ 弧大於 BB′ 弧（因離地心更遠），是以物體除受萬有引力而垂直下墜外，尚多一偏東之力，二者之合成力 (resultant force) 乃使物體墜落於 C。

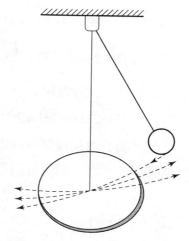

圖 3–2　　富戈氏的擺錘實驗圖

　　三、富戈實驗：法國物理學家富戈氏 (J. B. Leon Foucault) 曾以 61 公尺（300 呎）的鋼絲繫一重錘，使之作南北方向的擺動。若無外力影響，此項擺動應維持南北方向而不變，但事實上，擺錘卻漸由南北方向而偏轉為東北—西南方向（圖 3–2），此表示有一種由西向東的外力加於擺錘，此外力即為地球由西向東的自轉。

　　關於地球自轉尚有兩點需加說明：

　　一、地球表面一切流體如流水、海水及大氣等，皆受地球自轉的影響而發生偏向，故在北半球的風向向右偏轉，南半球的風向向左偏。

　　二、根據法國物理學家柯里奧利氏 (G. G. Coriolis) 的研究，由地球自轉所產生的偏向力在赤道上為零，也就是無偏向力，愈向高緯度，偏向力愈大，並可由下列公式表示之：

　　　　$D = 2\,\Omega\,\sin\rho$

　　上式中，D 為偏向力，或稱柯氏力

　　　　　　Ω 為角速度，可視為常數

　　　　　　ρ 為緯度，為一變數

　　當在赤道時，$\rho = 0$，則 0° 的正弦（sin0°）等於零，全式為零。

當在北緯三十度時，$\rho = 30°$，$\sin 30° = 0.5 = \dfrac{1}{2}$

則 $D = 2\Omega\,\dfrac{1}{2} = \Omega$，偏向力等於一個角速度

當在南北極點時，$\rho = 90°$，則 $\sin 90° = 1$

則 $D = 2\Omega \sin 90° = 2\,\Omega$，亦即偏向力等於角速度的二倍。

　地球的公轉是以逆時鐘的方向圍繞太陽而轉動，公轉的軌道面是一個橢圓形的平面，稱為黃道面 (ecliptic)。

地球的公轉

　地球繞太陽而行的公轉運動亦可由下列現象，加以旁證：

　一、各地中午時分的太陽高度，隨四季而不同，這是因為地軸對地球繞日運行的黃道平面有二十三度半的傾斜所致。而在黃昏及拂曉所見的接近東西地平線的恆星，也隨季節的變化而呈現不同的位置，這些位置的變化又都是以一年為週期，凡此皆是地球繞日公轉的結果。

　二、我們每天仰望天象，繪製或攝製成天空星座圖，就會發現這些星辰在一年內所運行的軌跡乃是一個橢圓軌跡，當是地球公轉的結果。附圖 3-3 及附圖 3-4 分別示北半球的 1 月份及 7 月份星象，試觀察 1 月星座圖，此時位在北極下方小熊星座的斗柄南指（其時最南之星即為北極星），而到 7 月星座圖時，小熊星座的斗柄變成北指，時間相差半年，小熊星座也轉了一百八十度，然而小熊星座乃是恆星，故知乃為地球公轉的結果。

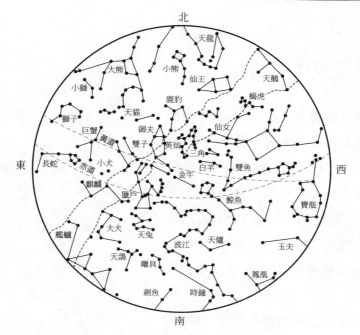

圖 3-3　北半球 1 月份星座圖

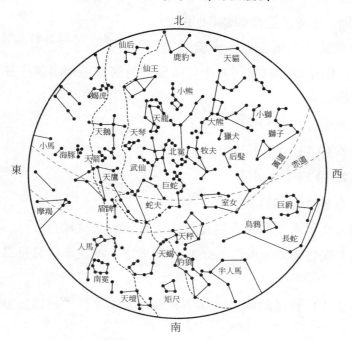

圖 3-4　北半球 7 月份星座圖

地球運動的速度

地球自轉的速度在兩極為零，愈向低緯度愈大，至赤道每小時可達 1,666 公里（超過 1,000 哩）。地球繞日公轉的速度快慢不一，其平均速度為每秒 30 公里（18.5 哩），每小時為 108,000 公里（66,600 哩）。地球既要自轉又要繞日公轉，這兩種轉動如何配合，可由圖 3–5 表示。

地球繞日公轉的速率既不一致，當地球距日遠時，公轉的速度較慢，當地球距日近時，公轉的速度較快，如將地球公轉的橢圓形軌道三百六十度分為

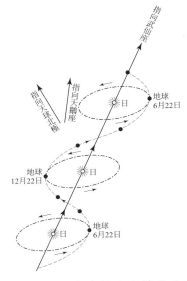

圖 3–5　地球自轉及公轉軌跡圖

四個象限，則地球公轉每行九十度所費的時間皆不相同，故各季所費日數不等，計：

春季為 92 日 20.2 小時

夏季為 93 日 14.4 小時

秋季為 89 日 18.7 小時

冬季為 89 日 0.5 小時

德國天文學家克卜勒為規範這些行星的現象，特創立行星三大定律，被稱為克卜勒定律 (Kepler's laws)，其中地球公轉速率與其第二定律相符合：

第一定律：行星的軌道皆呈橢圓形，太陽在其中一個焦點上。

　　第二定律：繞日旋轉的行星，和太陽之間的連結線，在相等的時間內所掃過的面積相等。故此定律又可稱為等面積定律 (law of equal areas)。如圖 3–6 所示。

　　第三定律：行星公轉週期的平方值與其跟太陽平均距離的立方值成正比。若距離用天文單位（相當於地球距日為一），公轉週期則以地球的恆星週期為準，則其數值可如下列三例：

	公轉週期^2	平均距離^3
水星	$(0.24)^2=0.06$	$(0.39)^3=0.06$
金星	$(0.62)^2=0.37$	$(0.72)^3=0.38$
火星	$(1.88)^2=3.51$	$(1.52)^3=3.53$

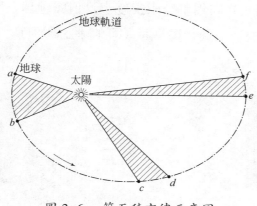

圖 3–6　等面積定律示意圖

第二節　晝夜長短及四季變化

地軸傾斜，直射區擴大

　　地球在太空的太陽系內運行時，其球體本身不正，而與水平面有二十三度半的傾斜，因此我們為解說的方便，假定有一個南北向的地軸，此軸與真正的南北方向相差二十三度半，但與地球上另一條假想大圓——赤道垂直相交，而與黃道平面（即地球公轉平面，亦即水平面）成

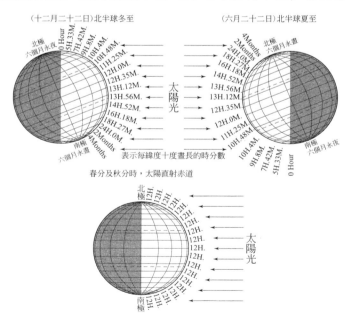

圖 3-7　晝夜長短圖（含夏至、冬至及春秋分三圖）

六十六度半的交角，於是太陽光線的直射區域乃由赤道區擴展到南、北各二十三度半，如此一來，在南北緯四十七度間的任何地點，每年只有兩天的直射時間（南北回歸線上僅為一天）。例如北回歸線通過本省嘉義以南，每年的 6 月 22 日太陽光直射該地，而位在該線以南的高雄，應有兩天的直射機會，一次在夏至日以前，一次則在夏至日以後。

四季變化及晝夜長短

由於地軸傾斜，使一年之中有了四季的變化，又使晝夜之間有了長短之分。晝夜長短既因一地日照時間的長短而有異，則各緯度在一年中最長的白晝時間，可利用緯度與日光入射角間之關係算出，如表 3-1 所示。

表 3-1 所列雖為各緯度的最大晝長，但反過來看，亦為各地的最大夜長。例如挪威首都奧斯陸 (Oslo) 位在 59.56°N，其最大晝長按表 3-1 估計，約為十八小時五十分，此次晝長發生的時間應為每年的夏至日（6 月 22 日前後），而到每年的冬至日（12 月 22 日前後），則為奧斯陸晝最短、夜最長之日，該日僅有晝長五小時十分，夜長可達十八小時五十分。故知每年夏至日奧斯陸的日出時刻可以提早到凌晨三時以前，同期日落則將延至晚間九時以後；反之，到了冬至日，奧斯陸的日出將延至上午九

表 3-1　各緯度最大晝長時間數

一年中最長的晝長	緯　　度
12 小時	0
13 小時	16
14 小時	30.48
15 小時	41.24
16 小時	49.20
17 小時	54.31
18 小時	58.27
19 小時	61.19
20 小時	63.23
21 小時	64.50
22 小時	65.48
23 小時	66.21
24 小時	66.32
1 月	67.23
2 月	69.51
3 月	73.40

4 月	78.11
5 月	84.50
6 月	90.00

表 3-2　我國固有的二十四節氣

節　　氣	陽曆日期
立春	2 月 4 日
雨水	2 月 19 日
驚蟄	3 月 6 日
春分	3 月 21 日
清明	4 月 5 日
穀雨	4 月 21 日
立夏	5 月 6 日
小滿	5 月 22 日
芒種	6 月 6 日
夏至	6 月 22 日
小暑	7 月 8 日
大暑	7 月 23 日
立秋	8 月 8 日
處暑	8 月 24 日
白露	9 月 8 日
秋分	9 月 23 日
寒露	10 月 9 日
霜降	10 月 24 日
立冬	11 月 8 日
小雪	11 月 23 日
大雪	12 月 8 日
冬至	12 月 23 日
小寒	1 月 7 日
大寒	1 月 21 日

時以後，而未到下午三時，日已落山。

地軸的傾斜，不但有了四季的變化，也使四季有了長短之分。過去我國四季的劃分係以全年二十四節氣為依據，一年共十二個月，故每一節氣相隔約十五日，這些節氣實在是我國古代天文學家用以指示細微氣候的一種方法，這二十四個節氣的名稱及其約當陽曆的日期，可列如表 3-2：

我國四季的分法大致如下：以立春為春季開始，至穀雨終了；夏季始於立夏日，至大暑終了；秋季始於立秋，至霜降終了；冬季始於立冬，至大寒終了。而通常四季的劃分，沒有如此嚴格，係依陽曆月份為準，3 月至 5 月為春季（92 天），6 月至 8 月為夏季（92 天），9 月至 11 月為秋季（91 天），12 月至翌年 2 月為冬季（90 天）。

四季雖然如此劃分，但只有溫帶地區才四季顯明，低緯度地區的夏季綿長可達半載，如臺灣即是如此，而赤道附近，更是四季皆夏。宋蘇東坡謫居海南島時，曾有詩句：「四時皆是夏，一雨便成秋。」即係描述此種低緯氣候。

第三節　日月蝕

　　月球的公轉軌道叫白道，白道平面和黃道平面有 5°8′40″ 的夾角，因而月球的位置有時在黃道面以上，有時又在黃道面以下，這兩個軌道面應有兩點相交，換言之，即有兩點同時位於黃白兩道平面上，和春秋分之同時位在黃赤兩道平面上相似，這兩個交點叫做月球軌道上的「節」(nodes of the moon's orbit)，實即是兩軌道間的交會點。

　　月球除公轉外也有自轉，公轉和自轉的週期完全相同，因此每次滿月時人們所見到的月面完全相同，亙古不變，古人所繪的月面和目前所見者一樣。

　　日月蝕 (solar and lunar eclipses) 在古代被視為陰陽失調，將有不祥，中國史上，常有記載；西史上載 Medes 及 Lydeans 兩族戰鬥，因受日全蝕之發生（585 B.C. 5 月 28 日）而終止，實則日月蝕純為遮光作用所引起，日蝕的發生，須具備下列兩條件：

　　1. 月必須在日地之間。

　　2. 月必須在或接近軌道上之「節」。

　　由上述第一個條件，日蝕只能發生在朔日（初一），因只有此時月在日地之間，由第二個條件可見，並不是每一個朔日均可發生日蝕，因平常朔日月球在黃道上、下運行，日光仍可沿黃道平面直達地球，故必需月球在節的附近，日、月、地三者才能既成一直線而又在（或近於）一平面上，始可將日光遮斷，因此在一年之中最少可有日蝕兩次，最多為五次。不過由於月球體積小，月球投影在地面上的範圍甚小，月影直徑

僅 150 公里左右，且投影的地區又有變異，蝕區天氣亦有影響，因此人在一地獲睹日蝕的機會相當稀少，以全蝕論，平均約需 350 年始可在同一地點重現一次。

日蝕由其景象的不同，又可分為三種，即偏蝕 (partial eclipse)，全蝕 (total eclipse) 及金環蝕 (annular eclipse)。偏蝕即日面有一部分被蝕，仍有一部分日面光彩依然；全蝕乃日面全部被蝕；若日面中心被遮轉黑暗而四周仍有日光耀射，有如一燈光下之金剛鑽指環，是為金環蝕。全蝕發生時，月多在近地點；金環蝕發生時，月多在遠地點。

日蝕中以全蝕時的日光被遮最甚，由於月球自西向東行進，故日面被掩始自西側，漸及於全面，晴明之白晝，頓呈昏暗，因熱源突然中斷，往往引起空氣流動而成風，所幸月影在地球表面的寬度，通常僅 150 公里，三四分鐘後即已蝕竟，重現日象。1955 年在菲律賓呂宋島上所見的日全蝕及 1973 年在非洲撒哈拉中部可見之日全蝕，歷時均達五分鐘左右，俱為千年難得一見的長時間日全蝕。

月蝕之生成亦須有兩個先決條件：

1. 地球須在日月之間。

2. 月球必須在或甚近節點處。

根據上述兩條件，月蝕只能發生於望日（十五），但並非逢望即有月蝕，因黃道和白道之間，尚有 5°8′40″ 的交角。故在一年之中最多可有三次月蝕，最少為零，全年日月蝕，合併言之，最少為兩次，最多不超過七次，其中可能五次為日蝕，二次為月蝕；或四次日蝕，三次月蝕。歷年所發生的日月蝕次數均有不同，但據天文學上的計算，在十八年零十天（或十一天）期間（視本期內有四個或五個閏年而定），共應發生日、月蝕七十次，其中四十一次為日蝕，餘二十九次為月蝕。

因月蝕是地球在日月之間，而地球投影遠較月球為大，故在月蝕中

無環蝕現象，只有偏蝕和全蝕之分；另一方面，由於地影龐大，其寬度甚為廣泛，凡能看見月球之地，均能見月蝕，和日蝕之限於局部可見者不同，故月蝕的次數雖較日蝕為少，但人類看見月蝕的機會卻甚多，且每次月蝕的時間，也遠較日蝕為長，計由初蝕至蝕甚，以迄復圓，長時可歷時三小時許，短時亦可達一小時餘，和日全蝕僅歷時三、五分鐘者迥然不同。今日科學界及一般民眾重視日蝕而不甚注意月蝕的原因有以下數點：

1. 月蝕持續的時間長，可達二、三小時，日蝕的時間短暫，只有三、五分鐘。

2. 日全蝕投影於地面，範圍甚小，直徑只有 150 公里，故得見者稀少，月全蝕得見者人數眾多，故不足為奇。

3. 日球平時光芒四射，耀眼生花，令人不敢仰視，更難以觀測，趁其生蝕時，光芒被遮，方可觀察其日珥，估量其熱度。

4. 日球為地球的光熱來源，其熱能大小及變化，均和地球上的萬物有關，故特具研究的價值。

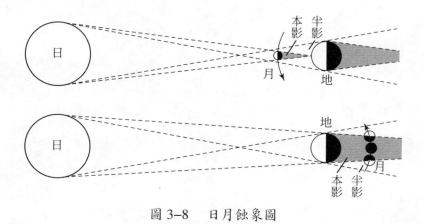

圖 3-8　日月蝕象圖

〔問　題〕

一、何謂柯氏力？柯氏力可用來解釋何種現象？

二、克卜勒有那三大天文定律？試述之。

三、地球上晝夜有長短之分，四季氣候發生變化的基本原因何在？

四、日月蝕的發生各在每月的何日？又為何未能每月皆成蝕？

五、世人特別重視日蝕的原因何在？

第四章　經緯線及地理定位

第一節　經緯線的劃分

經緯線的劃分法

地球為一球體但略呈橢圓，南北略扁，東西稍有膨脹，故地球的直徑有長徑和短徑之分，赤道和地心相連的直徑為長徑，有 12,757 公里，兩極和地心相連者為短徑，只有 12,714 公里，長短徑之間相差 43 公里，則地球的扁平率約為：

$$43 : 12,757（公里）= 1 : 297$$

這種稍有扁平的地球，既非正圓，亦非橢圓，特稱之為地球體 (geoid)。

地球是一個球體，既無起點，亦無終點，故要在此球面上表示任何地方的位置，不得不借助於假設的線條，組成坐標，用來定位。凡通過

南、北極的圓周線，稱為子午圈 (meridian circle)。而在南北兩極間的半圓周線，稱為子午線或經線 (meridian)，而將通過格林威治天文臺的經線，稱為本初子午線。任何經線與本初子午線所夾的球心角，稱為經度 (longitude)，以角度表示。每度可分為六十分，每分為六十秒。位在本初子午線以東的稱為東經；以西的為西經。東經 180° 與西經 180° 重合於太平洋上。臺灣本島即係位在 120°–122°E 之間，121°E 線由北部的新竹，經苗栗縣獅頭山、南莊、臺中縣谷關而由臺東縣太麻里入海，縱劃臺灣島為二。

　　連接各經線平分點的圓周線，稱為赤道 (equator)。而所有與赤道平行的較小圓周線，皆稱為緯線 (parallel)，赤道則是最大的一條緯線圈，凡在赤道以北的緯線，稱為北緯，赤道以南的稱為南緯。任何緯線與赤道所夾的球心角，稱為緯度 (latitude)，亦以角度表示，每度可分六十分，每分六十秒。北緯二十二度約通過本省的恆春，北緯二十三度線通過臺南市，二十五度線則通過臺北縣板橋市。

經緯線的長度

　　地球上的赤道圓周長有 40,076 公里，球心共為三百六十度，則在赤道上的緯線每度長

$$\frac{40{,}076\ 公里}{360°} = 111.32\ 公里$$

　　然而至兩極極點，緯線圈的長度為零，故彼時的緯線長亦為零。各緯度間的緯線長度可如表 4–1 所示：

表 4-1　　地球上緯線長度
　　　　　（單位：公里）

緯　線　長　度	
緯度位置	緯線長（公里）
0°	111.32
5°	110.90
10°	109.64
15°	107.55
20°	104.65
25°	100.95
30°	96.45
35°	91.29
40°	85.40
45°	78.85
50°	71.70
55°	64.00
60°	55.80
65°	47.18
70°	38.19
75°	28.90
80°	19.39
85°	9.74
90°	0

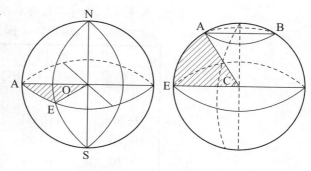

圖 4-1　　經度和緯度圖

　　圖 4-1 上的 ∠ACE 為緯度，∠AOE 為經度。

　　地球上的子午圓周較短，長為 40,008 公里，如用三百六十度來平分，則所得的每一度經線平均值應為：

$$\frac{40,008 \text{ 公里}}{360°} = 111.13 \text{ 公里}$$

　　　每分應為：$111.13 \div 60 = 1.85$ 公里
　　　（＝1 浬）

　　今日世界各國通用的海里 (nautical mile)，即是由經度一分計算得來的。一浬等於 6,080 呎，1,850 公尺，而一哩等於 5,280 呎，1,609 公尺。

　　不過由於地球的兩極稍有扁平，故各緯度間的經線長度稍有差異，最長的極頂（89°–90°）長 111.7 公里，最短的赤道附近（0°–1°）長 110.57 公里。詳如表 4-2 所示：

表 4-2　地球上經線長度
(單位: 公里)

經 線 長 度	
緯度位置	經線長（公里）
0–1	110.57
9–10	110.60
19–20	110.69
29–30	110.84
39–40	111.02
49–50	111.22
59–60	111.41
69–70	111.56
79–80	111.66
89–90	111.70

第二節　世界時區及地理定位

時區的劃分

　　西元 1883 年英國首創世界標準時區制，以英國倫敦格林威治天文臺的零度經線為中點，以每隔十五度經線的時間為標準，將全球分為二十四時區，倫敦東西各七度半之區，屬於倫敦時區，也可稱為中區，由此向東有東一區、東二區……至東十一區；由中區向西亦可分為西一區、西二區……至西十一區，至最後的東、西十二區已合為一區，故共為二

十四時區，臺灣屬於東八區，係以 120°E 為中心經線。在我國稱為中原時區。理論上，世界標準時區是如此劃分，但在實際上，則因國界、省界、或其他政治地理上的原因，而有相當的改變，並不依照單純的經度線來劃分。例如中國大陸東北地區東部，因位置過於偏東，被劃為長白時區，較中原時區早半小時，卻又比 135°E 的東九時區晚半小時。因此，當中國大陸安東市的時間為上午八時半，隔鴨綠江對岸的新義州，卻為上午九時。

中國大陸因為幅員遼闊，西起東經七十二度左右，東迄東經一三五度，因而劃分了五個時區，如表 4-3 所示，其中東側的長白時區和西側的崑崙時區皆為半時區。(但目前中共是將全國統一為一個時區，依 120°E 為準。)

表 4-3　中國大陸的標準時區

時　　區	標準經線	與 0° 標準時之比較	相當於世界時區
長白時	127.5°E	較倫敦早八時三十分	半時區
中原時	120°E	較倫敦早八小時	東八區
隴蜀時	105°E	較倫敦早七小時	東七區
新藏時	90°E	較倫敦早六小時	東六區
崑崙時	82.5°E	較倫敦早五時三十分	半時區

美國亦有五時區，自大西洋標準時區以迄太平洋標準時區，簡稱為大西洋時區、東部時區、中部時區、山地時區及太平洋時區，每一時區相差一小時。在同一時區內，各地所採用的時間相同，這種時間叫做地方標準時 (local standard time, L.S.T.)；若所採用的時間和倫敦的時間相同，該時間稱為格林威治標準時 (Greenwich meridian time, G.M.T.)。一日二十四小時，所謂一整天，乃指一地日出日落循環一次而言，但時間乃連綿不斷者，當一地已完成一次日出日落時，位於其後（西側）的另一

地，日猶未落或夜猶未終，因之在地球上同一時間內，若一地為星期二，其東側某地或已進入星期三，如此混亂，故有國際日期線 (international date line) 之規定，目前的國際日期線係依格林威治經線 0° 對面的 180° 為準，即當太陽距離 0° 經線 180° 時為一日的開始，彼時適為倫敦子夜，迨太陽直射 0° 線時，即為倫敦之中午，此條距倫敦 180° 之經線，位在太平洋中，北起白令海峽，中經太平洋，通過紐西蘭以東而達南極（圖 4–2），選擇該線的原因，乃因該區人口、土地均稀，所感受的不方便較少，當輪船、航機及旅客經過此線時，若是由西向東，當未過此線時，已為星期一，但過線後卻變為星期日，等於過兩次星期一；反之若由東向西，星期日尚未度完，已突變為星期一，將如失去一日，魯戈反日，世傳美談，如今卻可用科學利器（飛機），趕去留春一日。

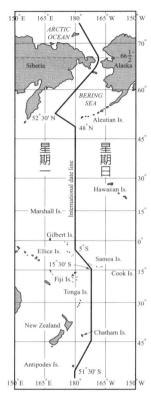

圖 4–2　國際日期線實際位置圖

中外曆法

將年、月、日有系統的組織起來成一系統以便計算時日，是為曆法 (calendar)。曆法在我國創立甚早，黃帝時已見端倪，史稱容成造曆，大撓作甲子，我國有曆久矣。其後為農耕便利，歷代均有專官負責制定曆法，古曆之後有三統曆，係劉歆所編訂，三統曆之後有大統曆，始行於明洪武元年，乃元人郭守敬所編，清初西法東來，初有湯若望之新法曆

書，康熙時編為「曆象考成」，製為定式，即民國以來民間仍在採用之陰曆。因係以農事為主，又稱農曆。我國農曆並非全用陰曆，而係陰陽曆並用，故實為陰陽合曆。所謂陰曆乃依月之盈虧，月球繞地球一周需時29 日 12 時 44 分 3 秒；陽曆則依地球繞日的運動而定，即公轉時間，這兩個週期日數無法相互除盡，調和起來本甚不易，但我國農曆卻把它調和得相當成功。其法是全年 12 個月，大月 30 日，小月 29 日，平年只有354 日，較實際的地球公轉時間少 11 日 5 小時 48 分 16 秒，因此每隔三年插一閏月，但仍略有不足，故在 19 個陰曆年中加插 7 個閏月，以之和19 個陽曆年相較，僅差 2 小時 9 分 36 秒而已。我國舊曆一方面為顧及農時，又要顧及月亮的盈虧，一方面又要顧及節氣，閏月復不固定，以至曆法年年需要事先推算，實不便利，因此乃於民國以後，廢棄沿用已久的農曆，改用源自西洋的陽曆。

西洋在希臘羅馬時代，亦屬陰曆陽曆並用，相當混亂，至紀元前 45年，儒略‧凱撒 (Julius Caesar) 始依當時羅馬天文學家蘇西琴 (Sosigenes)之意見，下令改革，定一年為 365 日，12 個月，單數月大，31 日，雙數月小，30 日，但 2 月為 29 日，四年一閏，2 月改為 30 日，凱撒並把他的生月（7 月）換為己名稱 July，至紀元前 8 年，改由奧古斯托 (Augustus)大帝繼位，又將 8 月改為己名，也改為 31 日，以示和凱撒同樣高貴，因之 8 月以後的大小月份顛倒，平年時 2 月改為 28 日，此一曆法稱為儒略曆 (Julian calendar)。通行於歐洲達一千多年，直到 1582 年教皇格萊高里十三 (Pope Gregory XIII)，因鑑於原曆法每百年多閏了 0.78 天，致一千年差了 7.8 日，乃重新修訂，規定凡西元世紀數字，不能被 400 除盡者，均不閏年，例如 1700, 1800, 1900 等年，該年的 2 月仍為 28 日，如此一來可歷時千年，尚不致有一日之差，此修訂後之曆法稱為格曆 (Gregorycalendar)，亦即現在世界通用之陽曆。

地理定位

　　地球上的方向是由經、緯線所形成，則一地的經、緯線應如何測定？可略加說明：

　　㈠經線的測定：由上節可知經線和時間有關。兩地時間若相差一小時，則經線相差十五度，今倫敦經度為零乃共知之事實，各地即可利用當地和倫敦間的時差，求知該地的經度。

　　例一：設有一海輪於船上時間上午八時二十分收聽倫敦廣播，所報時間為下午三時四十分，則該輪當時所在經度應為：

　　　　二地時差 12 時 − 8 時 20 分 = 3 時 40 分

　　　　3 時 40 分 + 3 時 40 分 = 7 時 20 分

　　　　15° × 7 時 20 分 = 110°

　　　　因該輪時間遲於倫敦，故知應為 110°W

　　例二：已知上海位在 121°16′E，南京的太陽中天時間遲於上海九分五十六秒，求南京的經度。

　　　　兩地時差 9′56″

　　　　兩地經度差 $9′56″ \div 4 = \dfrac{9 \times 60 + 56}{60} \div 4 = 2°29′$

　　　　故知南京的經度為 120°16′ − 2°29′ = 118°47′E

　　若已知二地的經度，亦可換算出二地間的時差：

　　例三：已知巴黎位在 2°20′E，南京位在 119°E，二地的時差如何？如南京為太陽中天，巴黎應為何時？

　　　　兩地經差：119° − 2°20′ = 116°40′

　　　　兩地時差：116°40′ ÷ 15

$$= 7 \text{ 時 } + (11°40') = 7 \text{ 時 } + (11 \times 60' + 40')$$

$$= 7 \text{ 時 } + (700' \times 4) = 7 \text{ 時 } + (2,800 \text{ 秒 } \div 60)$$

$$= 7 \text{ 時 } + (46.6) \text{ 分 } = 7 \text{ 時 } 47 \text{ 分}$$

巴黎時間應為：12 時 −7 時 47 分鐘 = 4 時 13 分（上午）

由上項計算，可知經差和時差的關係如下：

經差 360°　　時差 24 小時（一天）

經差 1°　　　時差 4 分鐘（24 × 60 ÷ 360）

經差 1′　　　時差 4 秒鐘（4 × 60 ÷ 60）

㈡緯線的測定：

1. 北極星法：因北極星的位置，適在北
　極天頂，我們如由赤道上看北極星，
　應在地平線上，故其緯度為零。如一
　地緯度愈高，則仰望北極星的角度
　愈大，至北極頂點，北極星適在頭
　頂，則其仰角為九十度，故緯度亦為
　九十度。例如由臺北向北仰視北極
　星，所得仰角為二十五度，則臺北的
　緯度即為 25°N，圖 4–3 及幾何計算
可供證明：

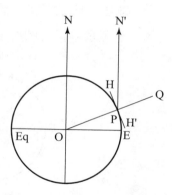

圖 4–3　　由北極星求緯度圖

設臺北位置為圖上之 P，P、N′ 為由臺北向北極星觀測的現象，過
P 之地平線為 $\overline{HH'}$，地心為 O，Q 為臺北的天頂，則 $\overline{OPQ}$ 為通過
臺北的鉛垂線，$\overline{ON}$ 為地軸，由幾何學原理得

　　∠N′PQ = ∠NOP（同位角，$\overline{NO} /\!/ \overline{N'P}$）

∴ ∠N′PH = ∠POE（等角之餘角）

　　而 ∠POE 即為 P 之緯度，故 ∠N′PH = ∠POE = 25°E

2. 春秋分時由太陽仰角求緯度法：春分及秋分時，太陽直射赤道，
　日光曾被假設為平行光線，此時日光垂直於赤道。在圖 4–4 中，
　設由 A 地仰視太陽所得仰角為 48°，由 A 地天頂鉛垂於 A 地之線
　為 $\overline{AP}$，$\overline{ab}$ 為切於 A 地的地平線，則 $\overline{AP} \perp \overline{ab}$。

　　∠PAb = 90°

　　A 地緯度 = 90° − 48° = 42°

故知當春秋分時，由一地太陽仰角可求出當地的餘角，此餘角即
為當地的緯度。一地若不在春分或秋分日，亦可利用一日的正午
測出太陽的仰角，但需算出太陽光線移動的度數，加以訂正後，
才可求得正確的緯度。

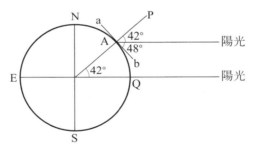

圖 4–4　由太陽仰角求緯度圖

〔問　題〕

一、何謂經度和緯度？二者各有若干度？

二、如以公尺為單位，公里、哩和浬各為多少公尺？

三、世界標準時區有何應用價值？

四、何謂國際日期線？為何設置於太平洋中？

五、我國的舊曆，為何被稱為農曆？用何法和農業配合？

六、試仿書上之例，自行利用某地和倫敦間的時差，推求某地所在
　　的經度。

第五章　地圖繪法和地圖讀法

第一節　地圖繪製法

地圖的重要性

在地球表面有許多自然及人文景觀現象，是地理學者研究及敘述的對象，但若僅用文字說明，很難使人完全了解，因此，便想到用許多符號表示在一張紙面上，這就是地圖 (map)。地圖不但是地理學研究及教學上的工具，且在某些方面更較文字的表達為佳，因為：

一、地圖可將地面上複雜的事物加以簡化，使人一目了然。例如我們如想說明臺灣島各地的地形差異，十分複雜，但如根據資料繪成一幅地形圖，即可收一目了然之效。

二、地理學乃是研究分布之學，而地圖則是表達分布的最佳工具。

三、地圖深具準確性。地圖上可以表示距離、面積、方向、密度、高低等，故可較文字更能表達其準確性。

　　地圖包括兩部分：一為地圖投影 (map projection)，一為地圖內容，前者是地圖的骨幹，後者是地圖的血肉。在理論上說，二者同等重要；但事實上，地圖所表現的內容遠較投影重要。

　　地球既為一球體，具有三度空間，今以平面的圖紙來表示，勢將顧此失彼，顧到正確的形狀，往往難以使面積不變，是故等積、正向或正形三方面，每難完全符合要求，端視製圖的重點何在，而加以取捨。

　　地圖不但在地理教學上是重要的教具，即在其他課程如歷史、地質、植物分布等方面，均可附列地圖，使讀者收按圖索驥，一目了然的實效。

地圖的基本投影法

　　地圖的繪製，在基本上是要先將地球表面的經緯線，設法投影在平面的紙上。既然是投影，自然要有光源（或稱透視點），我們若將光源置於球心，將地球視為一個透明的球體，則光源可將球面的弧形線段，投影於平面紙上，這種投影稱心射投影法 (central perspective projection)。若將光源移置於地球表面的一側，可將地表另一側的景象描映於與球相切的平面紙上，這種投影稱為平射投影或球面投影 (stereographic projection)。我們若將透視的光源放置於無窮遠處，則投影的光線都是平行光線，這種投影稱為正射或直射投影 (orthographic projection)。以上三種投影，是依光源所在的位置差別來區分的，光源不同，投影的形狀自有差異，目前常用的各種地圖投影法，均是由此三種基本投影觀念加以演變改進而成的。

　　㈠心射投影的優點和缺點：

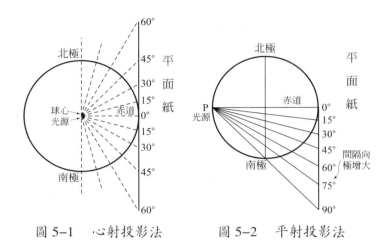

圖 5-1　　心射投影法　　　　圖 5-2　　平射投影法

1. 由於光源位在球心，故在投影圖上任何兩點間的直線，都是地球儀上的大圓線，也就是該兩點間的最短距離，故此種圖最利於作航海地圖及航空地圖，以便尋求捷徑。

2. 由於經距和緯距均自切點向外擴大，故地圖面積亦向外擴大，只有切點附近的面積正確。

3. 由於經距擴大的倍數與緯距擴大的倍數不一致，故除切點外，圖中形狀和方向皆不正確。

㈡平射投影的優點和缺點：

1. 此種投影法的經距和緯距也均自切點向外擴大，故面積亦向外擴大，但以光源在球邊，擴大的程度不如心射投影之甚。如用以繪製切點附近的較小地區圖，差誤甚小，為其優點。若將切點放在赤道上，用來繪製半球圖，亦堪應用。

2. 除切點部分外，圖中各部分的形狀、方向和距離皆不正確。且因光源不在球心，故投影出來的地圖，兩點之間的直線距離，並非是地球儀上的大圓線，故不能用此類地圖求取兩點之間的捷徑。

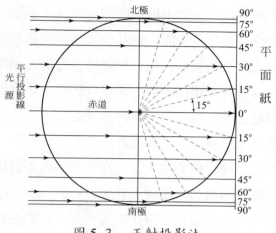

圖 5-3　正射投影法

㈢正射投影的優點和缺點：

1. 此類投影的光源來自無窮遠處，很像由太空遠處觀看地球，故宜於用以繪製天象圖。

2. 此類投影所成的緯距自切點向外縮窄，經距則自切點向外擴大，故愈至邊緣，形狀變異愈多，但仍可用於繪製半球圖。

3. 除切點附近正確外，圖中各部分的面積、形狀、方向和距離皆不正確。

常用的地圖投影法

茲將麥卡托、蘭伯特和莫爾威三種投影法的優劣點例舉如下：

㈠麥卡托 (Mercator) 圓筒投影法：圓筒投影又名圓柱投影，是假設用一個透明的地球儀與一個紙捲的圓柱體相切於赤道，置燈於球心，使地球儀上的經緯線網，投影於圓柱體的內壁上，沿直線將圓柱體剪開，將其攤平，則所得的地圖，稱為圓柱投影。用這種投影所擴大的緯距倍

數和經距倍數不相等，致使圖上的方向和形狀皆不正確。麥卡托為改進此缺點，特用數學方法計算緯距，使其放大倍數處處皆與經距倍數相一致。經緯線既能保持互相垂直，則任何經緯線間的方向角，便與地球儀上相一致。關於麥卡托投影法的優劣點可條列如下：

1. 此法方向最正確，利於航空及航海地圖。

2. 經緯線間互相垂直，繪製容易。

3. 因經、緯距作同比例的擴大，故在小範圍內，其形狀亦頗正確。

4. 高緯度地區的距離和面積放大甚多,容易引起學生發生錯誤印象，如圖上格陵蘭島的面積顯得比南美洲還大！此在教學時宜特別指出。為減輕這種差誤，最好少繪高緯區，北半球不妨繪到七十五度或八十度，南半球繪到六十度。

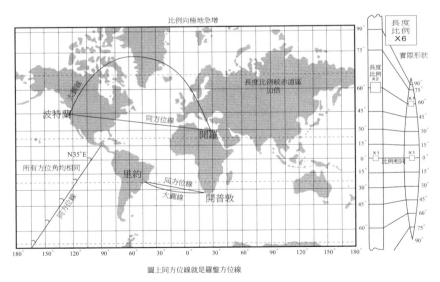

圖 5-4　麥卡托圓筒投影法

(二)蘭伯特 (Lambert) 圓錐投影法：將一個圓錐體罩在一個透明的地

球儀上，將光源置於球心而投影，可將地球
儀上的經緯線網，投影於圓錐體內壁，然後
依直線將圓錐剪開，展開後的圓錐體，成一
扇形。圓錐體罩在地球儀上時，必可和一條
緯線相切，如切於高緯度，則所成圓錐體成
扁平狀，如切於低緯度，則圓錐體成尖高狀。
此相切的緯線，被稱為標準緯線 (standard
parallel)。蘭伯特氏加以改良，使圓錐體不和

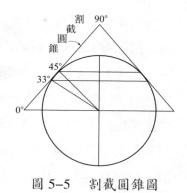

圖 5–5　　割截圓錐圖

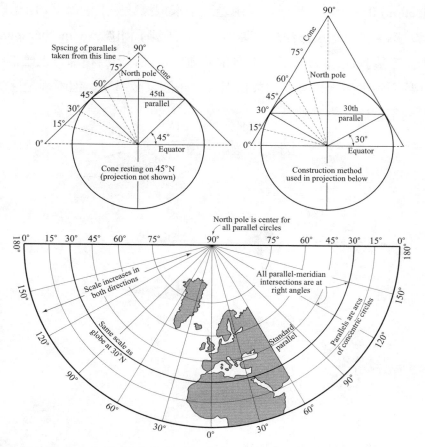

圖 5–6　　以 30° 緯線為標準所繪製的圓錐投影圖（以北極為中心）

地球儀相切，而是用圓錐的邊緣割截地球儀，而和兩條緯線相交，故稱為割截圓錐 (secant cone)，此相交的兩條緯線，成為兩條標準緯線。如圖 5–5 所示 33°, 45° 即為兩條標準緯線。這種地圖宜於繪製中緯度區域圖，特別利於繪製東西寬闊而南北狹窄的國家，如俄羅斯、美國、加拿大等均甚適宜。美國可選 33° 及 45° 作為標準緯線，俄羅斯和加拿大可選 55° 和 60° 為標準緯線，沿這兩條緯線上的距離和形狀，十分正確，其以南和以北雖有誤差，但以所距不遠，誤差有限。

　　㈢莫爾威 (Molleide) 相應投影法：莫爾威投影法為橢圓投影法 (oval projection) 的一種。這種圖法是由地理學家根據數學上的計算，所繪出的等積地圖，莫爾威投影法乃是其中之一。所謂「相應」(homolographic)，意即「等積」(equal area)，圖上各部分雖有歪曲，但面積卻皆正確無誤，是此種圖法的最大優點。利於做世界分布圖及政區圖。但兩極地區的形狀特別不正確，為其缺點。

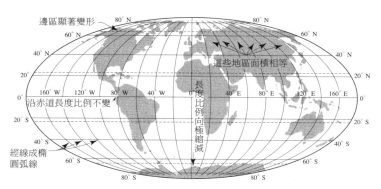

圖 5–7　莫爾威相應投影法

第二節　地形表示法及讀圖法

地形表示方法

　　在地理教學上，地球儀是一項很有用的教具，它不但能表現地球的真形，還能表現整個地球體的立體觀念。利用它的傾斜度和旋轉裝置，可以具體說明地球的自轉、公轉、晝夜以及四季變化的實況。又因地球儀上的經緯線網沒有變形，因此由它所表示的球上經緯線、方向、距離、形狀、面積等，皆是正確的。

　　立體透視圖又可分為一點透視 (one-point perspective) 及兩點透視 (two-points perspective) 兩種。一點透視所繪製的立體透視圖，其剖面一正一側，兩點透視圖的兩個剖面相當，無分軒輊，究採何種，應視需要而定。如圖 5–8 所示。

　　等高線圖是表示各種高度的面狀分布，其製作必須先有了許多已知高度之點，稱為標高點 (spotheight)，這些點可由測量得來，聯結各高度相等之點，即得一條等高線，兩條等高線之間應該間隔若干尺，並無一定，視圖幅大小及地形起伏的程度而定，如地形十分平坦，可採每 1 公尺一條等高線；如地形起伏甚大，可採每 20 公尺或 50 公尺一條等高線。圖 5–9 的下方為等高線圖，沿每條等高線兩側的切線方向以虛線向上延伸，可將此起伏地形予以重建如圖 5–9 的上方部分，也可說就是斷面圖 (cross section)。假如我們根據一幅臺灣島等高線圖，東西橫切，可以作

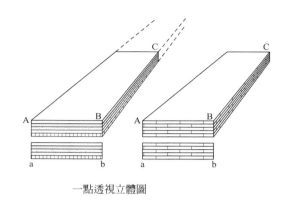

一點透視立體圖

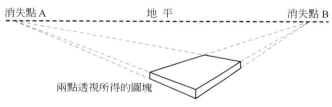

消失點 A　　　　　　地　平　　　　　消失點 B

兩點透視所得的圖塊

圖 5-8　　一點透視及兩點透視立體圖

出許多斷面圖來。例如西自嘉義縣東石
以北沿海起（等高線為 0 公尺），向東經
嘉義市、吳鳳鄉、玉山（3,952 公尺）、
秀姑巒山南側、至秀姑巒溪口（等高線
又降為 0 公尺），將是一幅很有意義的地
形剖面圖。

讀圖要點

　　地圖既是傳達地理知識的重要工
具，故需經常加以研讀，這項工作稱為

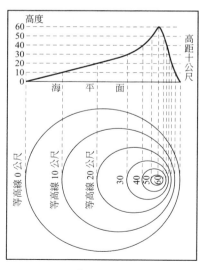

圖 5-9　等高線地形圖繪法

讀圖 (map reading)。研讀地圖必須要了解下列各項基本要點：

(一)方向：每幅地圖均能表示方向，習慣上以上方為正北，下方為南，左西右東。但遇有特殊的地圖，也可特繪一個方向標，標示方向。

(二)位置：圖中任何一點皆能表示正確位置，一地所處的經緯度位置，常可讀至度及分。

(三)圖例：每幅圖或一本地圖集的前頁，均詳列圖例，以便讀圖者識別。凡是比例尺愈大、內容愈詳細的地圖，所使用的圖例符號愈多，在研讀一幅或一本地圖前，必須先辨清圖例，才能充份獲得地圖內容的資訊。

(四)比例尺：圖上比例尺有三種表示方式，(1)可用數字表示，如 1：100,000，十萬分之一，圖上 1 公分，代表實際 1 公里；(2)可用分數表示，目前國內的地形圖（等高線圖）為 1/50,000, 1/5,000，如在都市中使用，需要更大的比例尺，如 1/500, 1/5,000。不拘比例尺大小，分子必須是一，表示地圖等於真實地面的若干分之一。(3)可用圖尺方式表示地圖的比例，大型教學用掛圖 (wall map) 常用此種比例尺，其優點為便於使用人隨時量度圖中兩點間的距離。普通千分之一以上的地圖（包括五萬分之一、二萬五千分之一、一萬分之一、一千分之一等），稱為大比例尺地圖 (large scale maps)，如圖紙大小相同，比例尺愈大，所涵蓋的地區愈小，內容愈詳盡。一般教學用的大掛圖及地圖集，均為十萬分之一以下的比例尺，如二十萬分之一，五十萬分之一，一百萬分之一，甚或五百萬分之一，稱為小比例尺地圖 (small scale map)。

(五)坡度：地圖上常用等高線 (contour line) 來表示地形，若一地地勢不平坦，即成坡度，坡度的緩和或陡峻，對於人類活動和土地利用，皆有密切關係。一個傾斜面和水平面所夾的角度，即為坡度角 (angle of slope)，是該地坡度大小的表示法。若從圖上等高線間讀出高度差，即為

兩點間的垂直距離，再量出兩等高線間的實際水平距離，即可算出該區的坡度率 (gradient)，其簡單公式如下：

$$坡度率 = \frac{高度差}{水平距離}$$

若一點在等高線為 400 公尺處，另一點在 300 公尺處，二點之間相距 1,000 公尺，則

$$坡度率 = \frac{100}{1,000} = \frac{1}{10}$$

意即在該區每走 100 公尺，高度變化 10 公尺。坡度率和坡度角可以互相換算，其公式為：

$$坡度率 = \frac{坡度角}{60} \quad 或 \quad 坡度角 = 坡度率 \times 60$$

除上述五項基本要點外，我們也常可由地圖中發現許多有趣的地理事實。例如：昔日臺灣地區鹿產甚豐，荷人在臺時，曾有一年輸出鹿皮二十萬張的記錄，故島上冠以鹿字的地名頗多，如南投縣的鹿谷、臺東縣的鹿野、初鹿，彰化縣的鹿港等。另如在四川省內的縣城分布以成都平原區最密，也表示該區的人口密度最大，何以致此？當係因為該區地形平坦，並兼有都江堰的水利灌溉工程，有以致之。此外，由包蘭鐵路（包頭至蘭州）的路線，可以看出此線初由包頭沿黃河北岸西行，至磴口三盛公越過黃河，改沿黃河東岸南下，至三道坎以上又渡河而西，如此一來，使此段鐵路必須增建兩座鐵路橋樑，其原因何在？由地圖上也可察知此段路線適位在狼山和賀蘭山之間，處於風口地位，每年冬春季節由西北方大漠中吹來的狂風及流沙，勢將埋沒路基及鐵軌，今將路線築於東岸，西有黃河河床作為屏障，對於行車安全，自有裨益。

第三節　電腦製圖

傳統的地圖繪製全賴人力及繪圖儀器製繪，十分費時費力。自近二十年電腦的使用日益普及，其軟、硬體的技術日益提高，於是在地圖繪製上，電腦的功能日增，它對製圖的影響也與時俱進，可分下列各項說明之。

地圖複製的進步

傳統使用的工程圖於圖幅製好後，需要複印若干份供施工人員持用，乃將原圖稿以印相方法，將氨氣感光紙面對面密接置於紫外光感光，並在氨氣箱內燻，即可將線條原圖影像複製，成像後的紙張和線條圖均呈深淺不同的藍色，因名藍晒圖 (blue print)，比較新穎的藍晒機器，多採用影印機的滾筒方式進紙，方便迅速，但它只能藍晒單張原圖，雖也實用，卻不美觀。

今日使用電腦編繪地圖，須將底圖數位化 (digitization)，才能進行應用軟體編修的工作，因為電腦並不認識圖形，而是我們將圖形轉換成座標形式的編碼，電腦透過軟體讀取編碼，從而產生點、線、面、色彩等圖形並呈現出來；然而由於數位化板售價高昂，不利於擴大使用，於是又有掃描機問世。目前複製地圖的工作，可以透過掃描機完成。將底圖數位化掃描完成，核對無誤後，即可使用繪圖機或列印機輸出成圖，既清晰美觀，又無雜訊，更可儲存成檔案，還可透過網路傳輸，符合地圖

繪製電腦化的潮流趨勢。

　　使用掃描的底圖，在電腦螢幕上作編繪工作時，可以任意修改，且不需要任何實質的文具，如紙筆、尺圓規、放大鏡、顏料與墨水等，不但節省文具支出，且具有迅速、乾淨、清晰等優點。

電腦排版的優勢

　　自從個人電腦 (personal computer, PC) 問世以來，它原即具有打字機的功能，所以自然取代了原來打字機的市場，且因它具有打字、排版、繪圖等一條鞭式的功能，使出版業如虎添翼，不但加速了排印的效率，而且增加了圖書出版的速度，十分有利於圖書出版事業的發展。

對地圖製版及分版的影響

　　為使地圖影像清晰，過去我們採用分層設色的方法，使地圖呈現清晰的層次感；現在使用電腦來分層，十分方便，因大部分的繪圖軟體，包括美工軟體及地理資訊系統 (Geographical Information System, GIS) 軟體，都有分層的功能，可以與地圖分版的概念不謀而合，利用電腦製圖軟體來做分層工作，遠較過去省力節時，足以降低製圖成本。

　　昔日一幅地圖分版至少需七至十版，甚至多達十多版，而將此色彩各異的版面區分清晰，並套印無誤，是一門大技術，現在我們使用的繪圖應用軟體，已大幅提高對色彩管理的能力，無需製版人員的人為操作，即可達到：⑴節省了原來的製版費用；⑵縮短了地圖製印的時間；⑶免除了人為的製版失誤。因此，遂使製版業由往昔的人工操作改為現今的電腦作業。這也是高科技的產品取代人力後，所造成的必然結果。正如

同在臺北地區行駛的公車上，普遍使用磁卡感應及投現收費後，隨車售票員自無立足之地。

　　總之，由於近年電腦軟硬體的快速發展，不但提高了地圖繪製的效率，降低了在繪製技術、材料、時間等方面的問題，也降低了地圖繪製的專業性；目前只要上網就可下載取得所要地區的電子地圖，再經過彩色印表機列印或轉入普通繪圖軟體，經過修改、添繪、加色等動作，便可成為一張符合自己需要的私房地圖了。由此點觀之，由於電腦的協助，也大大的增加了地圖的流通性。

〔問　題〕

一、試述地圖的重要性。

二、何謂心射投影？其優劣點有那些？

三、何謂平射投影？其優劣點有那些？

四、何謂正射投影？其優劣點有那些？

五、麥卡托投影法的優劣點為何？試述之。

六、莫爾威投影法有何優劣點？試述之。

七、試由臺北市（海拔 8 公尺）經大屯山（1,087 公尺）向北至富貴角（35 公尺）至海面，繪製斷面圖一幅。（水平距離可由二萬五千分之一地形圖上讀出）。

八、讀圖可獲得許多地理知識，試自舉一例說明之。

九、電腦對於地圖繪製工作有那些幫助？試述之。

第六章　大氣的性質

第一節　大氣的成分及性質

大氣成分

地球之外，包有一圈空氣，通稱大氣 (atmosphere)。大氣為多種氣體的混合物，其中有永久氣體、多變氣體、雜質等，根據古登堡 (Beno Guten-berg) 的分析和估計，大氣的成分約如表 6-1 所示：

表 6-1　大氣的成分

成　分	所佔百分比
1.永久氣體 (permanent gases):	
氮 nitrogen	78.09
氧 oxygen	20.95
氬 argon	0.93
氪 krypton	<0.01
氫 hydrogen	<0.005

氙 xenon		<0.002
氖 neon		<0.0015
氦 helium		<0.0004
2. 其他氣體 other gases:		
水汽 water vapor		0–4
二氧化碳 carbon dioxide		0–0.03
臭氧 ozone		<0.001
3. 固體雜質 solid impurities	灰塵 dust	煙 smoke
化學鹽類 chemical salts	微生物 microorganisms	
4. 雲 clouds		

　　在整個大氣層中，僅氮、氧兩種所佔成分已達 98% 以上，但在接近地面的空氣層，水汽和塵埃雜質的摻入機會卻較多，低空的水汽含量可達 4%，大氣中一切凝結降水現象如雨、露、霜、雪、雲、霧、雹、霰，都是水汽的變形，故水汽在天氣的變化上，常居重要地位。同時水汽又具有吸收太陽能量及地面輻射熱的作用，空氣愈熱，可容水汽之量亦愈多。空氣中的雜質也有其重要性，可以作為水汽的凝結核 (condensation nuclei)，以促進水汽的凝結。

大氣性質

　　大氣具有一切氣體的特性，有彈性 (elasticity) 和壓縮性 (compressibility)，空氣雖很輕，但確有重量，在通常的壓力和溫度下，近地面的空氣重量約為同體積水的八百分之一，1 立方公尺的空氣約重 1.3 公斤或一立方呎的空氣重 1.2 啢。因此地表面所受每方吋空氣柱的重量約達十五磅（6.8 公斤），一個人體在地面上所承受的大氣壓力達數千磅，但我們並無被壓縮的感覺，這是因為氣體的壓力來自各方面，人體內外同時承

受大氣壓力之故。

空氣有壓縮性,故近地面層空氣的密度較大,愈向上愈稀薄,至 18,000 呎(約 5.5 公里)的高空,大氣的壓力即減低一半,至 36,000 呎(約 11 公里)的壓力,就只有地面的 1/4,故上層大氣極為稀疏,而大氣中的水汽,也有 90% 以上集中在 16,000 呎(約 5 公里)以內,最高的卷雲也少有超過 32,000 呎(9.8 公里)者,是以就氣象言,最重要者乃大氣層的下部。

空氣的傳熱率甚低,比水的傳熱力還小 20 倍,在一分鐘內華氏 1 度每平方公分所傳得的熱(卡路里),空氣僅有 0.003,如表 6-2 所示:

表 6-2　傳熱率的比較

物　質	傳熱率 (cal./cm^2/min/deg.)
空　氣	0.003
水	0.06
雪	0.01
沙	0.18
岩　石	0.40

因之,大氣中熱力的運輸,乃以輻射和流動為主,得之於傳導者甚少。另一方面,因大氣為混合物而非化合物,各種成分仍充分保有其個性,故對大氣性質的研究,主要採用物理方法而非化學方法。

第二節 大氣的層次及熱力平衡

大氣的層次

整個大氣圈的厚度可達數百公里，愈向上愈加稀薄，以和虛無的太空相接。大氣圈主分四層，最近地面者為對流層 (troposphere)，此層空氣以上下對流為主，在兩極最低，厚度約 8 公里 (5 哩)，在赤道區因氣溫高，對流旺盛，可達 16、17 公里，此層大氣的氣溫在正常狀態下隨高度而遞減，至溫度停止向上遞減之處，即為對流層頂 (tropopause)；對流層以上為平流層 (stratosphere)，此層空氣以水平流動為主，不像對流層內多急速的升降混合作用；平流層內的氣溫隨高度而增加，其平均高度可達 45 公里；更上為中氣層 (meso-sphere)，高度可達 80 公里以下，此層下部多臭氧 (O_3)，有毒，對於高空飛行器有威脅。臭氧又可吸收日光熱能，造成平流層上部及中氣層下部的高溫；中氣層上部以帶電的空氣質體為主，故被稱為電離層 (ionosphere)，此層空氣阻擋來自太陽的高能輻射，造成電離作用，對

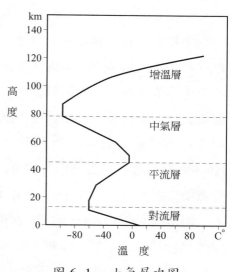

圖 6-1 大氣層次圖

於無線電波的傳播有影響。有些波段會外逸，有些波段會折返地面以利接收。在 80 公里以上為增溫層 (thermosphere)，該層空氣的溫度可由 80 公里的攝氏零下 80 度，漸升至攝氏零上 80 度以上，十分異常。本層空氣密度極稀，氣體游離化，易於反射無線電波，利於無線電訊的傳播。偶爾在地球高緯地區可以看到的極光 (aurora) 現象，也是在本層內發生，高度約在距地 100 公里左右，乃由太陽的帶電質點衝至高層大氣時，與氧、氮等分子相激所發生的強烈光芒，通常呈現大片簾狀或帶狀的黃綠色或青白色光幕，十分壯觀。

地球大氣圈的上限，一般認為在增溫層的頂部，離地表已有 500–600 公里，即為大氣圈的上限。在此以外，雖然尚有氣體，但密度已甚為稀薄，盡失氣體特性，和大氣圈內各層的大氣，已有顯著差異，故在增溫層以外的大氣，可統稱為外氣層 (exosphere)。

大氣的熱力平衡

地球自身並不發光，由地球內部所傳至表面的熱度也極有限，因此地球表面及大氣圈所受到的光熱，主要來自太陽，太陽體積龐大，其直徑為地球的 109 倍強，其質量則為地球的 333.434 倍，太陽本身為一熾熱氣體，故雖日地平均相距達 149,637,000 公里（9 千 3 百萬哩），而日射光熱仍然紅光刺目，使人不敢仰視，太陽表面溫度近攝氏 6,000 度 (10,300°F)，當其直射大氣層頂時，該處每平方公分（糎）的面積上，每分鐘所受的太陽熱量為 1.94 克卡（gram-calories/cm^2/minute），此數值稱為太陽常數 (solar constant)。整個地球表面所得的太陽光熱，佔太陽所發出的熱量甚微。由於地面和大氣性質的不同，對於太陽光熱的吸收也就有異，地面對於高溫輻射（又名短波輻射，即可見的光）的接受力甚強；

地面增溫後，放出低溫輻射（又名長波輻射，即可感而不可見的熱），才能成為大氣熱力的重要來源，此因大氣對低溫輻射的吸收力特強之故。

　　熱力平衡的過程約可分為三部分：

　　1.太陽輻射被大氣及地表反射吸收的情形。

　　2.地表及低空大氣的熱力再輻射返回太空。

　　3.地面及低空大氣的交互輻射作用。

　　一般言之，大氣層對於短波輻射的吸收量甚少，但對地面長波輻射的吸收能力甚強，其中最具吸熱力量者為水汽，此所以空氣中水汽愈多時，空氣增溫愈易，但水汽對於長波也並非全部吸收。乃係按波長而作選擇吸收。

　　即當波長為 8.5–11 μ 時，水汽對此種波長的吸收能力特弱，因而可使部分地面熱力穿過大氣圈，直接返回太空，促成大氣及地面間的熱力平衡。波長單位 μ 譯為微米，1 $\mu=10^{-4}$cm 即 0.0001cm，至光波波長則甚短，僅介於 0.4–0.7 μ 間，為可見的光波，其他波長均不可見。

　　由太陽短波輻射入地球開始，以迄全部熱力再返回太空為止，在平均雲量的天空狀況下，可以圖 6–2 表示其全部過程。

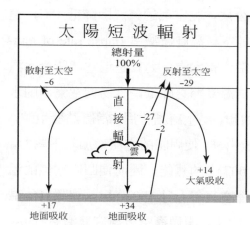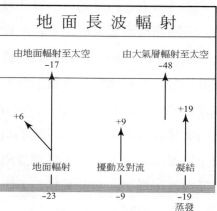

圖 6–2　大氣的熱力平衡圖

大氣的熱力變化

在地球表面各地的氣溫固然常有差異，即在垂直方面，也有顯著的不同。在正常情況下，氣溫乃是自地面向高空遞減，高度愈高，氣溫愈低。北宋名士蘇東坡所作的水調歌頭中有句：「我欲乘風歸去，又恐瓊樓玉宇，高處不勝寒。」可見古人雖不能御風飛行，卻已知高空氣溫甚低。此因大氣上升，上方所受的四周壓力減小，導致體積膨脹，因而使此團大氣的溫度為之降低，這種氣溫的變化，因和外界的熱力無關，故稱為絕熱變化 (adiabatic change)。反之，若大氣的溫度因受外界熱力的增減而發生了溫度的變化者，稱為非絕熱變化 (non-adiabatic change)。至於大氣中因含有水汽，當大氣上升，氣溫下降，發生冷卻現象，導致水汽凝結，使水汽中原來含有的潛熱 (latent heat) 被釋放出來，而轉使氣溫獲得增加，這種受大氣自身所含水汽影響而形成的溫度變化，稱為假絕熱變化 (pseudo-adiabatic change)。在低層大氣中，因所含水汽豐富，故假絕熱變化最為頻見。

在理論上，自地面每上升 100 公尺，乾空氣的氣溫即降低 1°C，這種氣溫隨高度而遞減的比率，叫做乾空氣溫度遞減率 (lapse rate of temperature for dry air)；但是空氣中經常含有水汽，尤其是低空，所含水汽的量更多，含有水汽的空氣上升時，溫度隨之降低，容易使空氣中的水汽達到飽和 (saturation)，一旦水汽飽和，易生凝結作用，當凝結發生時，原來潛伏在水汽中的熱力，即將釋放出來，使周圍的空氣增加若干熱力，大致每凝結一克的水，即可釋放出 607 卡的熱能，因而使四周空氣的溫度獲得若干增加，在此種情況下，溼空氣每上升 100 公尺，實際只能減低 0.5°C，這種氣溫隨高度而減低的比率，叫做溼空氣溫度遞減率 (lapse rate of temperature for moist air)。平均起來，一般空氣大約是每升高 100 公尺，氣溫降低 0.6°C。

〔問　題〕

一、試述大氣的主要成分，空氣中的雜質有何重要性？

二、下層大氣為何特別重要？

三、試述大氣的主要層次及各層的特性。

四、試繪一圖表示大氣熱力輸送的過程。

五、解釋下列各名詞：

　　(1)太陽常數

　　(2)短波輻射

　　(3)絕熱變化

　　(4)假絕熱變化

第七章　大氣的要素

　　大氣具有多方面的性質，這些性質可以歸併成為若干要素 (element)，這些要素經常影響到人類的生活作息，例如大氣的溫度變化，就是人類所感到的冷暖變化，我們生活在大氣圈包圍之中，不能不對這些變化加以研究，以求增加了解，始更易於適應周遭的自然環境。

第一節　大氣的溫度

氣溫的觀測

　　氣溫 (air temperature) 乃指自由大氣的溫度，既不是室內溫度，也不是露天的近地面溫度，乃是將溫度表掛在一個白色的可以自由流通空氣的木柵箱中，此箱高於地面約 1.5 公尺，稱為百葉箱。掛在百葉箱內的溫度表初由 1603 年義大利物理學家伽利略 (Galileo Galilei) 發明用水的溫度表，但不精確；1714 年德國物理學家華倫海 (G. D. Fahrenheit) 用水銀來代替水及酒精，作成精密的溫度表，以 32° 為冰點，212° 為沸點，

表 7-1　華氏攝氏換算表

華氏 °F	攝氏 °C
120	48.9
110	43.3
100	37.8
95	35.0
90	32.2
85	29.4
80	26.7
75	23.9
70	21.1
65	18.3
60	15.6
55	12.8
50	10.0
45	7.2
40	4.4
35	1.7
32	0.0
20	−6.7
10	−12.2
0	−17.8
−10	−23.3
−20	−28.9
−30	−34.4
−40	−40.0

是為華氏溫度表；1742 年瑞典天文學家攝秀斯 (Anders Celsius)，將水銀溫度表改變刻度，以 0°C 為冰點，100°C 表沸點，是為攝氏溫度表 (Celsius scale)，俗稱百分溫度表 (degrees centigrade)，二者間的換算關係略如附表 7-1 所示。

大氣逆溫現象

　　在正常情形下，氣溫總是自下向上遞減，但也有反常的情況發生，有時大氣中的溫度不但不向上遞減，反而向上增加，這種氣溫垂直逆增的情形,叫做逆溫 (inversion of temperature)。逆溫又有低空逆溫和高空逆溫之分，所謂低空逆溫就是接近地表的空氣層溫度，發生逆增現象，此種逆溫層的發生最普通，亦最易觀察，發生的原因，主要是晝間日照強烈，輻射強，入晚地表散熱快，而接近地表的空氣層，卻吸收了不少地面的長波輻射，因此形成下冷而上暖的溫度逆增現象。因是由輻射作用所形成，故又稱輻射逆溫。這種輻射逆溫層於晚間變冷，可使逆溫層中的水汽受冷成霧，稱為輻射逆溫霧。這種霧在冬季的晨間最易發生，至日出以後，逆溫層因地面受熱而被破壞，重新發生對流作用，霧乃消散。至於高空逆溫的發生，可因高空氣流的下降，發生增溫作用，使此股下降氣流的

溫度較其下方的氣溫猶高，因而在空中產生逆溫層。

最適於發生低空輻射逆溫層的條件計有：

㈠長夜：尤其在冬季，地表所受的日照入射量小而輻射至空中的熱能較多，入少出多，地表乃特別寒冷。

㈡晴天：天空無雲，最利於地面長波輻射散失，使地表失熱迅速。民國 51 年 1 月 27 日臺北最低氣溫降至 1.2°C，玉山 –15°C，均是在全天無雲的情況下發生的。

㈢空氣乾冷：不易吸收地面輻射，逆溫層乃易於增加厚度。

㈣平靜無風：混合作用不易發生，遂使地表一帶特別寒冷。

㈤積雪掩覆：冰雪表面潔白，易於反射日光，因而可以形成廣大低空氣溫較高而積雪地表甚冷之逆溫層，冬季的歐亞大陸及北美洲北部均易發生這種範圍廣闊而深厚的逆溫層。

霜期和生長季

一個地區的氣溫如全年皆在攝氏零度以上，則作物終年可以生長，不受霜寒影響。反之，若有一段時間氣溫常降至冰點以下，則易於成霜。

霜為低溫度下地表水汽的凝結物，當氣溫保持在 0°C 以上，水汽所凝結者為露 (dew)，若氣溫降至 0°C 甚或 0°C 以下，則水汽凝結成固體的霜 (frost)。當氣溫介於 0°C 至 –2°C 所成的霜，稱輕霜 (light frost)，–2°C 以下所成的霜稱殺霜 (killing frost)，對於植物的殺傷力最大。最適於成霜的條件有二：

1. 乾冷的極地大陸氣團區域。

2. 晴朗乾燥而無風的夜晚。

在此種狀況下，地表溫度經由輻射及傳導散熱極為迅速，易於降低

至冰點以下，中緯度地區，每年秋季初霜，翌年春季終霜，這段時間稱
為霜期 (frost season)，而另一段無霜的時期，叫做無霜期，也就是作物可
以自由生長的生長季 (growing season)。霜既可以左右作物的生長，對人
類的影響自非淺鮮，如何使作物適在霜前成熟，每為作物育種學家的重
要課題。為避免霜災，溫帶地區各地氣象機構，經常發布低溫警告，在
參考此類低溫預報時，必須要注意到氣象局所預報的氣溫為自由大氣溫
度，其高度約在地面以上 1.5 公尺，並非地面溫度或草溫，因此當氣溫
在 0°C 以上時，地表溫度及草面溫度卻可能已低達 0°C（或以下），仍有
成霜的可能。為避免霜災，寒冷地區經常用人為方法加以防止，最普通
者，莫過於用紙、草或廢布將怕霜的樹幹捆紮，或對地表掩覆，以防地
表及樹幹散熱過快，易於受霜災。對於大規模的柑橘園，因其經濟價值
高，為阻止霜害，每於嚴寒的冬夜，在園中燃燒礦物油料加熱增溫，以
阻止氣溫降至 0°C，因如不採用人工驅霜，則一次霜災，可使美國南加
州的柑橘園主損失達五千萬美元。

第二節　氣壓和風系

氣壓單位

　　地面所受的大氣垂直壓力是為氣壓 (atmospheric pressure)。換言之，
氣壓乃單位面積上所承受的大氣重量，故測量氣壓的單位為每平方公分
達因（dynes/cm^2），但在氣象學的實用上，另訂一較大單位稱巴 (bar) 及

毫巴 (millibar)，巴等於 1 百萬達因方公分（dynes/cm²），毫巴等於 1,000 達因方公分之壓力，大氣層有厚有薄，因地而異，故氣壓也有高有低，當氣溫為 0°C，在緯度 45° 處，海平面的氣壓相當於水銀柱高度 760 公釐（29.92 吋），等於 1,013.2 毫巴。公釐 (mm)、吋 (ins) 和毫巴 (mb) 三者之間互換關係，可列簡表 7–2 示之。

表中三者的基本關係為 1 吋=33.8639 毫巴 =25.4001 公釐。

氣壓和高度成反比，高度愈高，空氣愈稀薄，大氣的壓力愈小，大致在最初數千呎內，每 900–1,000 呎，氣壓約降低 1 吋或約 34 毫巴，愈向上銳減愈甚，至 18,000 呎（約 5.5 公里）的高空，大氣的壓力即減低一半，至 36,000呎（約 11 公里）的壓力，就只有地面的 1/4，故上層大氣極為稀疏，而大氣中的水汽，也有90% 以上集中在 16,000 呎（約 5 公里）以內，最高的卷雲也少有超過 32,000 呎（9.8 公里）者，是以就氣象言，最重要者乃大氣層的下部。

目前科學界重新規定氣壓的單位為帕（Pascal，簡寫為 Pa），1 毫巴相當於 100 帕，因此 1 毫巴即為 1 百帕 (hPa)。

表 7–2　氣壓單位換算表

吋	公　釐	毫　巴
26.00	660.40	880.5
26.50	673.10	897.3
27.00	685.80	914.3
27.50	698.50	931.3
28.00	711.20	948.2
28.50	723.90	965.1
29.00	736.60	982.1
29.50	749.30	999.0
29.75	755.66	1,007.5
29.92	759.97	1,013.2
30.00	762.00	1,015.9
30.25	768.35	1,024.4
30.50	774.70	1,032.9
30.75	781.05	1,041.3
31.00	787.40	1,049.8
31.25	793.75	1,058.2
31.50	800.10	1,066.9
31.75	806.45	1,075.2
32.00	812.80	1,083.6

氣壓的觀測

觀測氣壓的儀器叫做氣壓表，又可分為兩類，一為空盒氣壓表

(aneroid)，是利用金屬薄片製成空盒，抽去盒中大部分空氣，加以封固，氣壓增高時，空盒被壓縮；氣壓降低時，空盒脹回原狀，甚且略向上膨脹，盒的一面固定在支架上，另一面接一指針，盒面伸縮都會牽動指針，用以表示氣壓的高低，為精確計，常疊置若干個空盒在一起，以增加其靈敏度，如將氣壓刻度換成高度的刻度，這個空盒氣壓表就變成為高度表 (altimeter)，可供登山及飛行測高之用。另一種氣壓表叫做水銀氣壓表，表上水銀柱的重量等於所受空氣柱的重量，但為精確計，尚須經過溫度、高度和緯度等項的訂正。這兩種氣壓表，空盒氣壓表攜帶方便，利於改製成高度表，野外考察，旅客觀光以及航空器上，均宜攜帶及裝置，同時也利於改製成氣壓自記計 (barograph)，除空盒一疊外，加上時鐘、桿杆、指針及自記紙等，即成氣壓自記計。水銀氣壓表遠較空盒氣壓表精確，故水銀氣壓表仍為氣象觀測上不可缺少之儀器。這兩種氣壓表均是放置室內即可觀測，不必像溫度表必須裝置於室外百葉箱中。

氣旋和反氣旋

　　圖 7-1 示北半球的溫帶氣旋模式，細曲線為等壓線，氣壓單位為毫巴，每三毫巴繪製一條等壓線，中心的氣壓低，四周的氣壓高，氣流由四方向中心依反時鐘的方向流入。圖 7-2 示北半球的反氣旋模式圖，各圓圈線為等壓線，每條間隔三毫巴，氣流由高氣壓中心向四方依順時鐘的方向流動。

　　氣旋又可分為兩種，一為溫帶氣旋 (extratropical cyclone)，如圖 7-1 所示，係由冷鋒和暖鋒相交形成低氣壓的中心，冷暖鋒相夾之區為暖空氣區，簡稱暖區，和暖區隔鋒相對之區，為冷空氣區，簡稱冷區。由於溫帶氣旋是冷、暖空氣相交接之區，使空氣多擾動，成雲致雨，天氣多

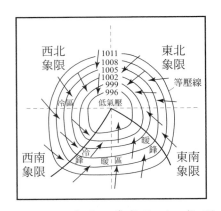

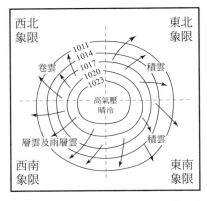

圖 7-1　北半球溫帶氣旋（低氣壓）　　圖 7-2　北半球反氣旋（高氣壓）
　　　　模式圖　　　　　　　　　　　　　　模式圖

變化，故又稱為溫帶風暴。另一種為熱帶氣旋 (tropical cyclone)，專門發生於熱帶的海洋之上，在東亞地區即稱為颱風 (typhoon)，在北美洲稱颶風 (hurricane)，在印度孟加拉一帶稱它為氣旋，熱帶氣旋的發育不拘，在氣壓的降低上，風雨的強度上，均較溫帶氣旋為強，故對人類所造成的損害也較大。

　　反氣旋就是高氣壓，因其中心的氣壓高，故多沉降氣流，使空氣的溫度增加，故在高氣壓的中心區域天氣經常晴好，但在高氣壓的邊緣地帶，氣流仍多擾動，天氣依然多變化而易於成雲致雨。

風的觀測

　　空氣流動而成風，所以風就是大氣的水平流動。風可分為風向 (wind direction) 和風速 (wind velocity) 兩部分，風向是指風的來向，自東向西吹的叫做東風，自東北向西南吹的叫做東北風，風向細分之可有十六方向，普通均採八方向，即北、東北、東、東南、南、西南、西、西北八

方位。風速的單位通常有兩種，一種為每秒公尺數 (m/sec)，一為每小時浬數 (kts/hr)，二者間的關係是 1 m/sec=1.94 kts/hr (=3.6 km/hr)。

　　風的測量可分兩種，一為器測，即風速計，有風標式風速計 (wind vane)，現以飛機型者最流行；另有杯狀風速計 (cup counter anemometer)，現在通用三杯式風速計。這兩種風速計，下端都連接有電線，直通辦公室，室內裝置指示器，觀測員可在室內直接讀出當時的風速及風向；另有一種為目測，係英國海軍將領蒲福 (Admiral Beaufort) 於西元 1805 年制定，以陸海目標物為標準，共分〇至一七級，迄今仍為世界各國所採用，稱為蒲福風級 (Beaufort scale)，其標準錄如表 7–3。

表 7–3　蒲福風級表

風級	名　　　稱	陸地可見之象徵	每秒公尺	每小時哩	每小時浬
0	無風 calm	煙垂直上升。	0.0–0.2	<1	<1
1	軟風 light air	煙歪斜上升，風力尚不能轉動風向儀。	0.3–1.5	1–3	1–3
2	輕風 light breeze	風向儀轉動，人面感覺有風，樹葉有微響。	1.6–3.3	4–7	4–6
3	微風 gentle breeze	旌旗舒展，樹葉及小樹枝擺動不止。	3.4–5.4	8–12	7–10
4	和風 moderate breeze	塵土紙片飛揚，小樹幹搖動。	5.5–7.9	13–18	11–16
5	清風 fresh breeze	有葉小樹搖擺，海面有波紋。	8.0–10.7	19–24	17–21
6	強風 strong breeze	大樹枝擺動，電線呼呼有聲，舉傘困難。	10.8–13.8	25–31	22–27
7	疾風 near gale	全樹搖擺，迎風前進，覺有困難。	13.9–17.1	32–38	28–33
8	大風 gale	微枝折斷，迎風前進	17.2–20.7	39–46	34–40

		阻力甚大。			
9	烈風 strong gale	小屋及煙囪頂部微有損壞。	20.8–24.4	47–54	41–47
10	暴風 storm	樹木被拔，屋宇吹倒。	24.5–28.4	55–63	48–55
11	強烈暴風 violent storm	稀有的風災，破壞廣泛。	28.5–32.6	64–72	56–63
12	颶風（颱風）hurricane or typhoon	嚴重風災，區域廣大。	32.7–36.9	73–82	64–71
13	颶風 hurricane or typhoon	嚴重風災，區域廣大。	37.0–41.4	83–92	72–80
14	颶風 hurricane or typhoon	嚴重風災，區域廣大。	41.5–46.1	93–103	81–89
15	颶風 hurricane or typhoon	嚴重風災，區域廣大。	46.2–50.9	104–114	90–99
16	颶風 hurricane or typhoon	嚴重風災，區域廣大。	51.0–56.0	115–125	100–108
17	颶風 hurricane or typhoon	嚴重風災，區域廣大。	56.1–61.2	126–136	109–118

行星風系

　　行星風系乃是一種理想風系，係假定地表均一，高度處處相等，無公轉運動，只受地球自轉偏向的影響。從赤道向兩極地區形成十一個風帶：

　　㈠赤道無風帶 (doldrums)：位於赤道南北五度之間，由於太陽經常直射本區，氣溫特高，氣流上升旺盛，多積狀雲，常有雷雨，本帶底部因

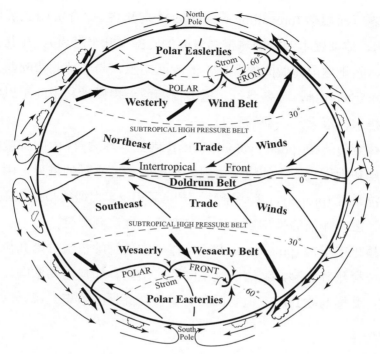

圖 7-3　行星風系及大氣環流圖

空氣上升，呈低壓狀態，誘致兩側氣流，向本帶輻合。

　　㈡南北半球信風帶 (trade winds)：東北信風介於 5°N–27°N，東南信風位在 5°S–27°S，本帶信風由副熱帶高氣壓中心向赤道吹動，本應為北風（北半球）及南風（南半球），但因受地球自轉偏向的影響，北風變為東北風，南風變為東南風。因為風向終年恆定，甚少變動，故名信風，風帆時代，趁此風出海貿易，故昔譯貿易風。

　　㈢副熱帶無風帶 (subtropical anticyclones)：本帶南北半球各一，介於南北緯 30° 左右，因為是高氣壓帶，空氣下沉而輻散，故本帶常呈平靜無風或吹無定向之微風。又稱馬緯度無風帶 (horse latitudes)。用以紀念十六世紀殖民時代因本區無風，帆船行駛不易，在大西洋上死亡的馬匹。

㈣盛行西風帶 (prevailing westerlies)：南北各一，介於南北緯度40°–60° 之間，這種風本源於副熱帶高氣壓的北部（北半球言），在北半球應吹南風，因地球自轉偏向的關係，改吹西南風，南半球此帶吹西北風，由於終年定向吹拂，故名盛行。過去荷蘭曾大規模地利用此風以推動風車作為排水、汲水及磨粉的動力。

㈤極圈氣旋帶 (polar cyclonic belts)：南北半球均有，由中緯度吹來的盛行西風和由極地吹下的極地東風，在極圈地區交匯的結果，由於兩方面的氣流秉性 (property) 差異懸殊，流向又相反，相遇後乃產生氣旋，風力強大，風向作氣旋性轉變，天氣多變化，極富刺激性。

㈥極地東風帶 (polar easterlies)： 在高空流動的氣流於南北極區下降後，形成極地高氣壓，氣流自極頂向四方流動，如無自轉偏向，南極應吹南風，北極應吹北風，但受偏向影響後，北極改吹東北風，南極改吹東南風。

地方性風

一、季風 (monsoon)：一地冬夏兩季所吹盛行風的風向相反，而以一年為週期，這風叫做季風。季風的發生需要海陸對比明顯之區，冬季時，大陸上散熱迅速，地面嚴寒，氣溫低下，空氣的密度大而成高氣壓，風乃自高氣壓中心向外吹動，此時海上散熱緩慢，氣溫較高，空氣的密度小而成低氣壓，於是風乃自陸地吹向海洋，風力強勁；夏季陸地受熱快，增溫迅速，空氣密度變小，而成低氣壓，此時海水對熱能的反應相當遲緩，吸熱慢，溫度較低，空氣密度較大而成高氣壓，因而風自海上吹入陸地，夏季因高低氣壓間的梯度較小，故夏季季風的風力較冬季季風普遍為弱。世界各區季風最強者，首推亞洲東南部及南亞的印度一帶，這

一地區有季風亞洲 (Monsoon Asia) 之稱。此外，美國東南部，澳洲北部及西非幾內亞灣等地，也都有季風現象，但不及亞洲的季風顯著。

　　季風在地理上的重要性，在於隨它而俱來的氣溫和雨量。當冬季季風盛行時，區內氣候冷而乾燥，作物因缺乏水源及溫度寒冷而中斷；迨夏季季風開始，氣溫升高，雨水沛降，作物繁茂，百物向榮，萬物榮枯繫於風向的轉變，其對於人生的重要性可以想見。

　　二、焚風 (foehn)：氣流作水平流動而成風，當其前方為高大山脈阻擋時，氣流乃越山而過，在越山途中，氣流沿山坡上升，氣溫降低，溼度增大，在迎風山坡降下大量雨水，過山之後，氣流中的水氣已被排除殆盡，

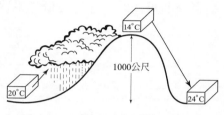

圖 7-4　　氣流過山形成焚風圖

空氣中因凝結而產生的潛熱卻甚多，相對溼度低降，氣溫增高，至背風坡底部，已形成一種非常乾熱的風，這種風德國人叫做焚風，盎格魯美洲（美、加）稱為欽諾克風 (Chinook) 或聖他安那風 (Santa Ana)。這種風視發生的地區、時間而產生不同的利弊。在歐洲初春季節，來自南歐地中海上的氣流向北越過阿爾卑斯山脈後，形成焚風，乾燥的空氣使北坡的積雪融解，雪水下注並滲透進入地下，使牧草提早成長，有利於早春畜牧。但在有些地區，背風山坡並無積雪，當焚風出現，易使植物及作物枯萎，引起災害。

　　三、高空風 (upper air current)：氣流除貼近地面作水平流動成風外，高空氣流也經常有定向的大規模流動，其流動的方向大致和前述行星風系相符合（因高空已無地形起伏的影響），北半球低緯度以東北風為主，中緯度以盛行西風為主，這些高空風的速率各層皆不相同，有小至每小時十餘浬者，亦有大至數十浬者，二次大戰末期 (1944)，美國 B-29 轟炸

機駕駛員在西北太平洋上空發現一股強烈氣流（即高空風），時速可達 100 至 200 哩，現被定名為噴射氣流 (jet stream)，這種氣流冬季強大而南移，本省桃園、臺北上空 7,000 公尺以上，亦可發現其蹤跡（桃園上空記錄曾達 120–150 哩／時），夏季北移至 30°N 以北，流速亦減弱。噴射氣流的發現有利於航空飛行，當中緯區航機自西向東飛航時，可盡量飛入噴射氣流主流的高度，順風飛行，可以節省油料，提早到達時間；若由東向西飛航時，往往降低巡航高度，避免噴射氣流主流的阻力。（參看圖 7–5）

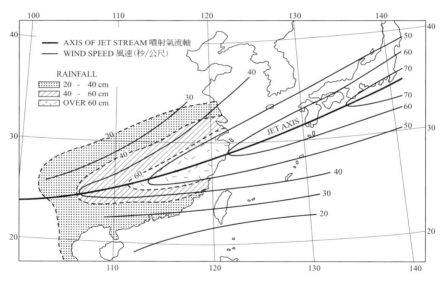

圖 7–5　東亞上空噴射氣流圖（冬季 12,000 公尺上空）

大氣環流

在地球大氣圈中，有大規模的空氣作水平及升降運動，這種運動稱為大氣環流 (general circulation)，因大氣的熱力分配，決定氣壓的高低，

氣壓的差異又左右大氣的流動；太陽經常直射或大角度斜射於赤道區，赤道上的氣流乃輻合上升至赤道高空，因上升氣流堆積而向南北兩方發散成高空西風，但赤道區域面積最大，緯度愈高，面積愈狹，氣流不易暢其流，堆積愈多，兼以由輻射作用而失熱，遂在南北緯度 30°N 左右下沉，形成副熱帶高氣壓，該區氣流下沉至地面，又分向南北流動，而成接近地面的東北風（向南）及盛行西風（向北），氣流在中緯度高空（仍在對流層內），除一部分下沉外，另一股續向極地流動，至南北極而下沉，成為極地高壓區，由此極地高壓，而產生極地下沉疏散氣流，加上地球自轉因素，乃成極地東風帶。因此，就北半球言，自赤道至北極的對流層中，計有三個環流區。第一區為氣流自赤道區上升，於 30°N 部分下沉，地面為東風，上方為西風；第二環流為中緯度區，高空地面均為西風，且愈高西風愈強，至對流層頂而達最大，更上為東風；此項強大西風，即為著名的噴射氣流。第三區自高緯 60°N 至北極，上空仍為西風，至北極氣流下降，而成地面東風。上述大規模的空氣升降及水平流動，就是大氣環流，因係分三環運行，故又名三環大氣環流 (tricellular circulation)。

第三節　大氣中的水汽

水汽的重要性

大氣中水汽的含量多寡不一，最多時可達 4–5%，少時可近於零。水汽在大氣下層最多，愈上愈少，其含量隨時間及地點而變化，毫無規則，但在大氣中卻居重要地位，其重要性至少有下述二點：

㈠大氣中的水汽為水的三態之一，當它含量達到飽和時，即將降雨，雨水乃地球生物之源，是最重要的氣候因素之一。

㈡大氣中的水汽含有熱力，稱為潛熱 (latent heat)，根據物理學的計算，每蒸發一克的水使成水汽，當時的溫度為 0°C 時，需要 597 卡路里 (calories) 的熱量潛入其中，故當水汽遇冷凝結時，此等量的熱力，乃告釋放。水分汽化所可含蘊的潛熱如表 7–4 所示：

表 7–4　水分汽化時所需的潛熱量

氣溫 (°C)	潛熱（卡路里／克）	氣溫 (°C)	潛熱（卡路里／克）
−40°	621.7	0°	597.3
−30°	615.0	10°	591.7
−20°	608.9	20°	586.0
−10°	603.0	30°	580.4
		40°	574.7

大氣中的水汽含量

大氣中所含水汽數量的多寡，稱為溼度 (humidity)。一團空氣中所含水汽的能力，並非固定不變，而係和溫度成正比，氣溫愈高，所含蘊水汽的能力愈強。例如在 0°C 時，每立方公尺體積的空氣中，只能含蘊水汽 4.847 公克，但當氣溫增至 40°C 時，同體積空氣的最大水汽蘊含量，亦即飽和水汽含量 (saturated water vapor content) 則達 51.117 公克，增加達十倍以上。空氣中水汽的最大蘊含量隨氣溫增加的情形，可由表 7–5 見之。

表 7–5　空氣中的水汽最大含蘊量（以 1 立方公尺為單位）

溫度 (°C)	水汽含量（公克）	溫　度	水汽含量	溫　度	水汽含量
−40	0.12	−10	2.158	20	17.3
−35	0.205	−5	3.261	25	23.049
−30	0.342	0	4.847	30	30.371
−25	0.559	5	6.797	35	39.599
−20	0.894	10	9.401	40	51.117
−15	1.403	15	12.832		

水汽與溼度

大氣中的水汽亦可產生壓力，稱為水汽壓 (vapor pressure)，而在某一溫度下，所可含蘊的最大水汽量，稱為飽和水汽壓 (saturation vapor pressure)。為表示大氣中水汽的多寡，可用不同的方式加以表示，茲分述如下：

㈠絕對溼度：單位體積的空氣中，所含水汽的重量，稱為絕對溼度

(absolute humidity)，也就是水汽的密度。其計算公式為：

$$\rho_w = 217 \frac{e}{T} \ g/m^3$$

上式中：ρ_w 為絕對溼度

　　　　e 為水汽壓力

　　　　T 為絕對溫度

　　　　217 為常數

由上式可見，ρ_w 和 e 值成正比，水汽多，水汽壓力大，絕對溼度大小和溫度成反比，溫度愈高，絕對溼度值愈小。

㈡相對溼度：單位體積內實際測得的水汽壓力和同溫度下飽和水汽壓的百分比，稱為相對溼度 (relative humidity)。其公式如下：

$$R.H. = \frac{e}{e_s} \times 100\%$$

上式中：e 為實測的水汽壓力

　　　　e_s 為同溫度飽和的水汽壓力

由上式可見相對溼度乃隨氣溫的高低而隨時改變其值。當空氣飽和時，$e = e_s$，則相對溼度為 100%；若 e 值遠小於 e_s，則表示該地當時的溼度甚小，空氣乾燥。在一團空氣中若所含水汽量不變，則其絕對溼度值恆等，但其相對溼度值則隨該團空氣的溫度高低而生變化，是為相對。其間關係可由表 7–6 見之。

表 7–6　氣溫和絕對溼度及相對溼度間的關係（以 1 立方呎空氣為單位）

氣溫（華氏）	絕對溼度（喱數）	相對溼度（百分數）
30°	2.9	150[+]
40°	2.9	100
50°	2.9	71
60°	2.9	51
70°	2.9	36

80°	2.9	27
90°	2.9	20⁻
100°	2.9	10⁺

在 1 立方呎體積的空氣中，當氣溫為 30°F 時，已逾飽和，相對溼度已達 150%；當氣溫為 40°F 時，適為飽和，亦即 $e = e_s$，故相對溼度為 100%；而當氣溫為 90°F 時，相對溼度已不足 20%，然不拘氣溫值如何改變，絕對溼度如無外來水汽加入，則恆為 2.9 喱。

㈢比較溼度：單位重量的空氣中，所含水汽的重量，叫做比較溼度 (specific humidity)。簡稱比溼。就公制言，一公斤的大氣中所含水汽的克數，即為該空氣的比溼。比溼因是空氣總重量和水汽重量之比，質量的多寡，直接和壓力相關，故可得比溼的公式如下：

$$q = \frac{\rho_w}{\rho_w + \rho_d} = \frac{水汽密度}{水汽密度 + 乾空氣密度}$$

$$q = \frac{0.622e}{p - 0.378e} \ g/g$$

上式：q 為比較溼度

　　　e 為水汽壓力

　　　p 為大氣壓力

　　　0.622 為常數，其值來自：$\dfrac{\omega_v}{\omega_d} = \dfrac{18}{28.9} = 0.622$

　　　而 ω_d 為乾空氣的分子量

　　　ω_v 為水汽的分子量

在上式中分母 p 所減去之數甚小，若略去不計，則上式可簡化為：

$$q = 0.622 \frac{e}{p} \ g/g \quad 或 \quad q = 622 \frac{e}{p} \ g/kg$$

水汽的變形

　　大氣中水汽的含量既是眾寡不一，隨時隨地有異，而其形態更是千變萬化，多采多姿，歸納起來，可分為霧 (fog)，雲 (cloud) 兩大類，茲分述如下：

　　㈠霧：空氣中的水汽有許多大小水滴，霧和雲都是由這些大小水滴組成的，不過雲乃懸浮空中，霧則接近地面，所以霧就是地面的雲，雲也就是空中的霧。由其不同成因，可將霧分為下列數類：

　　1. 輻射霧 (radiation fog)：空氣平穩，天氣晴朗，地面因輻射冷卻，而形成低空逆溫層，多在日出前成霧，至晨九時左右消散，此霧常示天氣晴好，又叫做地面逆溫霧 (ground inversion fog)。

　　2. 平流霧 (advection fog)：暖溼氣流作水平流動，至寒冷水面或地面，冷凝所成的霧，稱為平流霧。大規模的海霧屬於此類。

　　3. 上坡霧 (upslope fog)：暖溼氣流沿山坡上升，因氣壓降低，氣體膨脹而生絕熱冷卻，水汽逐漸凝結，可發生上坡霧，也可形成地形雨。

　　4. 鋒霧 (frontal fog)：冷暖氣流相交綏，冷氣流較重，沿地面前進；暖氣流較輕，沿冷氣流的表面上升，由於絕熱膨脹冷卻而生凝結，其在近地面處凝結的霧，即名鋒霧。又因所在地位，而有鋒前霧、鋒際霧、鋒後霧之分。

　　㈡雲：雲為空中水汽所凝成的各種變形，雲中有小水滴，也有冰晶物（氣溫在 0°C 以下時，結為冰晶物），茫茫雲海，變化萬千，乍看似無種類可分，仔細觀察則有成「線」狀的卷雲，成「面」狀的層雲，成「體」狀的積雲，以及許多混合狀，依照世界氣象組織 (World Meteorological

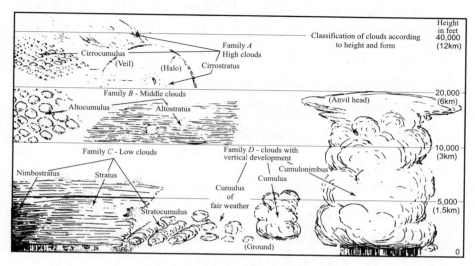

圖 7-6　十種基本雲圖

Organization, WMO) 的規定共有基本雲十種。茲分述如下:

1. 高雲類: 一般高度（指雲底高度）均在 6,000 至 10,000 公尺，此
類又分三種:

⑴卷雲 (cirrus, Ci): 色純白，無影，如羽毛，似馬尾，厚度甚薄，

照片 7-1　卷雲

日光可以完全透過，雲滴均為冰晶物，在十種雲中，此種雲最高。

⑵卷積雲 (cirrocumulus, Cc)：色白無影，如白珠，似魚鱗，排列有序，稍阻日光。

⑶卷層雲 (cirrostratus, Cs)：乳白色，如白絹，似纖維，日光透過時，稍受阻隔。使日月四周，呈現光環，是為日暈或月暈 (halo)。

2.中雲類：此類雲的高度較高雲類為低，約為 2,000 至 6,000 公尺。又分二種：

⑷高積雲 (altocumulus, Ac)：色灰白，有影，雲塊密集，較卷雲塊大，多排列有序。

⑸高層雲 (altostratus, As)：灰或藍色，分布空中成層狀，雲層厚者蔽日光，薄者日光透過如經毛玻璃。

3.低雲類：此類雲的高度均在 2,000 公尺以下，計分三種：

⑹雨層雲 (nimbostratus, Ns)：暗灰色，成層狀，瀰漫全天，常與雨雪伴生。

照片 7-2 雨層雲

⑺層積雲 (stratocumulus, Sc)：灰白色，狀如巨塊，排列如丘陣，

日光不能透過。

(8)層雲 (stratus, St)：深灰色，成層狀，瀰漫全天，均勻如霧，但不與地面相接，日光不能透過，如有降雨，則多毛毛雨。

4.直展雲類：此類雲以垂直發展最盛得名。雲底高度甚低，每在 1,000 公尺以下，但向上可伸展至高雲高度。又分二種：

(9)積雲 (cumulus, Cu)：白色或深灰，如棉花（淡積雲），似山岳（濃積雲），底部平行，上方起伏如丘陵，日光不能透過。

照片 7-3　積雲

(10)積雨雲 (cumulonimbus, Cb)：底部平坦，色灰白，頂部色白而隆起，雲塊巨大，高聳如山，為垂直發展最強之雲，頂部常擴展成鐵砧狀 (anvil)，此雲出現常有雷電雨颮伴生，俗稱雷雨雲。

　　雲量在空中的分布，是為天空狀況 (sky condition)，普通將天空分為十分，全天無雲曰碧空 (clear)，十分之一至五曰疏雲 (scattered)，十分之六至九稱裂雲 (broken)，大於十分之九曰密雲 (overcast)。天空中雲量的多寡，和各地氣候關係密切。夏季，天空有雲，可減弱太陽輻射，使炎熱稍煞，蒸發量降低；冬季，天空中的雲量則有阻止地面熱力散失的效用。

第四節 降 水

降水的種類

空氣中所含水汽量若達到飽和程度，而其他條件（如凝結核）也適合時，則將有水滴凝結析出，若此時氣溫在 0°C 以上，則水滴將結成雨、露、雲、霧等形態；若當時的氣溫在 0°C 以下，則將凝結成固體狀態，如霜、雪、冰、雹等。上述水汽凝結物初在空中飄浮，迨空氣的浮力無法負擔時，則下降至地面，稱為降水 (precipitation)。降水可分為液體降水（雨）和固體降水（雪類）兩種。

雨量的觀測通用雨量器 (rain gauge)，為一端開口的圓筒，口徑通用 10 公分或 20 公分，筒內裝一圓形漏斗，承受雨水，斗下接一小管，以通儲雨器，儲雨器的口徑定為雨量器口徑的 1/10，因此雨量器承受 1 公釐的雨水，儲雨器內便有 10 公釐深的雨水，測量起來比較顯著而準確。

固體降水除上述最普通的雪花 (snowflake) 外，還有：由毛毛雨凍結而成白色不透明的雪粒 (snow grains)；由上層溼空氣下降的雨滴，被近地面層凍成不透明的小冰粒 (ice grains)，此種在美國稱 sleet；由過冷雨滴降落到地面或落在植物枝葉而凍結，叫雨淞 (glaze)；白色鬆脆似雪的圓粒，直徑 2–5 公釐，落地反躍易碎，叫軟雹 (soft hail)；雨和雪混合下降稱霙 (sleet)，我國俗稱雨夾雪。

雪量的觀測，可用直尺插入積雪的平地，量其深度，或用無漏斗及

儲雨器的雨量筒均可。為免強風吹散積雪及落雪率不平均，筒上常加護柵，名為雪量筒。由雪折算降水量通常係依雪深 10 公釐等於降雨 1 公釐的平均值計之，例如雪深 100 公釐等於降雨 10 公釐。

降雨的形式

幾乎所有的地表降水，均由於上升氣流絕熱冷卻而產生。但由於導致氣流上升的原因不同，降雨可分為：

㈠對流雨 (convectional rain)：主要發生於熱帶及溫帶夏季午後，因輻射旺盛，蒸發強烈，氣流猛烈上升，雨滴愈積愈大，卒致傾盆而下，故此類雨實以雷雨為主，雨區不大，歷時也常短暫。此類雨因下降過驟，常產生大量流失，對農業的效用減少，但在中緯度區，因其每發生於夏季，適值作物生長季節，故仍有極大貢獻（圖 7-7）。

㈡氣旋雨 (cyclonic rain)：冷暖氣流相遇，暖氣流被迫沿冷氣流表面緩升，水氣遇冷凝結，先成雲後降雨，雨區寬廣，歷時亦久。若干地區令人不舒適的雨季（如江南梅雨），即係此類雨不斷出現的結果。氣旋雨以春秋冬季節為頻，中緯度平原區秋冬季節的降雨，大多屬於此型（圖 7-8）。

㈢山岳雨 (orographical rain)：溫溼的氣流沿山坡上升，水氣凝結降落成雨，雨量大小視大氣中所含水氣多寡，氣流穩定度及與迎風坡 (windward slope) 相交角度而定。背風坡 (leeward slope) 氣流乾燥而少雨，又稱雨影區域 (rain shadow region)。例如臺北盆地四周皆山，就是一個雨影區域。

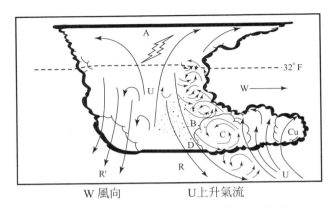

圖 7-7　由熱力作用所形成的積雨雲圖

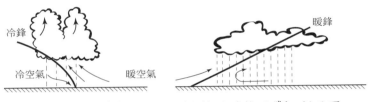

圖 7-8　溫帶氣旋雨區（冷鋒及暖鋒雨帶）剖面圖

降雨的特性

　　就地理意義言，降水的重要性不僅只降水量一項，其他降水特性尚有：

　　㈠季節分布：在年雨量中，有若干雨量係降於無霜期，以供農作物生長，實較年總雨量更為重要，此點尤以在中緯度地區為然，因中緯度冬季嚴寒，少雨無大關係。例如中國大陸華北年雨量雖只有 600 公釐左右，但卻有 2/3 降落在 7、8 兩個月中，高溫適可獲充分的雨量相配合，故對作物的生長極有裨益。例如：北京年平均雨量為 630 公釐，7 月份 256 公釐，8 月份平均為 144 公釐，兩個月合計達 400 公釐之多。

㈡雨量變率：一地每年雨量常有不同，其變率 (variability) 的大小值得重視，潮溼氣候區的雨量變率一般小於 50%，即最潤溼年雨量約為其歷年平均的 150%，但在乾燥區域，其雨量變率則介乎 30% 至 250%，對農作物言，極不可靠。農民一年生計全恃農作物的收穫，若雨量變率過大，時有水旱災荒，人民勢將被迫流徙他方，破壞社會的安寧。

㈢降雨強度：日雨量達 0.1 公釐者稱為雨日 (rainy day)，一地年雨日數和該地年雨量的對比，可顯示該地降雨的強度 (intensity)。如倫敦年平均雨量為 25 吋 (635 公釐)，分配於 164 雨日中；印度乞拉朋吉 (Cherra-punji) 年雨量達 440 吋 (11,176 公釐)，而年雨日反只有 159 日，顯見倫敦降雨強度遠低於乞拉朋吉。

熱帶地區水汽充分，豪雨驚人，降雨強度普遍較中高緯度為高，例如臺灣斗六梅林里在八七水災（民國 48 年）時，九小時內（48 年 8 月 7 日下午 9 時至 8 月 8 日上午 6 時）曾降豪雨達 1,001 公釐（該地 7、8 兩日總雨量為 1,109.5 公釐），平均每小時降雨達 111.2 公釐，強度之大，

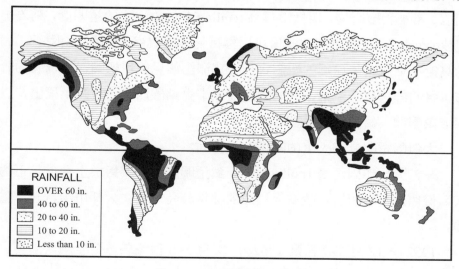

RAINFALL
OVER 60 in.
40 to 60 in.
20 to 40 in.
10 to 20 in.
Less than 10 in.

圖 7-9　世界雨量分布圖

更屬驚人，九小時的雨量竟達華北年雨量的 150% 以上，水災之釀成可說無法避免。世界各地降雨量的多寡，約可由圖 7-9 示之。

第五節　大氣的透明度

　　大氣時清時濁，有時青山一碧，明晰如畫，有時煙雨淒迷，大霧瀰漫，伸手不見五指，此皆由於大氣的透明度 (transparency of atmosphere) 發生變化所致。大氣透明度為何會發生變化？主要是因大氣中的水汽在作祟，大氣中如含有大量的水汽，透明度必將轉劣，水汽的各種變形物如霧、雲、靄 (mist)、霾 (haze) 等，均能影響透明度；此外，被風捲起的沙塵、煙霧等，也可降低大氣的透明度。

　　大氣的透明度可分兩種，一為垂直的透明度，即自地面向空中的透明度，常被雲層所掩，叫做雲幕高 (ceiling)；一為水平的透明度，稱為能見度 (visibility)。雲幕高的測量可用雲幕氣球來觀察，也可以由附近山嶺的高度來估計；能見度的觀測宜預先實測出能見度目標圖，目標物的分布以各方向均有為原則，其間的距離應事先精確測定，在圖中標出，以供氣象觀測人員對照參考。

　　大氣的透明度和人生的關係有兩方面：

　　一、大氣如因污濁 (pollution) 而致透明度低劣，對於生活於其下的人類健康，甚有影響，故空氣清潔的保持，特別是在大都市中，非常重要。

　　1952 年 12 月 5-7 日及 1962 年 12 月 3-5 日倫敦曾發生兩次濃霧，因倫敦煙囪林立，煙煤中的硫磺質，二氧化碳和水汽可合成硫酸

(H_2SO_4)，和濃霧混合，初由白霧變成淡棕色，繼變為深棕色，再變為墨黑色，此種黑霧被人吸入肺部，可生急性肺炎及支氣管炎，終於窒息而死；五十歲以上之人死亡尤多，倫敦人稱之為毒霧！當時氣溫甚低，大霧晝夜不散，倫敦市民因迷途不能返家，枯坐街頭被凍死者達五十人，而因摸索前進失足落水而死者達百餘人，當時的能見度僅只有 11 吋，在倫敦市區行走唯一不受阻礙者只有瞎子而已，是次毒霧人民死亡達四千人。

　　二、大氣的透明度和交通的關係密切，其中又以和航空的關係最大，航機的起飛降落，既需獲知當時雲幕的高度，又需知道能見度的大小，每一機場均訂有航機起飛降落的最低氣象標準，以策行旅安全。1960 年泰國空軍總司令差林傑上將於起飛離臺時，在松山附近撞山失事，即係泰籍駕駛員未曾注意當時局部性雲幕高度之故。

　　臺北國際機場自從改在桃園臺地上闢建，飛航安全大為提高，即因機場附近無山，且視線經常良好，足以促進行旅安全。

〔問　題〕

一、何謂逆溫？在何種狀況下易於發生低空逆溫？

二、霜期和生長季有何關係？

三、氣旋和反氣旋在結構上有那些差異？試條述之。

四、試繪一半球圖，示南北半球上行星風系的分布概況。

五、試述雲的分類。

六、試述降雨的特性。

七、大氣透明度和人生有何關係？

八、解釋下列各名辭：

　　⑴噴射氣流

第八章　氣團鋒面及氣旋

第一節　氣　團

氣團的定義及其源地

一團大規模的空氣若其內部的溫度、密度、氣壓等因素，在水平方面大體上具有均一的物理性質，此團大氣稱為氣團 (air mass)，又叫做反氣旋 (anticyclone)。

在地球上有些地方可以形成氣團，有些地區則否，可以生成氣團的地區叫做氣團源地 (air mass sources)，此種地方必須：(1)地形平坦、範圍廣大；(2)為一氣流疏散區，使空氣容易趨於勻和。因此冬季為冰雪掩覆的西伯利亞及加拿大平原，夏季的熱帶和副熱帶海洋以及乾熱的北非撒哈拉沙漠區，都是理想的氣團源地。此項源地可細分如下：

　㈠極地大陸源地：冬季極地氣團源地涵蓋整個北極區及亞、歐、北美三洲北部的廣大冰雪平原區，夏季此源地的範圍向北萎縮。

㈡熱帶大陸源地：冬季此源地局限於北非大陸。夏季則擴張其範圍至非、亞、南歐及美國西部一帶。

㈢熱帶海洋源地：此區即副熱帶高壓區，其下為一光滑均一的洋面，水汽充足。

㈣極地海洋源地：此項源地分別存在於大西、太平兩洋的北和東北部，由此源地向南即漸入於熱帶海洋源地區域。

㈤赤道源地：此項源地包含介於南北信風帶間的赤道區，其下為高溫溼重而終年少變化的洋面或地面，故水汽最豐。

㈥季風源地：此區指東南亞洲一帶，西起印、巴，東至中國、日、韓。冬季此區由變性極地氣團控制，冷而乾燥，夏季暖溼氣流深入亞洲腹地，成為降雨的主要來源。

氣團的分類

一般氣團的分類，係依據其形成的源地而加以區分，此種分法稱為地理分類法，由此分法可得氣團八種：

　1.北極大陸氣團 (continental arctic air mass, cA)

　2.北極海洋氣團 (maritime arctic air mass, mA)

此二種形成於北極冰雪地面。而南極所有者則為南極大陸氣團 (continental antarctica air mass, cAA)。

　3.極地大陸氣團 (continental polar air mass, cP)

　4.極地海洋氣團 (maritime polar air mass, mP)

此二種形成於高緯地區，無冰雪掩覆的地面。

　5.熱帶海洋氣團 (maritime tropical air mass, mT)

　6.熱帶大陸氣團 (continental tropical air mass, cT)

7.赤道氣團 (equatorial air mass, E)

8.高空氣團 (superior air mass, S)

第八種乃由副熱帶區域的高空下沉氣流所形成，暖而乾燥，因來自高空，故不受地面影響；但當其下達地面時，則以其性質影響地面。

此外根據氣團離開源地後所表現的熱力情況，作為劃分標準的熱力分類法 (thermodynamical classification)，按照此法，氣團僅有二類即：

㈠冷氣團 (cold air mass)：氣團溫度較其所在地面寒冷者，稱為冷氣團。

㈡暖氣團 (warm air mass)：氣團溫度較其所在地面溫暖者，稱為暖氣團。

氣團的性質

㈠冷氣團：冷氣團當其在源地時，一般的特性為：

⑴低溫；⑵比溼甚低；⑶穩定成層；尤以低空為然。但當其移動後，因下層吸收地面熱量而增暖，乃開始變為不穩定。若為行經海上的冷氣團，則溫溼增加，有陣性降雨。若行經陸上，則氣團溼度的增加較為緩慢。

在夏季若有一海洋冷氣團移向大陸,則此氣團的不穩定性還要增加,陣雨加頻；反之，若在冬季，則此氣團的不穩定性及陣雨均將減低，若大陸冷氣團於夏季進入海洋，則將趨於穩定，若於冬季進入海洋，則其不穩定性將增加。

㈡暖氣團：最重要的暖氣團應為在海上生成的副熱帶反氣旋，此類氣團的固有特性為溫暖，溼度高，於移行後氣團溫度較所在地面為暖，下層因向地面輸送熱量而冷卻，穩定性增加。

　　當暖氣團於夏季侵入暖熱大陸，不穩定性發展甚速，此暖氣團因地面更熱，乃變為冷氣團；另一方面，在冬季若有一暖氣團進入冷性大陸，則穩定度將增加，並有大範圍的氣團霧產生，此種高度深厚的霧為平流霧的一種。

　　綜上所述，冷暖氣團所表現的不同性質，約可列為表 8-1：

表 8-1　冷暖氣團的特性

氣團分類	溫度遞減率	擾　動	地面能見度	雲　狀	降雨形式
冷氣團	不穩定、陡峻	有擾動、風成陣性	好（有風沙時例外）	積狀雲	陣雨
暖氣團	穩定、平緩	風力穩定	欠佳	層狀雲	毛毛雨

第二節　鋒　面

鋒的定義及其生成

　　來源不同的氣團，其溫度、溼度、密度等秉性各不相同，因之兩氣團相遇，中間必有一不連續帶，在此帶兩側的氣溫、溼度、密度、風向、風速等氣象要素均不相同，此不連續帶稱為鋒面 (front)。在鋒面兩側的氣團熱量、能量，逐漸交換，使凝結蒸發等現象出現頻繁，故異性氣團的存在，乃鋒面生成的基本原因。一個新鋒的形成過程稱為鋒生過程 (frontogenesis)，鋒在地面觀之，為一帶甚至一線，但在空間實為一面，地面所見的線或帶，即鋒面與地面交截之處。

新鋒的生成必須有明顯的溫度及風二者分布的差異。換言之，即必須此二項有顯著的不連續始可成鋒；但經過交換混合後，若鋒面兩側的溫度差異消失或者兩側風的條件不再適合成鋒，則此鋒即將消滅，此種消滅過程稱為鋒滅過程 (frontolysis)。

世界的主要鋒帶

現代天氣預報學植基於極鋒學說 (polar front theory) 及氣旋波動學說 (cyclonic wave theory) 之上，即溫帶一切天氣的變化，均起於氣團間的激盪。二氣團間鋒面的發現及分析始於挪威氣象學家白吉龍 (T. Berg-eron) 及貝鏗尼 (Bjerknes) 父子諸氏，故有挪威學派之稱。就北半球言，由不同性質的氣團相會，鋒可分成三類：

㈠北極鋒 (arctic front)：由北極氣團和極地氣團間的不連續面所構成，此鋒在冬季可分為太平洋北極鋒和大西洋北極鋒各一，前者始於東北太平洋，向東經阿拉斯加轉向東南隨洛磯山脈南下，沒於美國西南部；後者起於冰島經挪威及俄羅斯北方海上，幾全在北極海中；至夏季，極地氣團萎縮，僅有一北極鋒，仍起於冰島經挪、芬，以迄西伯利亞。

㈡極鋒 (polar front)：此類鋒帶為溫帶天氣的主宰，乃由極地和熱帶兩氣團的不連續面構成，最為活躍，冬季北半球極鋒普遍南侵，計有：

1. 大西洋極鋒，約自墨西哥灣經佛羅里達半島向東北延伸入大西洋中。
2. 地中海極鋒，由大西洋經直布羅陀橫跨整個地中海。
3. 太平洋極鋒，自中國南海經菲島巴士海峽向東北伸入太平洋，另一股成於中部太平洋，乃由 cP 和 mT 相會而成者。

夏季極地大陸氣團向北退縮，故在北美洲極鋒僅出現於加拿大平

原；在亞洲，極鋒自中國大陸東北、西伯利亞東部至阿拉斯加，遠不如冬季活躍。

㈢熱帶間鋒 (intertropical front)：又名赤道鋒 (equatorial front)，此鋒帶在冬季因赤道氣團南退，故大部位於赤道以南，僅在西非洲及東部太平洋有此鋒出現，此鋒乃由赤道區的顯著輻合所形成。又稱為間熱帶輻合區 (intertropical convergence zone, ITCZ)。

夏季熱赤道北移，赤道氣團也隨之北移，故赤道鋒在北半球夏季最為活躍，此鋒帶約位於 10–15°N 左右，大致和緯線平行，東亞颱風，北美颶風的生成，均與此鋒帶有密切關係。

上述各種鋒帶均係由冷、暖兩氣團所形成，因冷暖氣團秉性的不同，故在垂直方面，鋒面經常傾斜，冷氣團因冷重而在下方向前伸入，形成一楔 (wedge)，暖氣團則因比重較輕而沿鋒面上滑，故自赤道至北極各鋒帶的垂直程度各不相同，大致赤道鋒的傾斜度最大，北極鋒的傾斜度最小，此因北極氣團的密度最大，最為冷重，所成之楔也最深，故使北極鋒特別低平。至於中緯度極鋒的傾斜度則介於北極鋒和赤道鋒之間。

鋒的種類

除了根據成鋒氣團的源地，可將鋒分為上述數種外，一般常用的鋒面名稱，係根據鋒面的運動而分為：

㈠冷鋒：冷空氣衝向暖空氣並佔領暖空氣原有的地位時，所造成的鋒面，稱為冷鋒 (cold front)。由其前進的快慢，又可分為急進冷鋒和緩進冷鋒二種。

㈡暖鋒：暖空氣衝向冷空氣並佔領冷空氣原有地位時，所造成的鋒面，稱為暖鋒 (warm front)。

㈢滯留鋒：鋒面本身靜止，兩側氣團互不侵犯，各保其原來地位的鋒面，稱為滯留鋒 (stationary front)，若一鋒原為冷鋒，後來逐漸發展為近於暖鋒的性質，特名為半滯留鋒 (quasistationary front)。

㈣劫鋒：冷鋒一般移動較快，終於追及暖鋒，奪取了暖鋒的地位，造成冷暖鋒面合併的現象，此種鋒面稱為劫鋒，又名錮囚鋒 (occluded front)。如暖鋒前的空氣較冷鋒後的空氣為冷，則冷鋒沿暖鋒面上升為高空冷鋒，地面兩鋒合併處為暖劫鋒；若暖鋒前的空氣較冷鋒後的空氣為暖，則冷鋒追及暖鋒時，即將暖鋒沿冷鋒面擡高為高空暖鋒，地面兩鋒合併處則稱冷劫鋒 (cold front type occluded front)。

鋒面既為氣團間的分界面，氣團為有水平勻和性的大塊空氣，鋒面則為無水平勻和性的窄面，空氣屬流體，鋒面的生滅實在包含著能的變換；溫度高，密度稀薄的氣團居鋒面之上，溫度低而密度濃重的氣團居鋒面之下，氣團因常有運動，地球又經常自轉，故鋒面稍有傾斜，其傾角的大小，視溫度之差別及氣流速度之差別而定，平均鋒面坡度約為 1：100，即垂直距離為一，水平距離為一百；冷鋒的坡度大於暖鋒，其坡度約為 1：40 至 1：80，暖鋒的坡度約為 1：80 至 1：200；不拘鋒面有若干傾斜，與地面相交均為一線，但因鋒間空氣有混合，所以鋒面實際上為二氣團間的過渡地帶，充分發育的鋒面，過渡帶的寬度不過 500 呎，不顯著的鋒面，則可達數千呎。

鋒上暖空氣輕，沿鋒面上升而絕熱冷卻，因而凝結成雲，形成有規則的雲系和降水，但因鋒面性質的不同，所形成的雲系降水等天氣形態，也各有不同。

鋒面經過時天氣的變化

當鋒面過境時，天氣必生顯著的變化，但暖鋒、冷鋒及劫鋒的性質
各異，所生雲系及降雨性質均不相同，其整個天氣變化亦迥然有別，各
鋒過境其一般天氣要素的變化，從表 8-2 中，可見一斑。

表 8-2　鋒和天氣的變化

地面氣象要素	暖　　　鋒	冷　　　鋒	冷鋒型劫鋒
氣　　壓	初降而後穩定，或低降稍暖	初降而後稍升，再突升	先緩降而後緩升
溫　　度	穩定而後漸升，再漸趨穩定	緩升而後稍降，再行急降	變化不大，鋒後稍降
相對溼度	初不變而後漸升，幾至飽和再降	突升幾近飽和，再降	漸升幾至飽和，再降
比較溼度	穩定而後漸升，再趨穩定	初不變而後稍增，再急降	緩增而後低減
雲　　狀	Ci → Cs → As → Ns	Ac → Cb → Fc（碎積雲）	As → Ns → Cu
降　　水	初無，漸增，雨勢穩定	初稀疏，繼以雷雨或陣雨，為時甚暫	雨勢漸增而穩定，為期不長
能見度	初佳而後變劣	變劣而後轉佳	變劣而後轉佳
風　　向	東南 → 南 → 西南	南，西南 → 西北	西 → 西北或東南，南 → 西北

第三節　氣　旋

溫帶氣旋

㈠溫帶氣旋的生成和構造: 氣旋就是低氣壓風暴 (low pressure storms)，其發生是由於鋒面上的不穩定波動，鋒面起伏不平，而使氣流發生大規模的反時鐘（北半球）旋轉，是為氣旋 (cyclones)。氣旋是一個天氣變化極為迅速的低氣壓區，氣壓的最低點就是氣旋的中心，四周的氣流向此低壓中心輻合，故氣旋區也就是氣流輻合區 (convergence area)，來自各個方向不同性質的氣流，含有不同的氣溫，不同的氣壓，不同的溼度和風力等，匯合在一起，因而產生各式各樣的天氣。氣旋的大小不一，其直徑約自 1,000 公里至 2,000 公里，大多呈橢圓或鴨蛋形，長軸起自西南，斜向東北。溫帶氣旋的發育過程，可由圖 8-1 表示之。

氣旋通常形成發展於溫帶及寒帶（中高緯度），因名溫帶氣旋，又名非熱帶氣旋 (extratropical cyclones)，此種氣旋的發生最頻繁，溫帶天氣的變化多由其主宰。溫帶氣旋形成後，鋒分為左右二段，左段因冷空氣衝向暖空氣，侵佔暖空氣原有地位，把暖空氣掀至上空，是為冷鋒，右段由於暖空氣衝向冷空氣，並沿冷空氣楔的表面上升，故為暖鋒，由兩鋒相夾的一股空氣，叫做暖區 (warm sector)，暖區的頂點亦即冷暖鋒的相交點，是氣旋的中心，氣壓最低。

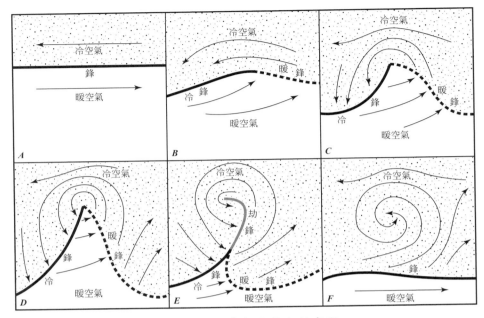

圖 8-1　溫帶氣旋發育程序圖

　　氣旋既為異性氣流輻合區，故為天氣變幻多雲多雨之區，不拘溫帶氣旋及熱帶氣旋，氣旋中心左側為冷鋒區所形成的雲系及天氣，均屬冷鋒天氣性質；右側為暖鋒所在地，所形成的雲系及降水等，則屬暖鋒天氣性質，中間的暖區為暖溼氣流匯聚之區，氣溫最高，溼度甚大，雖天氣晴明，但多靄、霧等視程障礙物。

　　㈡溫帶氣旋的途徑：溫帶氣旋大多發生於主要鋒帶的西段，而後沿鋒帶向東移動，移動的速率每小時約 30 至 50 公里，並逐漸偏向高緯，不過此主要鋒帶本身隨季節甚至逐日均有移動，因此氣旋的路徑常有變異。在大西洋方面，大多數的氣旋在大西洋北美沿岸發生，然後橫渡北大西洋，抵達西歐洲，當其抵達歐洲時，往往已達錮囚階段，大多數經過冰島附近，故以冰島低氣壓著名，部分氣旋通過挪威海面，進入巴倫

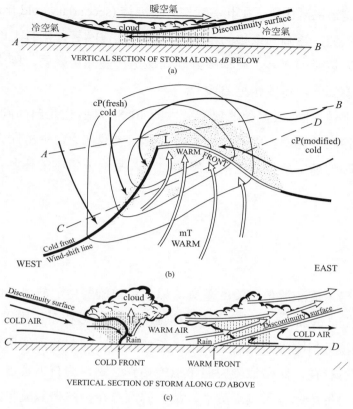

圖 8-2　溫帶氣旋平面圖 (b) 及剖面圖 (a, c)

支海，僅少數通過歐洲大陸。冬季，氣旋常沿地中海鋒發生，並向東移動，登陸小亞細亞，深入中亞，極少數可以越過興都庫什山脈到達印度。夏季，印度為副熱帶高氣壓所籠罩，主為下沉氣流，缺乏鋒面，故氣旋也少見。

　　在太平洋方面，大多數冬季氣旋均發生於亞洲東岸，它的主要路徑是沿極鋒線移向東北，並逐漸進入阿留申群島區域，故北太平洋氣旋以阿留申低氣壓最為深浚，也最著名。此時氣旋已達錮囚狀態，偶有少數

氣旋可以越過洛磯山脈。在北美大陸，副冷鋒 (secondary cold front) 帶上常可發生氣旋，逐漸向東移動，若副冷鋒的性質顯著，則其上的氣旋也較活潑，天氣變幻亦多。夏季極鋒向北撤退，並顯著變弱，因之鋒上的氣旋也大為減弱，位置也遠為偏北。

　　在南半球方面，大多數的氣旋發生於 40°S 以南，也是自西向東進行；溫帶氣旋移動的速率，隨時隨地有所差異；大致言之，氣旋所在的緯度愈高，移動的速率愈快，在海上摩擦力小，故海上氣旋的移動，較在陸上為快。

熱帶氣旋

　　㈠熱帶氣旋和溫帶氣旋的差異：另一種氣旋發生於熱帶，故名熱帶氣旋 (tropical cyclones)，此種氣旋規模較小，直徑多在千公里以內，由強烈風暴環繞低氣壓中心而流動，形狀近於圓形，因有強烈的環形氣流，故區內無鋒存在，熱帶氣旋與溫帶氣旋相異之點，約有下述各端：

1. 溫帶氣旋本身不具迴旋性，故有鋒面存在，熱帶氣旋具迴旋性故無鋒面。熱帶氣旋內的氣溫，氣壓，雲量，風向大致圍繞低壓中心，呈對稱排列。

2. 溫帶氣旋的範圍廣大，但氣壓不甚深浚，氣壓梯度亦不甚大；熱帶氣旋中心氣壓甚低，2000 年 8 月 23 日碧利斯 (Bilis) 颱風經過臺灣東部時，成功氣象站的氣壓曾降至 931.2 百帕，等壓線分布極密，氣壓梯度極大。

3. 溫帶氣旋中心無風暴眼 (eye of storm)，熱帶氣旋則有風暴眼，風暴眼即氣旋中心，也就是低氣壓中心。其中心直徑無定，通常約 20–30 公里。由於近中心地帶，空氣迴旋過於迅速，氣旋的離心

力極大，使中心地區呈現半真空狀態，擾動氣流不易進入，僅有高空下沉氣流，故在風暴眼內，常呈天朗氣清，風消雲散的現象。

4.溫帶氣旋的途徑，均為由西向東，大致作直線移動，熱帶氣旋形成後，在北半球初期大多向西前進，繼轉向西北，而北，而東北，呈拋物線軌道，在南半球則由西轉向西南而南而東南進行。

5.溫帶氣旋的發源地，海陸地區均有，熱帶氣旋則僅可形成於熱帶大洋之上。

6.溫帶氣旋的垂直發展比較平淺，熱帶氣旋向上空發展可達 9、10 公里，遠非一般平淺渦旋可比，故雖有高大山脈，亦無法阻擋其行動，當颱風在臺灣東部登陸時，高大的中央山脈僅具有延宕的作用，使颱風氣流分批過山，略可減低其威力，故颱風登陸後，臺灣西部往往可以出現三兩個低壓中心，亦為其力量分散的結果。

㈡熱帶氣旋的名稱及分類：熱帶氣旋因形成的地區不同，而有不同的名稱，在東亞叫颱風 (typhoons)，在印度稱氣旋 (cyclones)，在西印度群島及北美洲則稱颶風 (hurricanes)。

熱帶氣旋的強度大小不一，可分為五類：

1.熱帶擾動 (tropical disturbance)：此類僅有微弱擾動，環流尚不明顯，天氣表現不多。

2.熱帶低壓 (tropical depression)：此類風速每秒在 17 公尺以下，四周已有明顯的環流及陣雨產生。

3.熱帶風暴 (tropical storm)：在颱風分類上，名為輕度颱風，此類風速介於每秒 17.2 至 32.6 公尺間，或每時 34 浬至 64 浬者，相當於蒲福風級八至十一級。

4.中度颱風（或颶風）：此類風速在 32.7 公尺至 50.9 公尺，或每小時 64 浬至未滿 100 浬者。相當於十二至十五級的蒲福風級。

照片 8-1　颱風及其風眼（2003 年 9 月 9 日）（中央氣象局提供）

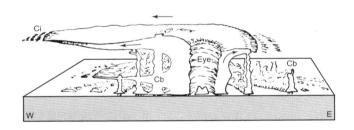

圖 8-3　熱帶氣旋（颱風）垂直發展圖

5.強烈颱風：中心最大風速每秒在 51 公尺以上或每小時 100 浬以上
　者，相當於十六級以上的蒲福風級。

　　西北太平洋及南海颱風自 1947 年開始,由設於關島的美軍聯合颱風
警報中心 (JTWC) 統一命名，早期命名方式全以女性名字依英文字母排
列，1979 年開始改以男女名字相間的順序命名。

　　依照世界氣象組織於 1998 年 12 月,在菲律賓馬尼拉召開第 31 屆颱

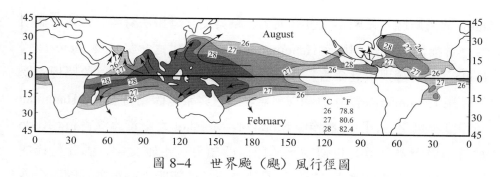

圖 8-4　世界颱（颶）風行徑圖

風委員會決議，自西元 2000 年元月 1 日起，在國際航空及航海上使用之
西北太平洋及南海地區颱風統一識別方式，除編號維持現狀外（例如西
元 2000 年第 1 個颱風編號為 0001），颱風名稱將原來 4 組 92 個名字全
部更換，編列為 140 個，共分 5 組，每組 28 個，這些名字是由西北太平
洋及南海海域國家或地區，14 個颱風委員會成員所提供（每個成員提供
10 個）。此名稱將由設於日本東京，隸屬世界氣象組織之區域專業氣象
中心 (RSMC)，負責依排定之順序統一命名。至於各國（或地區）轄區內
部之颱風報導是否使用這些颱風名稱，則由各國（或地區）自行決定。

　　由於新的 140 個颱風名字原文來自不同國家及地區，不是慣用的人
名，而是包括動物、植物、星象、地名、人名、神話人物、珠寶等各詞，
且非按英文 A 至 Z 的排序，十分複雜而不規律。中央氣象局為了慎重起
見，做了民意調查，超過七成四的民眾認為颱風消息報導以颱風編號為
主，輔以國際颱風命名較為合適。

　　根據 2000 年 11 月世界氣象組織颱風委員會會議決定，更改西北太
平洋及南海地區部分颱風名稱，此訊息並刊登在 2001 年 10 月份，颱風
委員會秘書處所出版之《颱風委員會 2000 年回顧》文獻中。其中泰國氣
象局提出四個颱風名字修改其英文拼字，分別為 Vipa 改為 Wipha、
Megkhla 改為 Mekkhala、Kularb 改為 Kulap 及 Ramasoon 改為 Ramma-

sun，修正原因為依照泰文發音而言，原英文字母拼法有誤。另外二個則完全替換，Morakot 取代 Hanuman（原泰國提供之命名）及 Aere 取代 Kodo（原美國提供之命名）。Hanuman 被替換原因為印度氣象局提出反對使用 Hanuman 一語作為颱風名字，因它與宗教觀點有衝突，Hanuman 乃印度神祇之一，因此替換成 Morakot，Morakot 之原意為綠寶石。Kodo 被替換原因為其發音近似密克羅尼西亞語另一不雅文字，因此替換成 Aere，Aere 係馬紹爾語，表示風暴的意思。最新版之颱風名稱國際命名及中文音譯對照表如表 8-3。

表 8-3　西北太平洋及南海地區颱風名稱一覽表

來源	第一組	第二組	第三組	第四組	第五組
柬埔寨	丹瑞 (Damrey)	康瑞 (Kong-rey)	娜克莉 (Nakri)	科羅旺 (Krovanh)	莎莉佳 (Sarika)
中國大陸	龍王 (Longwang)	玉兔 (Yutu)	風神 (Fengshen)	杜鵑 (Dujuan)	海馬 (Haima)
北韓	奇洛基 (Kirogi)	桃芝 (Toraji)	卡玫基 (Kalmaegi)	梅米 (Maemi)	米雷 (Meari)
香港	啟德 (Kai-tak)	萬宜 (Man-yi)	鳳凰 (Fung-wong)	彩雲 (Choi-wan)	馬鞍 (Ma-on)
日本	天秤 (Tembin)	烏莎吉 (Usagi)	卡莫里 (Kammuri)	柯普 (Koppu)	陶卡基 (Tokage)
寮國	布拉萬 (Bolaven)	帕布 (Pabuk)	巴逢 (Phanfone)	凱莎娜 (Ketsana)	納坦 (Nock-ten)
澳門	珍珠 (Chanchu)	梧提 (Wutip)	王蜂 (Vongfong)	芭瑪 (Parma)	梅花 (Muifa)
馬來西亞	杰拉華 (Jelawat)	聖帕 (Sepat)	露莎 (Rusa)	米勒 (Melor)	莫柏 (Merbok)

密克羅尼西亞	艾維尼 (Ewiniar)	菲特 (Fitow)	辛樂克 (Sinlaku)	尼伯特 (Nepartak)	南瑪都 (Nan-madol)
菲律賓	碧利斯 (Bilis)	丹娜斯 (Danas)	哈格比 (Hagupit)	盧碧 (Lupit)	塔拉斯 (Talas)
南韓	凱米 (Kaemi)	納莉 (Nari)	薔蜜 (Changmi)	舒達 (Sudal)	諾盧 (Noru)
泰國	巴比侖 (Prapiroon)	韋帕 (Wipha)	米克拉 (Mekkhala)	妮妲 (Nida)	庫拉 (Kulap)
美國	瑪莉亞 (Maria)	范斯高 (Francisco)	海高斯 (Higos)	奧麥斯 (Omais)	洛克 (Roke)
越南	桑美 (Saomai)	利奇馬 (Lekima)	巴威 (Bavi)	康森 (Conson)	桑卡 (Sonca)
柬埔寨	寶發 (Bopha)	柯羅莎 (Krosa)	梅莎 (Maysak)	璨樹 (Chanthu)	尼莎 (Nesat)
中國大陸	悟空 (Wukong)	海燕 (Haiyan)	海神 (Haishen)	電母 (Dianmu)	海棠 (Haitang)
北韓	蘇納姆 (Sonamu)	普都 (Podul)	彭梭娜 (Pongsona)	敏督利 (Mindulle)	奈格 (Nalgae)
香港	珊珊 (Shanshan)	玲玲 (Lingling)	妍妍 (Yanyan)	婷婷 (Tingting)	班彥 (Banyan)
日本	雅吉 (Yagi)	卡杰奇 (Kajiki)	柯吉拉 (Kujira)	康伯斯 (Kompasu)	瓦西 (Washi)
寮國	象神 (Xangsane)	法西 (Faxai)	昌鴻 (Chan-hom)	南修 (Nam-theun)	馬莎 (Matsa)
澳門	貝碧佳 (Bebinca)	畫眉 (Vamei)	蓮花 (Linfa)	瑪瑙 (Malou)	珊瑚 (Sanvu)
馬來西亞	倫比亞 (Rumbia)	塔巴 (Tapah)	南卡 (Nangka)	莫蘭蒂 (Meranti)	瑪娃 (Mawar)

密克羅尼西亞	蘇力 (Soulik)	米塔 (Mitag)	蘇迪勒 (Soudelor)	蘭寧 (Rananim)	谷超 (Guchol)
菲律賓	西馬隆 (Cimaron)	哈吉貝 (Hagibis)	尹布都 (Imbudo)	馬勒卡 (Malakas)	泰利 (Talim)
南韓	奇比 (Chebi)	諾古力 (Noguri)	柯尼 (Koni)	梅姬 (Megi)	娜比 (Nabi)
泰國	榴槤 (Durian)	雷馬遜 (Ramma-sun)	莫拉克 (Morakot)	佳芭 (Chaba)	卡努 (Khanun)
美國	尤特 (Utor)	查特安 (Chataan)	艾陶 (Etau)	艾利 (Aere)	韋森特 (Vicente)
越南	潭美 (Trami)	哈隆 (Halong)	梵高 (Vamco)	桑達 (Songda)	蘇拉 (Saola)

㈢熱帶氣旋侵襲臺灣概況：臺灣有氣象記錄始於 1897 年，自該年起以迄 2002 年止，共計 106 年，全部侵襲臺灣的颱風共有 408 次，平均每年約 3.8 次，但各年實際發生的次數多寡不一，一年中以三次及四次者為多，最多之年曾達 10 次 (1959)，最少時一次俱無 (1941)，詳細統計可參看附表 8-4。

表 8-4 歷年侵襲臺灣颱風次數一覽表 (1897-2002)

襲臺次數	發　　生　　年　　別	年數小計
全年無颱風	1941	1
全年一次襲臺	1897, 1937, 1938, 1955, 1970, 1972, 1983, 1989, 1993	9
全年二次襲臺	1900, 1907, 1915, 1933, 1943, 1950, 1973, 1976, 1988	9
全年三次襲臺	1899, 1902, 1908, 1909, 1916, 1920, 1922, 1924, 1928, 1930, 1931, 1934, 1936, 1939, 1944, 1945, 1948, 1958, 1963, 1964, 1965, 1968, 1975, 1979,	29

	1980, 1982, 1992, 1995, 2002	
全年四年襲臺	1898, 1901, 1905, 1910, 1911, 1912, 1917, 1919, 1921, 1925, 1932, 1935, 1946, 1947, 1951, 1954, 1957, 1969, 1971, 1974, 1977, 1984, 1986, 1987, 1991, 1997, 1999	27
全年五次襲臺	1904, 1913, 1918, 1929, 1942, 1949, 1956, 1960, 1962, 1966, 1978, 1985, 1990, 1996, 1998	15
全年六次襲臺	1903, 1927, 1940, 1953, 1967, 1981, 1994, 2000	8
全年七次襲臺	1906, 1923, 1926, 1961	4
全年八次襲臺	1914, 1952	2
全年九次襲臺	2001	1
全年十次襲臺	1959	1
合計年數		106

　　熱帶氣旋侵襲臺灣的途徑歷次均不相同，如將它們歸納起來加以分析，可得七種途徑，輔以歷次發生的月份，可得表 8-5。

表 8-5　侵襲臺灣颱風路徑及出現月份統計表 (1897-2002)

路徑別	襲臺途徑	4月	5月	6月	7月	8月	9月	10月	11月	12月	合計
1	通過北部或北部海上向西或西北進行者	－	－	2	24	47	21	－	－	－	94
2	橫貫中部向西或西北進行者	－	－	2	15	16	21	－	－	－	55
3	通過南部或南部海上向西或	1	2	8	38	34	29	13	2	－	126

	西北進行者									
4	經過臺灣東部或東部海上向北進行者	–	1	9	12	8	12	11	4	1	58
5	通過西部或臺灣海峽向北進行者	–	4	6	5	5	4	3	2	–	29
6	通過臺灣中南部或南部海上向東北進行者	2	8	4	1	2	2	6	3	–	28
7	由上述路線複合所成或異常路徑者	1	1	1	2	8	3	2	–	–	18
合計		3	16	32	97	120	92	35	12	1	408

由表 8–5 可見侵襲臺灣的颱風有如下兩項特點：

1. 在七類襲臺途徑中，以第三類通過南部或南部海上向西或西北進行者為最多，第一類通過北部或北部海上向西或西北進行者次多。對臺北影響最大者即為第一類，近年的賀伯颱風 (1996)、溫妮颱風 (1997) 均屬之。

2. 就發生的月份言，以 8 月份最頻見，7、9 兩月份次之，最早始於 4 月，最晚終於 12 月。

㈣熱帶氣旋的生成條件：熱帶氣旋在生成之初，並不移動，僅在原

地環流增強其力量，迨發展到相當程度，即向西移動。熱帶氣旋生成後，為何首先向西移動？這是因為熱帶氣旋生成於低緯地區，該區為盛行東風帶（北半球為東北信風，南半球為東南信風），這種東風由地面以至高空相當深厚，故熱帶氣旋在一般狀況下，絕大多數都是向西順風移動，這種情況和生成在中緯度地區的溫帶氣旋，因受盛行西風的影響，而自西向東移動的理由相同。

熱帶氣旋的生成學說不一，但其生成條件當不出下列各項要素：

1. 高溫重溼：熱帶洋面，本已溫高溼重，夏秋之交，熱赤道 (thermal equator) 北移，更有暖熱洋流匯集，故溫度更高，溼度益重，乃形成極端的不穩定，最宜產生熱帶氣旋。

2. 輻合氣流：南北半球信風的輻合以熱赤道為依歸。以北半球為例，夏秋之交，熱赤道北移，南半球的東南信風，跨越地理赤道後，即折轉為西南季風，吹向熱赤道和東北信風輻合，甚宜於氣旋的產生。

3. 地球自轉偏向作用：地球自轉偏向在赤道上為零（因偏向力$=2\Omega\sin\rho$），南北緯五度以內近於零，而在南北緯 5°–20° 之間，偏向作用漸次顯著，足以助成氣旋的產生。

由上可見熱帶氣旋的形成，必與異向氣流的輻合，高溫重溼空氣的垂直對流有關，因之熱帶氣旋的生成有兩種學說：

1. 空氣對流學說：熱帶海洋上空，空氣溫高溼重，熱能豐富，水氣充沛，對流旺盛，空氣上升後，絕熱冷卻而凝結，釋放潛熱，加強對流作用，如此反覆推動，終於形成深厚的低氣壓區，輔以地球自轉偏向作用，乃足以使輻合氣流形成旋流、濬深低氣壓中心，形成大規模的熱帶氣旋。用此學說解釋熱帶氣旋的近乎圓形及其中氣象要素的對稱分布，甚為合理。

2. 鋒際波動學說：熱帶氣旋的形成與溫帶氣旋並無二致，認為熱帶氣旋的形成，實源於赤道鋒的波動，赤道鋒兩側氣團性質的差異，雖不如極鋒兩側者大，但確屬異向氣流，因而足以形成熱帶氣旋。

事實上，熱帶氣旋的形成，上述二說的作用實兼而有之，鋒際的波動也不止一赤道鋒。按在熱帶地區所活動的氣團，以東亞地區為例，計有三大氣團，一為變性極地氣團 (NPs)，即西北或東北季風，源於蒙古一帶；二為熱帶太平洋氣團 (Tp)，即東北信風或東北季風，源於北太平洋副熱帶高氣壓，終年流行，但在冬季稍形東引；三為赤道太平洋氣團 (Ep)，在南半球時為東南信風，越赤道後，轉向為西南季風，而和東北信風構成大規模的輻合，引起旺盛的空氣對流作用，其結果水氣凝結，大量潛熱 (latent heat) 被釋放，變為動能，動能愈富，對流愈強，如此循環不已，卒成大規模的環流氣旋。

第四節　其他大氣擾動現象

龍捲風

不拘溫帶和熱帶氣旋，都是規模龐大，但另有一種也是圓形渦旋，雖範圍不大，卻具有極強的破壞力，稱為龍捲風。計分二種：一在陸上發生的叫做陸龍捲 (tornado)；一成於海上，叫做海龍捲 (water spout)。其形成常在冷鋒附近的雷雨雲中，然後從雷雨雲底部伸出一漏斗狀黑雲，作灰色圓柱體，尖端向下，空氣渦動迅速，中心氣壓極低，氣溫急驟下

降，可達冰點以下，遠望猶如大蛇懸空，風速之大，每秒可達百餘公尺，故破壞力極強，摧樹毀物，吸水覆舟，並常伴有大雨，冰雹和雷電等猛烈的天氣現象。龍捲風和熱帶氣旋有甚多不同之處：

1. 熱帶氣旋的直徑雖有大小，總較其高度為大；龍捲風則反是，其直徑小者僅數公尺，大者千公尺，平均約 200 至 300 公尺，故其破壞力雖強，但所破壞的寬度卻甚狹窄。

2. 熱帶氣旋成於海上，而後向高空發展；龍捲風則成於空中，而後伸向地面，迨伸抵地面後，始有破壞作用發生，引起人類注意。

3. 熱帶氣旋的生命可達數日至十數日；龍捲風的生存時間少則十多分鐘，多者亦僅數小時。

4. 熱帶氣旋移行的速率較慢，通常約 20 至 40 公里，行程自 500 至 3,000 公里；龍捲風每小時可行 40 至 60 公里，歷程約自 30 公尺至 500 公里。

5. 熱帶氣旋夏季較多，常醞釀數日而後移動；龍捲風春末夏初較多，午後三至六時左右，最易發生。

6. 最易形成熱帶氣旋的地區為西印度群島海面，西北及西南太平洋海面；陸地龍捲風最常出現的區域是美國密士失必河 (Mississippi R.) 中游兩岸及澳洲北部，海龍捲風則以赤道地區為頻，臺灣、澎湖及長江下游水面均常有龍捲風發生。

捲沙風

內陸某一部分若溫度突然增高，地面空氣受熱膨脹升騰，而形成一片低氣壓區，誘使四周空氣流入，因而引起空氣迴轉，形成小規模氣柱，力能捲吸地面沙土飛揚空中，稱為捲沙風或塵土旋風 (dustwhirl)。此種風

在內陸乾燥的沙漠地區，天氣晴朗時，常有出現；當其來時，黃沙蔽日，飛石走礫，勢如奔馬，旅人畏懼。捲沙風又和龍捲風不同：

1. 捲沙風的空氣迴轉，並無一定方向，龍捲風則固定作反時鐘的旋轉。
2. 捲沙風形成於地面，漸向空中伸展；龍捲風反是。

雷　雨

在各種天氣現象中，除颱風及龍捲風外，雷雨可說是最猛烈的一種，故被稱為劇烈天氣 (severe weather)。所謂雷雨 (thunderstorm)，即降雨時具有雷電現象者。若僅有陣性降水並無雷電，稱為陣雨 (shower)，若只有雷電現象並無雨水，亦非雷雨。雷雨的發生遠較颱風及龍捲風為頻繁，且具全球性。當其發展成熟，天顏陰森，烏雲壓頂，雷光閃閃，雷聲隆隆，俄而大雨傾盆，山河震動，使人深切體驗到大自然力量的雄偉。在雷雨區域內，氣流升降激劇，強烈的放電及雷擊作用，對於人類的生命財產安全，亦有重大的威脅。

㈠雷雨的分類：雷雨的形成乃由於強烈的氣流上升作用，將低空大量的水汽，不斷攜至高空，而高空氣溫經常低於 −20°C，使上升的水汽遇冷凝結，變成水滴或冰粒，當此類水滴及冰粒下降時，又被更強力的上升氣流攜升，如此反覆不斷的升騰，小水滴逐漸積集為大水滴或大冰粒，直至高空氣流無力支持其重量，終至沛然下降成雨。根據雷雨生成的原因，可分雷雨如下述三類：

1. 氣團雷雨 (air mass thunderstorm)：此種雷雨的發生乃由於天氣溼熱，對流旺盛所生的熱力作用，故又稱熱雷雨或雷陣雨 (thunder showers)。此類雷雨無鋒或鋒前作用，完全形成於一種氣團之中，

故名氣團雷雨。

2. 鋒面雷雨 (frontal thunderstorm)：若兩側的氣團屬於對流性不穩定，當氣流沿鋒面上駛時，再得到高溫及充分溼氣的供給，則可使對流性雲族大為發展，沿鋒面而生雷雨，是為鋒面雷雨。而根據鋒的性質，又可分為暖鋒雷雨，冷鋒雷雨，靜鋒雷雨及錮囚鋒雷雨，在這四種中，因冷鋒最為活躍，故以冷鋒雷雨最多。

3. 颮線雷雨 (thunderstorm of squall-lines)：氣旋暖區中，由於氣流輻合旺盛，可在鋒前生成帶狀風切線 (shear line)，此線特稱為颮線；同時，此線擁有強風，雷，電及陣性降水，沿颮線作線狀或帶狀分布，故稱為颮線雷雨。

在上述三種雷雨中，據美國氣象學家 H. R. Byers 及 R. R. Braham 的統計研究，在 199 個雷雨中，氣團雷雨佔 114 個，約佔總數的 60%，為最多；颮線雷雨 70 個，鋒面雷雨僅 15 個，最少。

㈡雷雨雲的垂直發展：每一個雷雨雲所垂直發展的高度均不相同，但所達均甚高，貝葉士 (Byers) 利用雷達觀測 199 次雷雨雲的結果顯示，雷雨雲頂的平均高度為 37,000 呎（11,277 公尺，氣團雷雨）至 38,000 呎（11,582 公尺，颮線及鋒面雷雨）（參閱表 8–6），此項高度係指歷次雷雨中平均最高雲頂之高度而言，若就其在全部天空所佔的比例言，則在氣團雷雨中，平均雲頂高達 2 萬呎者不及天空的 10%，3 萬呎者不及 8%，在颮線雷雨中雷雨雲的垂直發展卻較高，平均雲頂達 2 萬呎者，可佔天空的 30%，3 萬呎者亦達 27%。

雷雨雲水平掩覆的區域各不相同，大致言之，以氣團雷雨所掩覆者最小，其中尤以熱帶地區的熱雷雨，範圍最小，故有「夏雨隔丘田」之諺。雷雨的水平範圍及其垂直發展程度也互有相關，即雷雨的垂直發展愈高者，其水平範圍也愈大。一般計算的水平範圍，是以 1 萬呎高度的

雷雨雲所掩覆的區域為準，因該高度的雷雨雲範圍常最大，5 千呎高度的水平範圍反而較小。

表 8-6　各種雷雨雲垂直發展的高度

雷雨分類	雷雨雲之高度（千呎）							雷雨次數	平均高度
	25-29.9	30-34.9	35-39.9	40-44.9	45-49.9	50-54.9	55-59.9		
氣團雷雨	22	27	20	17	15	11	2	114	37
鋒面雷雨	3	3	2	0	7	0	0	15	38
颮線雷雨	16	7	15	13	11	8	0	70	38
總計	41	37	37	30	33	19	2	199	37

㈢雷雨的世界分布：世界雷雨的地理分布，甚不平均，有些地方雷雨終年不絕，有些地方則數年不聞雷聲，大致言之，雷雨主要集中於熱帶及副熱帶，溫帶次之，極地絕少，據統計全世界每年發生雷雨的次數達一千六百萬次，平均每日可有四萬四千次，每小時可達一千八百次，但在北極圈內往往十年始有一次雷聲，大陸腹地沙漠地區的雷雨也極稀少。同屬熱帶但因地形上的差異，雷雨的分布也極懸殊，如爪哇 (Java) 的彼達乍 (Buitenzorg) 年平均雷雨日達 223 天之多，佔全年日數的 61%，為世界雷雨最頻繁之區。臺中年平均雷雨日 44 天，臺北 38 天。小範圍的地形對於雷雨的生成，甚具重要性，其最利於雷雨發展者有二：

1. 山岳地區：山地因高低不平，且有斜坡，易使空氣沿坡舉升成雲，且山地也是空中熱源之一，因山頂受熱輻射，可使四周空氣較同高度的自由大氣為熱，因而易於增加其垂直擾動力；另一方面，山地日射較強，向陽山坡受熱特多，愈易增加氣流的不穩定度，故山區雷雨遠較附近平地為頻，迎風山坡尤甚。

2. 水陸差異特顯區域：水陸秉性對於吸熱放熱變化不一致，因之其周遭地區溫度的差異頗大，若冷空氣自冷水面、池沼、湖泊、森

林等地區流出，可迫使四周的暖空氣產生有限度的對流運動，從
而利於雲族的垂直發展，形成雷雨，故有人稱此種冷暖空氣的運
動為雷雨的溫床。

〔問　題〕

一、試述氣團的分類。

二、冷氣團具有那些特性？

三、暖氣團具有那些特性？

四、何謂鋒面？依據鋒面運動，可將鋒面分為那幾種？試述之。

五、試繪連續圖，表示氣旋的發育過程。

六、溫帶氣旋和熱帶氣旋間有那些差異？試述之。

七、颱風襲臺具有那些特點？

八、試述熱帶氣旋生成的條件。

第九章 氣候分類和世界氣候型

第一節 早期的氣候分類

地球表面海陸交錯，地形複雜，因而形成各式各樣的氣候，我們作科學的分析研究，首先需要尋求其中的要項而加以分類，這種分類稱之為氣候分類 (climatic classification)。早期的氣候分類始於十九世紀的初期，其分類概況可依年代為序，列述如下：

㈠ 1817 年，洪保德 (Alexandre de Humboldt) 利用等溫線劃分世界溫度帶，為今日等溫線圖之濫觴。

㈡ 1848 年，杜夫 (H.W. Dove) 利用當時所有的少數實測氣候記錄，繪成全球性月均溫分布圖數幅。

㈢ 1860 年，莫里 (A. Muhry) 發表首幅世界雨量分布圖，莫氏所繪各雨量區約和緯度平行。

㈣ 1866 年，格里士巴哈 (A. Grisebach) 出版《世界植物區域圖》。

㈤ 1869 年，林塞 (Carl Linsser) 利用月雨量與月氣溫的比率作為溫度要素，而以溫度對植物的影響，將世界分為 A、B、C、D、E 五帶，

為以植物帶為基礎從事氣候分類的第一人。

㈥1874 年，康杜爾 (De Candolle) 依據地質時代植物的發育，將全球分為以下六帶：

1. 極熱帶 (megistotherms)：年平均溫度超過 30°C，在此種氣候下可以生長的植物僅存在於石碳紀以前，現已無存。

2. 溫熱帶 (megatherms)：此帶氣候高溫多雨，年均溫介在 20–30°C，利於熱溼的植物群發育。

3. 乾旱帶 (xerophiles)：此帶氣候乾燥，缺乏雨水，只有沙漠植物可以發育。

4. 暖溫帶 (mesotherms)：此帶氣候適中，溼潤而中溫，年均溫介在 15–20°C 之間。

5. 低溫帶 (microtherms)：此帶氣候已趨低寒，年均溫介在 0–14°C 間。

6. 寒帶 (hekistotherms)：此帶氣候十分嚴寒，年均溫已在 0°C 以下，只有少數苔蘚植物可以生長。

㈦1884 年，蘇本 (Alexandre Supan) 將世界分為熱、溫、冷三帶，計分為三十五個氣候區，為細分世界氣候之始，蘇本氏所分的三十五個氣候區和地理區很相似。

㈧1887 年，戴魯德 (Oscar Drude) 繪製了一幅世界植物帶圖，將全球植物分成下列七類：

1. 森林 (forest)

2. 灌木林 (bush or shrub)

3. 高草及灌木 (scrub)

4. 草原 (steppe)

5. 沙漠 (desert)

6.苔蘚及地衣 (mosses or lichen)

7.高寒植物 (mountain or polar vegetation)

戴魯德又將北半球分為四帶，即：

1.北方冰雪帶

2.北方冬寒帶

3.北方夏熱帶

4.熱帶

第二節　柯本氏氣候分類及其氣候型

柯本氣候分類的內容

德國氣候學家柯本 (Wladimir Köppen, 1846–1940) 於 1884 年發表一篇關於世界溫度帶的論文及一幅溫度帶圖，以年中高於或低於若干特定平均溫度的月數來作為分區標準，當時所分為六個溫度帶，即熱帶、副熱帶、夏熱之溫帶、夏涼之溫帶、寒帶與極帶。

1900 年柯本氏正式發表其氣候分類的論文，1918 年又重新修訂，並添附新的氣候地圖，1923 年出版其《世界氣候》(*Die Klimate der Erde*)，對氣候分類系統的陳述更為詳盡。柯氏的氣候分類係採用一些氣溫及降水的臨界數值 (critical values) 作為分界的標準，其內容計分為五類十二種二十四型，茲逐類說明如下：

㈠熱帶多雨氣候 (tropical rainy climates)：此類氣候的特徵是終年炎

熱，全年無冬季 (winterless)，最冷月平均氣溫也在 18°C 以上，又分三型：

1. 熱帶雨林氣候 (tropical rainforest climate) Af：此種氣候區內終年高溫多雨，全年潮溼，最小月雨量也在 60 公釐以上，氣溫年變化在攝氏 6 度以下。

2. 熱帶季風林氣候 (tropical monsoon forest climate) Am：此種氣候區內的氣溫雨量和 Af 相接近，但因受季風影響，一年之中有一短乾季，最乾月雨量小於 60 公釐，但土壤水氣仍可維持一茂密叢林，為介於 Af 和 Aw 間的過渡氣候。

3. 熱帶高草原氣候 (tropical savanna climate) Aw：此種氣候區位於上述兩區外緣，氣溫年變化在 12 度以下，冬天有一明顯乾季，最乾月雨量在 60 公釐以下，天然植物以高大草類為主。

㈡乾燥氣候 (dry climates)：此類氣候的特徵是乾燥少雨，缺乏植物，蒸發量超過雨量，故無剩水存留。

4. 乾燥氣候 (arid climate) BW：夏季炎熱，氣溫日變化甚大，雨雲稀少，若年平均氣溫為 25°C 時，雨量約在 350 公釐以下；20°C 時，約在 300 公釐以下（詳細計算公式見表 9–1）。

5. 半乾燥氣候 (semiarid climate) BS：氣溫日、年變化均大，雨量稀少，區內天然植物可適應氣溫劇變和長期乾旱，此類草地特名貧瘠草原 (steppe)，故又名貧草原氣候。此型年平均溫度若為 25°C 時，年雨量約在 700 公釐以下，20°C 時，約在 600 公釐以下。

乾燥氣候和溼潤氣候之間以及沙漠氣候和半乾燥氣候之間，如何區分，柯本有公式可資計算：

表 9–1　柯本氣候分類的雨量計算公式

⒜雨量平均分布者 (f)	半乾燥氣候和潤溼氣候分界 2(t+7)	BW 和 BS 之分界 r<t+7

(b)夏季多雨,雨量至少為 冬季乾燥期的十倍 (w)	r<2(t+14)	r<t+14
(c)冬季多雨,雨量至少為 夏季乾燥期的三倍 (s)	r<2t	r<t

　　表中的 r 為年雨量，單位公分 (cm)

　　　　t 為年平均溫度，單位攝氏

　　有關表的應用，可舉例示之如下：

　　新疆的庫車，年雨量 7.6 公分，年均溫 8.8°C，夏雨區，宜用 w 型公式來計算：

　　　　r < 2(t + 14)

　　　　7.6 < 2(8.8 + 14)

　　　　7.6 < 45.6

　　故初步判斷為 BS 氣候

　　繼續計算：

　　　　r < t + 14

　　　　7.6 < 8.8 + 14

　　　　7.6 < 22.8

　　故應為沙漠氣候 (BW)

　　西安的年雨量為 55 公分，年均溫為 14.1°C，屬夏雨區，故亦應用 w 型公式來計算：

　　　　r < 2(t + 14)

　　　　55 < 2(14.1 + 14)

　　　　55 < 56.2

　　故為 BS 氣候

　　　　r < t + 14

　　$55 < 14.1 + 14$

　　$55 ≮ 28.1$

故非 BW 氣候

　㈢中溫溼潤氣候 (humid mesothermal climates)：此類溫度的特徵是最冷月平均氣溫低於 18°C，高於 –3°C，最暖月平均氣溫高於 10°C，冬季短促，但地面可能冰凍或為冰雪掩覆在一個月以上。包括三型：

　　6. 夏乾溫暖氣候 Cs：此型夏季有一明顯乾季，最乾月雨量不及 30 公釐，冬季多雨，最溼月雨量至少應為夏季最乾月雨量的三倍，區內植物也能適應冬溼夏乾的氣候，此型氣候又名地中海型氣候 (Mediterranean climate)。

　　7. 冬乾溫暖氣候 Cw：此型冬乾夏溼，和上型相反，夏季最溼月雨量最少應有冬季最乾月的十倍。

　　8. 溼潤溫暖氣候 Cf：此型無特殊乾季，全年溼潤，最乾月雨量也在 30 公釐以上，冬季溫和。

　㈣低溫溼潤氣候 (humid microthermal climates)：最冷月平均氣溫低於 –3°C，最暖月平均氣溫在 10°C 以上，冬季寒冷而綿長，地面結冰可達數月之久，冬季降水以雪為主，此區雨量和溫度的關係：年平均氣溫為 0°C 時，年雨量約在 200 公釐以上。此類分兩型：

　　9. 冬溼寒冷氣候 Df：全年無乾季，沿海冬季多雨，內陸夏季多雨，天然植物如松樅等樹，均屬耐低溫的針葉樹。

　　10. 冬乾寒冷氣候 Dw：冬季寒冷少雨，天然植物也屬於低溫型。

　㈤極地氣候 (polar climates)：此類氣候無暖季，最暖月的平均溫度也少於 10°C，此類分兩型：

　　11. 苔原氣候 (tundra climate) ET：最暖月平均氣溫在 0°C 以上，10°C 以下，全年僅有一個短促的生長季，天然植物以苔蘚類及地衣為

主。

12. 冰冠氣候 (ice cap climate) EF：此區終年冰雪覆地，最暖月平均氣溫也在冰點以下，天然植物完全絕跡。

以上柯本氏氣候分類共分五類十二種，因柯氏為德人，故在分類法中採用一些德文字母，以大寫或小寫來代表各種氣候的性質，茲擇要列舉如下：

㈠用德文大寫字母

S (steppe) 代表貧草原

T (tundra) 代表苔原

W (wüste) 代表沙漠

㈡用德文小寫字母

a. 代表最暖月平均氣溫在 22°C 以上（夏季炎熱）。

b. 代表最暖月平均氣溫在 22°C 以下（夏季涼爽）。

c. 代表一年中最少一個月，最多四個月，月平均氣溫在 10°C 以上。

d. 代表最冷月平均氣溫低於 –38°C。

f. (feucht) 代表各月溼潤。

g. 代表一年中最熱月在夏至以前出現，東南亞季風區域即屬此類。

h. (heiss) 代表氣候炎熱，年平均氣溫應在 18°C 以上。

i. 代表氣溫年較差很小。

k. (kalt) 代表年平均氣溫在 18°C 以下。

k′. 代表最暖月平均氣溫在 18°C 以下。

m. (monsoon) 代表季風雨。

n.(nebel) 代表多霧。

n′. 代表溼度很高，但雨量和雲量都很少。

s. 代表夏季乾旱。

w. 代表冬季乾旱。

s′. 代表初秋乾旱。

w′. 代表秋季多雨。

s″. 代表一年內有兩個乾季，長乾季在夏季，短乾季在冬季。

w″. 代表一年內有兩個乾季，長乾季在冬季，短乾季在夏季。

x. 代表暮春或初夏降雨，晚夏乾熱。

柯本的世界氣候型

根據柯本分類，全球氣候可分為二十四個主要氣候型，列附如表 9–2。

柯本之婿，創立大陸漂移學說的魏格納教授 (A. Wagner) 曾依據柯本的氣候分類作成一表，用以顯示各主要氣候型在全球中所佔的面積及百分比，可列示如表 9–3。

表 9–2　柯本氣候分類二十四個氣候型

符號	氣　候　特　徵	符號	氣　候　特　徵
Af	終年炎熱多雨。	Csa	冬季溫和多雨,夏冬綿長乾燥炎熱。
Am	終年炎熱，有短促乾季。	Csb	冬季溫和多雨，夏季暖而乾燥。
Aw	終年炎熱，有顯明乾季。	Dfa	冬季嚴寒，夏季長而炎熱多雨。
BSh	半乾燥炎熱氣候。	Dwa	冬季嚴寒，夏季多雨炎熱。
BSk	半乾燥，涼爽或寒冷氣候。	Dfb	冬季嚴寒,終年多雨,夏季溫暖較短。
BWh	乾燥，炎熱氣候。	Dwb	冬季嚴寒,夏季多雨,溫暖短促。
BWk	乾燥冷爽或寒冷氣候。	Dfc	冬季嚴寒,終年溼潤,夏季涼爽短促。
Cfa	冬季溫和，夏季長而炎熱，終年多雨。	Dwc	冬季嚴寒,夏季多雨涼爽,極短促。

Cfb	冬季溫和，夏季短而溫暖，終年多雨。	Dfd	冬季嚴寒，終年溼潤，夏短冬長。
Cfc	冬季溫和，夏季短促而涼爽。	Dwd	冬季嚴寒綿長，夏雨短促。
Cwa	冬季溫和，夏季多雨炎熱而綿長。	ET	苔原氣候，生長季短暫。
Cwb	冬季溫和，夏季多雨溫暖而短促。	EF	極地氣候，終年酷寒，植物無法生長。

表 9-3　柯本氣候型所佔面積比例表

主要氣候型	陸　　　地		海　　　洋		全　　　球	
	面積 (10^6km^2)	百分比 (%)	面積 (10^6km^2)	百分比 (%)	面積 (10^6km^2)	百分比 (%)
Af	14.0	9.4	103.3	28.6	117.3	23.0
Aw	15.7	10.6	51.1	14.1	66.8	13.1
BS	21.2	14.3	12.9	3.6	34.1	6.7
BW	17.9	12.0	2.2	0.6	20.1	3.9
Cw	11.3	7.6	1.4	0.4	12.7	2.5
Cs	2.5	1.7	10.7	2.9	13.2	2.6
Cf	9.3	6.2	103.2	28.6	112.5	22.1
Df	24.5	16.5	5.3	1.5	29.8	5.8
Dw	7.2	4.8	0.7	0.2	7.9	1.5
ET	10.3	6.9	57.8	16.0	68.1	13.4
EF	15.0	10.1	12.5	3.5	27.5	5.4
合　　計	148.9	100.0	361.1	100.0	510.0	100.0

柯本氣候分類的評價

　　柯本氏的氣候分類通行世界已久，充分顯示其實用價值甚高，綜合各方意見，可對柯本氏的氣候分類作如下的評價：

1. 在早期的氣候分類中，柯本分類最完整，富於創作性，且便於在地理上及一般方面的應用，故迄今各國學者採用者不衰，具有不朽的地位。

2. 柯本創立本分類時，僅熟悉歐洲的地理環境，對於其他各洲的地理環境缺乏了解，以致當其分類與實際狀況不符合時，不易引起柯氏警惕而重加校核。

3. 柯本分類所根據的氣候資料，均為簡單的年平均數或月平均數，這些平均數值常會抹殺一地氣候的特性而無法顯示出真正的氣候界限。

4. 柯本分類中的部分氣候型分界線，不為各方贊同。例如以 −3°C 為 C, D 兩類的分界，而美國氣候學家羅素 (R. J. Russell) 則主張應以最冷月為 0°C 之等溫線為其分界，因 0°C 更具有氣候意義。另如乾燥區的界線過寬 (中國大陸即係如此)，亦受各國氣候學者的批評。

5. 地表山地及高原面積甚廣，柯本氏未將之另分一類，亦與實際狀況不符。

第三節　芬區及崔瓦沙兩氏氣候分類法

　　美國氣候學家芬區 (V. C. Finch) 和崔瓦沙 (G. T. Trewartha) 兩氏另有一氣候分類法。其法先將全球分為高、中、低三緯度區，然後把世界氣候分為 A、B、C、D、E、H 六大類，每一類又分若干型，所用代表符號均採柯氏所用德文各字母。

㈠低緯度地方 low latitudes (the tropics)

1. 熱帶多雨氣候 (tropical humid climates) 分兩型：

　　⑴熱帶雨林氣候 (tropical wet) 包括 Af, Am 兩副區。

　　⑵熱帶高草氣候 (tropical wet and dry) 即 Aw。

2. 乾旱氣候類 (dry climates) 包括兩型：

　　⑶低緯度乾燥氣候，又分兩副區：

　　　　A. 低緯度沙漠氣候，即 BWh（乾燥）。

　　　　B. 低緯度貧草原氣候，即 BSh（半乾燥）。

㈡中緯度地方 middle latitudes (intermediate zones)

　　⑷中緯度乾燥氣候，又分兩副區：

　　　　A. 中緯度沙漠氣候，即 BWk（乾燥）。

　　　　B. 中緯度貧草原氣候，即 BSk（半乾燥）。

3. 溼潤中溫氣候類 (humid mesothermal climates)。

　　⑸夏乾副熱帶氣候，即地中海氣候型 Cs。

　　⑹溼潤副熱帶氣候，即 Ca。

　　⑺海洋性氣候，即 Cb, Cc。

4. 溼潤低溫氣候類 (humid microthermal climates)。

　　⑻溼潤大陸性氣候，又分兩副區：

　　　　A. 夏季較暖型，即 Da。

　　　　B. 夏季較涼型，即 Db。

　　⑼副極地氣候 (subarctic climates) 包括 Dc, Dd 兩種。

㈢高緯度地方 high latitudes (polar caps)

5. 極地氣候類，包括兩型：

　　⑽苔原氣候 ET。

　　⑾冰冠氣候 EF。

6.高地氣候類 (undifferentiated highlands)，不再細分。

芬區和崔瓦沙兩氏的氣候分類，僅係就柯本的分類加以修訂，仍採用柯本分類中的各種符號，但仍有一些相異處，可列述如下：

1.本氣候分類增加了高地氣候 H，成為六大類氣候。

2.在乾燥氣候 B 中，h 和 k 的分界柯本用年均溫 18°C，本分類則用最冷月均溫 0°C 之線。

3.在 C, D 氣候的分界，柯本原採用 –3°C，本分類則以最冷月均溫為 0°C 之線。

4.關於 C 類氣候，柯本分為 Cf、Cw、Cs 三型，本分類純粹採用氣溫為標準，分為 Ca、Cb、Cc 及 Cs 四型。芬區及崔瓦沙二氏認為 Cfa 和 Cwa 的分界不清，在天然植物及土壤上，均未發現有何顯著不同。他們認為只有 Cs 在雨量的季節分布上和其他 C 類者不同，故予保留。

5.另在 D 類氣候中，芬區及崔瓦沙亦持如上述之觀點，認為 Df 和 Dw 之間未見有顯著的差異，故不如逕以氣溫上的差異來區分，比較直截了當。因而分成 Da、Db、Dc、Dd 四型。

第四節　馬東男氣候分類法及其世界氣候型

法國自然地理學家馬東男氏 (Emmamuel de Martonne) 將世界氣候分為六大類三十一型，茲依序說明如下：

㈠炎熱氣候類 (climat chaud)：本類氣候各月的平均氣溫均在 20°C

以上。由其乾溼季節的長短，則可分為三種：

1. 赤道氣候：此種氣候終年高溫多雨，氣溫年較差甚小，雨量曲線在一年內有兩個高峰，這種氣候又可分為兩型即：

    (1)幾內亞型

    (2)大洋洲型

2. 副赤道氣候：此種氣候分布在赤道兩側，介在赤道氣候和回歸氣候之間，一年中有長、短乾季各一，或一個較赤道氣候區稍長的乾季。又可分為兩型：

    (3)蘇丹型

    (4)夏威夷型

3. 回歸氣候：分布在南北回歸線附近，每年分乾溼二季，此型可以名為：

    (5)塞內加爾型

㈡季風氣候類 (climat de mousson)：本類氣候各季的冷熱、乾溼，悉受季風的影響，又可分為三種：

1. 印度氣候：此種所處緯度低，距暖海近，氣溫高，年分乾溼二季，距海遠者乾季較長，可分二型，即：

    (6)孟加拉型

    (7)旁遮普型

2. 中南半島氣候：亦是年分乾溼二季，又分：

    (8)高棉型

    (9)安南型

3. 中國氣候：冬寒夏熱，氣溫變化大，年較差大，夏季多雨，冬季乾燥，但淮河以南的乾季不甚顯著，淮河以北有明顯乾季。又可分為：

　　⑽中國型

　　⑾中國東北型

　　⑿日本型

　㈢地中海氣候類 (climat méditerranean)：本類氣候冬溫多雨，夏熱乾燥少雨，分布於大陸西側，又可分為六型：

　　⒀葡萄牙型（代表地中海海洋氣候）

　　⒁希臘型（代表地中海陸地氣候）

　　⒂敘利亞型（代表地中海草原氣候）

　　⒃熱高地型（代表地中海高地氣候）

　　⒄多瑙河型（代表副地中海氣候）

　　⒅墨西哥型（西岸近似地中海型氣候，中部為熱帶高原氣候）

　㈣溫和氣候類 (climat tempéré)：本類氣候分布於南、北緯 40° 以上，冬冷夏涼，雨量由沿海向內陸遞減，又可分為：

　　⒆英國型（海洋性）

　　⒇巴黎型（過渡性）

　　(21)波蘭型（大陸性）

　　(22)烏克蘭型（草原性）

　㈤沙漠氣候類 (climat desertique)：本類氣候乾燥少雨，植物稀疏，形成沙漠，又可分為：

　　(23)撒哈拉型（大陸性熱帶沙漠）

　　(24)秘魯型（海洋性熱帶沙漠）

　　(25)阿拉伯型（大陸性溫帶沙漠）

　　(26)巴塔哥尼亞型（海洋性溫帶沙漠）

　　(27)西藏型（寒漠型）

　㈥寒冷氣候類 (climat froid)：本類氣候分布在高緯度地區，夏季晝

長，但日照傾斜，冬季夜長，氣候嚴寒，冰雪常見，又可分為四型：

　　　㉘挪威型

　　　㉙西伯利亞型

　　　㉚極地氣候型

　　　㉛阿爾卑斯山型

　　馬東男氏的氣候分類所區分的三十一型，皆以地區為典型，各方對其評價不高，並指出以下兩項為其缺點：

　　1. 馬東男氏的氣候分類甚為零碎，有些地區分得很詳細（如地中海氣候區），有些地區不為馬氏熟悉者則甚粗略（如非洲、南美等地）。

　　2. 馬氏氣候分類的劃分標準多採用比較性的，未用明確的數值作為區分的準則，顯然不夠科學化。

第五節　桑士偉氣候分類法

　　美國氣候學家桑士偉 (C. W. Thornthwaite) 曾於 1931 年發表：〈北美氣候的新分類〉一文，為其創立全球氣候分類的先聲。1933 年將其分類法應用於全球，並繪製世界氣候圖乙幅。1948 年復將其分類法加以修訂發表。桑氏的基本觀念是氣候的有效性 (climatic efficiency)，即指它能有效地支持植物生長的能力，這種能力自以氣溫和降水為主，因之他創立了有效降水 (precipitation effectiveness) 及有效溫度 (temperature efficiency) 兩項觀念，並利用降水和溫度二者和蒸發間的關係，建立有效溫度指數 (T-E index) 和有效降水指數 (P-E index)。桑氏增加蒸發量為其分類的參變數之一，在理論上應較柯本分類更精確，但因為由各地氣象臺所觀

測得到的蒸發量和由土壤和植物表面所蒸發出來的數值並不相同，不但相差甚大，且欲實測獲得後者之值，幾不可能，因此桑士偉氏以月平均溫度為函數，推求一種近似值，稱為可能蒸散量 (potential evapotranspiration)，簡稱 P.E. 值。因 P.E. 值為溫度及日長的函數，赤道地區日照強烈，氣溫終年均高（各月平均氣溫均在 23°C 以上），P.E. 值應最大，桑氏定其值為 114 cm（年平均 P.E. 值），大於此值者為熱帶，小於此值為溫帶，而後依幾何級數向極地遞減，因而可得桑氏第一表如下：

第二個指數為潤溼指數 (moisture index)，這個指數的來源係由公式：

$$I_m = I_h - 0.6I_a \quad \text{或} \quad I_m = \frac{100_s - 60_d}{n} = \frac{剩水 - 0.6\ 缺水}{需水量}$$

表 9–4　桑士偉氣候分類第一表

TE 指　　數（P.E. 值）		氣候型	集中於夏季百分數 (%)	氣候副型	溫　　度　　帶
公分 (cm)	吋 (ins.)				
114.0 以上	44.88	A′	48.0	a′	熱帶 (megathermal)
99.7	39.27	B′₄	51.9	b′₄	
85.5	33.66	B′₃	56.3	b′₃	溫帶 (mesothermal)
71.2	28.05	B′₂	61.6	b′₂	
57.0	22.44	B′₁	68.0	b′₁	
42.7	16.83	C′₂	76.3	c′₂	寒帶 (microthermal)
28.5	11.22	C′₁	88.0	c′₁	
14.2	5.59	D′		d′	苔原 (tundra)
		E′			冰漠 (frost)

上式 I_m 即潤溼指數，I_h 為溼度指數 (humidity index)，它本身 (I_h) 又等於：$I_h = \frac{100_s}{n}$，其中 s 表剩水量，n 表需水量，I_a 為乾燥指數 (aridity index)，$I_a = \frac{100_d}{n}$，其中 d 表缺水量，n 仍為需水量。0.6 為常數，桑氏憑其

實際經驗，認為在一年中，某一時期若有剩水 6 cm，足可抵補旱季時期 10 cm 的缺水量，若 I_m 值為正，則表示該地為溼潤氣候區，若 I_m 值為負，則表示為乾燥氣候區。I_m 值的變域可由 100 至 −60，根據 I_m 值可區分氣候型如表 9-5。

表 9-5   桑士偉氣候分類第二表

潤溼指數 (I_m)	氣候型符號	氣　候　型　含　義
>100	A	重溼 (per-humid)
80–100	B_4	潤溼 (humid)
60–80	B_3	潤溼 (humid)
40–60	B_2	潤溼 (humid)
20–40	B_1	潤溼 (humid)
0–20	C_2	潤次溼 (moist subhumid)
−20–0	C_1	乾次溼 (dry subhumid)
−40–−20	D	半乾燥 (semiarid)
−60–−40	E	乾燥 (arid)

一地的地表溫度狀況，可能終年潤溼，亦可能全年乾燥，但大多數地方多是某一時期潤溼，另一時期乾燥，表 9-5 僅表示一地氣候，如何潤溼或若何乾燥，並未顯示其中的季節變化，因此桑氏又利用上述溼度指數和乾燥指數，製成表 9-6、9-7，用以區分各地乾燥或潮溼狀況的副氣候型。

表 9-6   桑士偉氣候分類第三表

乾　燥　指　數	潤　溼　氣　候 (A, B, C_2)	
0–16.7	r	少量或全不缺水
16.7–33.3	s	夏季中度缺水
16.7–33.3	w	冬季中度缺水
33.3+	s_2	夏季大量缺水
33.3+	w_2	冬季大量缺水

表 9-7　桑士偉氣候分類第四表

溼　度　指　數	乾　燥　氣　候 (C_1, D, E)	
0-10	d	少量或全不剩水
10-20	s	冬季中度剩水
10-20	w	夏季中度剩水
20+	s_2	冬季大量剩水
20+	w_2	夏季大量剩水

　　由上述四表可以獲得四重氣候分類的符號，由這四種符號即可充分表現各地氣候間的差異。例如臺灣桃園臺地和嘉南平原同屬於溫帶潤溼氣候，可用 $B_4B'_3$，但嘉南平原冬季乾旱，夏雨集中，而桃園臺地夏季少雨，可用第三表及第四表兩重符號加以區分。故嘉南平原應為 $B_4B'_3wa'$，桃園臺地應為 $B_4B'_3sb'_4$（以上未經細算，係約略估計者）。

　　關於桑士偉氣候分類的評價，見仁見智，頗不一致，歸納言之，可得以下數點意見：

1. 桑氏的世界氣候分類比較完備而精密，他的許多推論皆經過實地試驗，並非純粹的假定，因其分類係以 P. E. 值及一地的缺水、剩水為基礎，故特別宜於農業上的應用。

2. 桑氏分類採用四重符號，如全部應用，所得氣候型將甚多，臺灣可有二十型，美國加州一州即達四十型，整個中國可達一百型以上，未免過於繁多，不符分類學應有的簡明扼要原則。

3. 桑氏分類雖甚科學，但其計算方法比較繁複，令人怯於嘗試，且其所用符號未能顯示主要氣候的性質，不像柯本分類的符號易使讀者熟悉。

〔問　題〕

一、試述柯本氣候分類的要點。

二、柯本氣候分類的評價如何？試述之。

三、芬區和崔瓦沙的氣候分類和柯本之異點何在？

四、試述桑士偉氣候分類的基本觀念及分類要點。

五、桑士偉氣候分類的評價如何？試述之。

第十章　熱帶潮溼氣候和乾燥氣候

第一節　熱帶潮溼氣候

在赤道南北各二十五度之間，因為經年所受到的日光均為大角度的斜射，並多有兩次直射的機會，日照強烈，氣候炎熱，蒸發旺盛，水氣豐沛，豪雨頻仍，最冷月的平均溫度也在 18°C 以上，最少的年雨量也在 1,000 公釐以上，這種終年高溫多雨的氣候，叫做熱帶潮溼氣候 (tropical moist climates)。這種氣候又可分為熱帶雨林型，熱帶季風型和熱帶草原型等三種。

一、熱帶雨林氣候 (Af)

赤道南北約五度至十度之間的區域，終年高溫多雨，無顯明的乾季，區內莽林密集，攀籐附葛，形成特殊的熱帶雨林，本區在柯本分類中應屬於 Af。每年有二次被太陽直射，其餘時間也都是大角度斜射，故區內晝夜長短的變化不顯，各月氣溫均高，缺少變化，年溫差甚少，例如新加坡 1 月份平均氣溫 25.7°C，而月平均氣溫最高的 5 月份氣溫也只有 27.5°C，年溫差僅 1.8°C；南美亞馬孫河流域的貝蘭 (Bel'em) 月平均溫度

最低為 2 月份，25°C，最高為 11 月份，26.5°C，年溫差 1.5°C；非洲剛果民主共和國的新央凡爾 (Nouvelle Anvers) 2 月份平均溫度 26.7°C，8 月份平均溫度最低，為 24.6°C，年溫差 2.1°C，該地位於南半球，故 7、8 月間為冬季，1、2 月間為夏季。

在雨量方面，本氣候區的雨量不但豐沛，而且全年分布均勻，無明顯的乾季，但有兩個最多雨的時期，此因太陽每年有兩次直射之故，降雨的性質以熱雷雨和陣雨最為頻見，晨間經常有輕霧，日出後霧靄消散，陽光強烈，氣溫逐步上升，積雲出現，空氣逐漸鬱悶，午後積雲漸變為積雨雲（Cu → Cb），不久雷電交加，大雨如注，傍晚雲消雨散，碧空如洗，為本區全日最舒適的時間。

屬於熱帶雨林氣候的地區，計有南美的亞馬孫河流域，非洲的剛果河流域以及印尼，馬來半島，新幾內亞等地，這些地區的熱帶物產豐富，但人口分布甚不平均，爪哇的人口每方哩在八百人以上，而亞馬孫河流域每方哩僅只一人，此乃由於開發早晚之故；由於氣候終年高溫多雨，熱帶傳染病甚為盛行，瘧疾 (malaria)、暈睡病 (sleeping sickness)、黃熱病 (yellow fever)、赤痢 (dysentery) 等，使熱帶居民深受困擾，所幸近年世界衛生整個進步，這些傳染病一經發現，即被遏止；此外電冰箱，冷氣機等的購置使用，逐漸普遍，對於熱帶居民生活的改善及增進，神益甚大。由於雨量豐沛而強大，熱帶土壤最易被沖刷溶蝕，豐富的有機物質和礦物質俱被雨水淋溶而去，故熱帶土壤類多為貧瘠的淋餘紅土，顆粒粗大，土質脆弱，迫使熱帶居民採取輪耕的方式以便恢復地力，是以單位農家所需的農田面積常較溫帶為大。

茲將本氣候區具有代表性地點的氣溫及雨量記錄，附列如表 10-1，以供比較參閱。

表 10-2 所列曼諾瓦里 (Manokwari) 位於西新幾內亞貝勞半島 (Berau Peninsula) 的東北岸，終年高溫多雨，年溫差僅 1.1°C，為標準的熱帶雨林氣候；新央凡爾為非洲剛果河中游一城市，位於沼澤地的邊緣，年雨量雖非甚多，但分布極為平均。

表 10-1　熱帶雨林氣候的氣溫 (°C)

地名	1月	2月	3月	4月	5月	6月	7月	8月	9月	10月	11月	12月	年平均	年溫差
新加坡	25.7	26.1	26.8	27.1	27.5	27.3	27.2	27.0	26.9	26.7	26.3	25.9	26.7	1.8
貝　蘭	25.4	25.0	25.3	25.4	25.8	25.7	25.6	25.7	25.9	26.1	26.5	26.1	25.7	1.5
新央凡爾	26.2	26.7	26.2	25.6	26.2	25.8	24.7	24.6	25.0	25.2	25.5	25.6	25.6	2.1
曼諾瓦里	25.6	25.6	26.1	26.1	26.1	26.1	26.1	26.1	26.1	26.7	26.7	26.1	26.1	1.1

表 10-2　熱帶雨林氣候的雨量 (mm)

地名	1月	2月	3月	4月	5月	6月	7月	8月	9月	10月	11月	12月	年雨量
新加坡	215.9	154.9	165.1	175.3	182.9	170.2	172.7	215.9	180.3	208.3	254.0	264.2	2,359.7
貝　蘭	261.5	320.0	337.8	335.3	236.2	144.8	124.5	109.2	81.3	63.5	58.4	127.3	2,201.8
新央凡爾	104.1	88.9	104.1	142.2	157.5	154.9	160.0	160.0	160.0	167.6	66.0	236.2	1,701.5
曼諾瓦里	274.3	271.8	330.2	281.9	198.1	210.8	152.4	134.6	129.5	106.7	167.6	269.2	2,525.5

二、熱帶季風氣候 (Am)

本氣候型和熱帶雨林氣候的差異在於雨量的分布不十分平均，常有一短促的乾燥少雨期，當來自海上的季風盛吹時，雨量特別豐沛，迨改吹陸上季風時，雨量稀少，由於年雨量豐富及乾季短促，故本區依然可以生長半落葉森林，不過因兩次太陽直射的間隔非常短促，故雨量曲線往往只有一個高峰；最高氣溫每發生於雨季以前，如泰國的曼谷，每年以 4、5 月間最熱，一入 6 月，雨季開始，氣溫隨之下降。年溫差較熱帶雨林氣候區為大，約在 10°C 以內。屬於本氣候的區域計有東南亞洲的季風區，西起印度半島，中經中南半島，東至菲律賓；西印度群島，中美洲一帶；澳洲東北沿海，非洲幾內亞西岸一帶均屬之。本氣候區的氣溫和雨量記錄略如下列附表 10-3, 10-4 所示。

表中四地記錄代表四洲同類氣候型。加利克 (Calicut) 位於印度半島尖端的西南沿海，正當夏季西南季風前哨，故當西南季風甫行開始，加

表 10–3　　熱帶季風氣候的氣溫 (°C)

地名	1月	2月	3月	4月	5月	6月	7月	8月	9月	10月	11月	12月	年平均	年溫差
加利克	25.4	26.6	27.6	28.7	28.4	25.8	24.8	25.2	25.7	26.2	26.4	25.7	26.4	3.9
自由市	27.2	27.8	27.8	27.8	27.8	26.7	25.6	25.0	26.1	26.7	27.2	27.2	26.7	2.8
比利斯	23.8	24.9	26.2	26.2	27.7	28.0	28.1	28.1	27.8	26.3	24.5	23.1	26.3	4.3
麥　凱	26.7	26.1	25.0	23.3	20.0	17.8	16.7	17.8	20.0	22.8	25.0	26.1	22.2	10.0

表 10–4　　熱帶季風氣候的雨量 (mm)

地名	1月	2月	3月	4月	5月	6月	7月	8月	9月	10月	11月	12月	年雨量
加利克	7.6	5.1	15.2	81.3	241.3	889.0	756.9	381.8	213.4	261.6	124.5	27.9	3,005.5
自由市	15.3	12.7	27.9	137.2	375.9	541.0	934.7	1,005.8	825.5	386.1	134.6	119.4	4,516.1
比利斯	127.3	66.0	40.6	38.1	104.1	231.1	243.8	215.9	238.8	279.4	259.1	160.0	2,004.2
麥　凱	381.0	347.9	382.0	185.4	111.8	68.6	58.4	22.9	27.9	61.0	68.6	185.4	1,900.9

利克即受影響，月雨量自 4 月份的 81.3 公釐，突增至 5 月份的 241.3 公釐，續增至 6 月份的 889.0 公釐，因雨季開始，氣溫乃銳降，自 5 月份的 28.4°C，降至 6 月份的 25.8°C。自由市 (Freetown) 為西非洲獅子山 (Sierra Leone) 的首都，濱臨大西洋，每年夏季源自南半球的東南信風，受熱赤道的牽引，越過赤道，變向為西南季風，整個幾內亞灣一帶均可受到此項季風的吹襲，故夏季雨量豐富，月雨量可達千公釐以上，但在冬季 1、2 月間，每月僅 10 餘公釐，顯有短促的乾季。中美洲貝里斯 (Belize) 濱臨加勒比海，每年夏季受來自海上的東北季風吹襲，月雨量均在 200 公釐以上，而在冬季則可少至 40 公釐左右。麥凱 (Mackay) 位於澳洲東北沿海，因所處緯度較高（21°10′S），故冬季氣溫較低，僅 16.7°C；夏季炎熱，年溫差達 10°C；在雨量方面，麥凱冬季（7 月）因澳洲內部為一高氣壓，氣流自內陸向四方疏散，麥凱處於背風坡，故雨量稀少，形成一個短乾季，夏季（1 月）澳洲西北部為低氣壓，澳洲東岸位於海上高氣壓的邊緣，因此麥凱在夏季常吹東北風或東風，適和海岸線斜交或垂直，海上水氣易於登陸，故夏季多雨。

　　綜上所述，可見熱帶季風氣候區的雨量較之熱帶雨林氣候區並無遜

色，甚且尚有過之，二型雨量之主要差異在於各月雨量的分布均勻與否，Am 型雨量較 Af 型為多之原因，係因前者有盛吹的季風為其助力，可將海上水汽大量運上大陸，降雨作用以水平運動為主，而 Af 型的降雨則以垂直運動為主，前者導源於氣壓間的差異，後者則以熱力為主要的原動力。

三、熱帶草原氣候 (Aw)

熱帶草原氣候和 Am 型及 Af 型在雨量方面的差異有二：(1)年雨量較少，且雨量變率隨緯度而增加；(2)在一年之中乾溼季節十分明顯，乾季較熱帶季風氣候型為長。在氣溫方面，乾季末期氣溫最高，雨季開始，氣溫略為降低，全年高低氣溫的年溫差更大，可在 10°C 以上。因為乾期長，故熱帶森林已不易在本區生存，區內天然植物以熱帶粗茂高大的草原為主，間有稀疏的樹木生長於高草原上，形成疏林草原 (wooded savanna)，是以區內多食草及食肉的動物活躍。這些樹木數量既少，又非純種森林，故缺乏經濟價值，而這些粗大草地，對於開墾農田亦為一種障礙，並無法供作牧草，區內土壤飽受淋溶，相當貧瘠，且由於每年有一相當長的乾旱季節，如無人工灌溉，根本不能種植作物，因之單位面積的收穫量大為減低，故本氣候型的各地區人口普遍稀少，只有少數老開發區人口密集，如印度半島區。

屬於本區氣候型的區域佔地頗廣，約為全部陸地的 10% 以上，印度半島 Am 氣候以北，乾燥氣候區以南之地均屬之，半島以東的加爾各答，以西的孟買，均在本區，但巴基斯坦的喀拉蚩不屬本區，卻已進入乾燥氣候型。澳洲北部每年冬季（7 月）自 5 月以迄 9 月，乾季明顯，可以達爾文 (Darwin) 港為代表，由該港向南，雨量逐漸減少而進入乾燥氣候型 (B)。非洲赤道以北的蘇丹草原南部屬於本氣候型，表 10–5 中的廷堡 (Timbo) 位於 10°40′N, 12°W，原為法屬西非洲，現屬幾內亞國，該地年

雨量雖在 1,600 公釐以上，但其冬季三個月的雨量為零，乾季缺雨的情況，極為嚴重，是以在乾季內植物凋萎，地面乾裂，水源枯竭，塵土飛揚，黃土遍地，景象荒涼；迨入雨季，土地潤溼，草木茂盛，河水潺潺，一片碧綠，乾溼季節的情景截然不同。南美洲亦有廣大地區屬於熱帶草原型，赤道以北的蘭諾斯 (Llanos) 草原，包括委內瑞拉及哥倫比亞東北部和赤道以南的康坡斯 (Campos) 草原，都屬於本氣候型，表 10-5 的柯亞巴（Cuiaba, 15°30′S, 56°20′W）位於巴西高原區，其氣候記錄可為康坡斯草原的代表。

表 10-5　熱帶草原氣候的氣溫 (°C)

地名	1 月	2 月	3 月	4 月	5 月	6 月	7 月	8 月	9 月	10 月	11 月	12 月	年平均	年溫差
加爾各答	18.3	21.1	26.1	29.4	30.0	29.4	28.3	27.8	28.3	26.7	22.2	18.3	25.6	11.7
廷堡	22.2	24.4	27.2	26.7	25.0	22.8	22.2	22.2	22.2	22.8	22.2	21.7	23.3	5.5
柯亞巴	27.2	27.2	27.2	26.7	25.6	23.9	24.4	25.6	27.8	27.8	27.8	27.2	26.7	3.9
達爾文	28.9	28.9	28.9	28.9	27.8	26.1	25.0	26.1	28.3	29.4	30.0	29.4	28.3	5.0

表 10-6　熱帶草原氣候的雨量 (mm)

地名	1 月	2 月	3 月	4 月	5 月	6 月	7 月	8 月	9 月	10 月	11 月	12 月	年雨量
加爾各答	10.2	27.9	35.6	50.8	127.0	284.5	307.3	292.1	228.6	109.2	12.7	5.1	1,491.0
廷堡	0.0	0.0	25.4	60.9	162.6	228.6	315.0	373.4	259.1	170.2	33.0	0.0	1,628.2
柯亞巴	248.9	210.8	210.8	101.6	53.3	7.6	5.1	27.9	50.8	114.3	149.9	205.7	1,386.7
達爾文	386.1	342.9	243.8	104.1	15.2	2.5	2.5	2.5	12.7	50.8	119.4	248.9	1,531.4

第二節　乾燥氣候

　　一地氣候乾燥，可能蒸發量 (potential evaporation) 遠大於當地的年平均雨量，土地乾裂，水源枯竭，作物無法生長，只有少數地區依賴地下水源而成的水草田 (oasis)，點綴於黃沙之間，這種氣候叫做乾燥氣候

(dry climates)。在這種雨水缺乏的氣候區，無法供應河流水量，故區內常流河稀少，僅有有頭無尾的間歇河，錯落分布其間。但若有河流發源於比較潮溼的地區，流量充沛，亦可穿過乾燥氣候區而注入海洋，例如穿越埃及沙漠的尼羅河，橫越美國西南部乾燥地區的科羅拉多河及中國大陸的黃河，均為此類實例。

　　一地氣溫直接左右蒸發量的大小，年雨量 600 公釐的冷溫帶，可以生長溫帶森林，形成溼潤的地理景觀，但在熱帶地區，由於蒸發強烈，600 公釐的年雨量，只能形成半乾燥的氣候；在另一方面，若雨量集中於冬季，彼時蒸發量特低，則該時的雨量雖不甚大，但卻可供作物生長，發揮雨水的最大效用，例如美國加州南部年雨量不過 200–300 公釐，氣候自然應屬於乾燥氣候，但該區卻可以種植大麥，由此可見乾燥氣候的雨量條件並無一定數量，它直接和蒸發量相關，並間接地受到氣溫及雨量季節分布的影響。

　　乾燥氣候可分兩型：即乾燥型和半乾燥型。乾燥型又叫沙漠型，半乾燥型又叫貧草原型 (steppe type)。乾燥氣候可以發生於低緯度，也可生成於中緯度，因此乾燥氣候共可分為熱帶沙漠氣候型 (BWh)，溫帶沙漠氣候型 (BWk)，熱帶貧草原氣候型 (BSh) 和溫帶貧草原氣候型 (BSk) 四種。

一、熱帶沙漠氣候 (BWh)

　　熱帶沙漠氣候位於南北緯 15°–30° 之間。而以南北緯 20°–25° 為其中心區域，有的濱海，有的深處內陸，故本型氣候又可分為大陸性及海洋性兩副型 (subtype)，前者如撒哈拉沙漠，後者如智利北部的阿他加馬沙漠。大陸性熱帶沙漠的氣溫，日溫差和年溫差均甚大，可達 20–40°C，極端溫度很高，炎夏陽光強烈，沙漠表面溫度可達 70°C 以上，其上氣溫亦有高達 58°C (136°F) 之記錄〔北非特黎波里 (Tripoli) 以南 40 公里的阿

夕西亞 (Azizia) 曾於 1922 年 9 月 13 日測得此項絕對最高氣溫，並為世所公認，由於晝間氣溫高，各層空氣的密度不同，光線折射各異，可發生蜃樓現象，以欺騙沙漠旅人。沙漠夜間因天空晴朗無雲，地面盡是沙石，故散熱極快，入夜後氣溫直線下降，冬季可降至冰點以下，並有微霜出現。因此一晝夜間的氣溫日溫差可相差達 20–30°C 之巨。至於海洋性熱帶沙漠，因地濱海洋，得獲海風調劑，海上又有涼爽海流的影響，故此類沙漠的氣溫甚低，冬季溫和，年溫差甚小。例如智利北部的伊基圭 (Iqique)，最熱月平均氣溫（1、2 月）只有 20.7°C，最冷月（7、8 月）的月平均氣溫也還有 15.7°C，年溫差僅 5°C，如純就氣溫記錄觀之，絕少乾燥氣候的跡象。

　　至於熱帶沙漠的雨量，大陸性熱帶沙漠極為乾燥，甚少下雨，如開羅年平均雨量僅 13 公釐，亞丁為 43 公釐，美國亞利桑那州的約馬 (Yuma) 為 83 公釐，偶有下雨，也是極為強烈的對流雨，始可降抵地面，方不致在空中被蒸發以去，但此類豪雨降落的時間短促，強度甚大，流失多，侵蝕大，對於農業無甚裨益，因空氣乾燥，故相對溼度甚低，如埃及亞斯文 (Aswan) 冬季（1 月）相對溼度為 46%，夏季更降至 30%。至於海洋性熱帶沙漠區雖雨量稀少，但相對溼度甚大，如智北沙漠相對溼度平均為 74%–77%，因溼度較大，故雲霧頗多，伊基圭冬季雲量之多，甚於英格蘭，但雨量極少，伊基圭曾有連續十四年不下雨的記錄，其四十年的總平均年雨量也只有 2 公釐（0.08 吋）。

　　屬於熱帶沙漠的計有撒哈拉沙漠，阿拉伯沙漠，北美洲美國和墨西哥間沙漠，南美智利北部阿他加馬沙漠 (Atacama desert)，南非有喀拉哈里 (Kalahari) 沙漠，那米比 (Namib) 沙漠，澳洲內部有大沙地 (Great Sandy) 沙漠，吉卜生 (Gibson) 沙漠以及大維多利亞沙漠等。形成此類沙漠的原因不止一端，可條舉如下：

1. 在副熱帶高氣壓下方，空氣多下沉氣流，對流作用受阻，故氣溫雖高，卻乏熱力雷雨。

2. 本區所在緯度介於溫帶氣旋帶雨區和熱帶對流雨區之間，故降雨機會特別稀少。

3. 位於低緯度信風帶的下風側，外來氣流受山脈阻擋，水氣不易進入，因而乾燥少雨，如美墨間沙漠。

4. 沿岸如有涼爽的洋流經過，海上氣流經由涼海上空進入陸地，登陸後氣溫增高，相對溼度反而降低，無法降雨，智利北部的阿他加馬沙漠，南非那米比沙漠，都是由此種原因造成。

表 10–7　　熱帶沙漠氣候的氣溫 (°C)

地名	1 月	2 月	3 月	4 月	5 月	6 月	7 月	8 月	9 月	10 月	11 月	12 月	年平均	年溫差
吉可巴貝	13.9	16.7	23.9	30.0	33.3	36.7	35.0	33.3	31.7	26.1	20.0	15.0	26.1	22.8
威廉溪	28.3	28.3	24.4	19.4	15.0	12.2	11.1	13.3	16.7	21.1	25.0	27.2	20.0	17.2
亞丁	24.6	25.0	26.3	28.5	30.6	31.8	31.0	30.2	31.7	28.7	26.5	25.1	28.2	7.2
伊基圭	20.7	20.7	19.7	18.2	17.0	16.2	15.7	15.7	16.2	17.2	18.0	19.7	18.0	5.0

表 10–8　　熱帶沙漠氣候的雨量 (mm)

地名	1 月	2 月	3 月	4 月	5 月	6 月	7 月	8 月	9 月	10 月	11 月	12 月	年雨量
吉可巴貝	7.6	7.6	7.6	5.1	2.5	5.1	2.5	27.9	7.6	0.0	2.5	2.5	78.5
威廉溪	12.7	10.2	10.3	10.2	10.1	17.8	7.6	7.6	10.1	7.6	10.2	7.6	132
亞丁	7	5	12	5	2	2	2	2	2	2	2	2	43
伊基圭	0	0	0	0	0	0	0	0	0	0	0	0	0

　　上表所列四地，吉可巴貝 (Jacobabad) 位於 28°21′N，屬巴基斯坦信地省，雨量稀少，需賴灌溉始有農作；威廉溪 (William creek) 位於澳洲南部，因地處南緯，故最冷月為 7 月，此二地可為熱帶大陸性沙漠氣候型的代表，年溫差較大。後二者亞丁 (Aden) 及伊基圭可為熱帶海洋性沙漠氣候的代表，年溫差在 10 度以內。亞丁位於 12°45′N，地當紅海出入口，伊基圭位於 20°5′S，兩地均濱海洋。

　　二、溫帶沙漠氣候 (BWk)

　　溫帶沙漠氣候以其所在位置的不同，也有內陸及沿海二種，前者可稱為大陸性溫帶沙漠，後者稱海洋性溫帶沙漠，大陸性的氣溫年、日溫差都大，如吐魯番的最大日溫差可達 50°C，該地年溫差亦達 43.9°C，故有「早穿皮襖午穿紗，懷抱火爐吃西瓜」之諺；海洋性溫帶沙漠的氣溫則冬季溫和，夏季涼爽；如阿根廷南部的沙敏多 (Sarmiento)，最暖月平均氣溫為 18.3°C，最冷月平均氣溫 3.3°C，年溫差 15°C。至於溫帶沙漠的雨量，大陸性溫帶沙漠因深處內陸，雨量稀少，變率甚大，如中亞謀夫 (Merv) 年雨量 187 公釐，斜米 (Semipalatinsk) 182 公釐，和闐 25 公釐，敦煌 30 公釐，婼羌僅 4 公釐。海洋性沙漠氣候則各月有雨，變率也較小，但雨量也並不多，如沙敏多年雨量為 126 公釐，阿根廷南部濱海的聖大克盧茲 (Santa Cruz) 年雨量亦只有 155 公釐。

　　中緯度地區的沙漠亦復不少，面積廣闊，景象荒涼。在亞洲的計有中央亞細亞的紅沙漠 (Kyzyl-kum)，黑沙漠 (Kara-kum) 分別位於 40°N 南北，向東入新疆，南有塔里木盆地的塔克拉馬干 (Takla Makan) 沙漠，北有準噶爾盆地沙漠，東延至甘肅以北和內蒙古沙漠相連接，向北則和蒙古的戈壁沙漠相連，南美洲的阿根廷南部有巴塔哥尼亞 (Patagonia) 沙漠，北美則有內華達及猶他二州的沙漠地帶均屬之。中緯度沙漠形成的原因亦可列述如下：

1. 深處大陸內部，距海洋遙遠，水氣缺乏，因而雨量稀少，形成極乾燥的沙漠地區。如中央亞細亞區各沙漠。

2. 四周有高大的山脈作障壁，形成廣大的雨影地帶，水氣缺乏，復變為下降氣流，絕對增溫，故雨量特少。如新疆的塔里木沙漠和美國西部的大盆地（在內華達州）。

3. 冬季為反氣旋的源地，氣流向四方發散，風力強勁，蒸發劇烈，空氣乾燥，雨水罕見，如蒙古戈壁沙漠。

4.位於中緯度盛行風帶的下風側，過山後氣流絕熱增溫，少雨而成
沙漠。如阿根廷南部的巴塔哥尼亞沙漠，即係因盛行西風自太平
洋方面越過安地斯山始抵此區，因而形成沙漠。

表 10-9　　溫帶沙漠氣候的氣溫 (°C)

地名	1月	2月	3月	4月	5月	6月	7月	8月	9月	10月	11月	12月	年平均	年溫差
吐魯番	-10.4	-3.9	8.8	18.4	24.6	33.4	33.5	33.2	26.6	15.8	2.3	-7.3	14.6	43.9
法隆	-0.6	2.2	5.0	10.0	13.3	18.3	23.3	22.2	16.1	10.6	4.4	0.0	10.3	23.9
聖大克盧茲	15.0	14.4	12.8	8.9	5.0	1.7	1.7	3.3	6.7	9.4	11.7	13.3	8.6	13.3
阿斯特拉汗	-7.1	-5.1	0.3	8.7	17.6	22.6	25.2	23.2	17.0	9.7	2.2	-3.0	9.2	32.3

表 10-10　　溫帶沙漠氣候的雨量 (mm)

地名	1月	2月	3月	4月	5月	6月	7月	8月	9月	10月	11月	12月	年雨量
吐魯番	0	0	0	0	16	2	0	2	0	0	0	0	20.0
法隆	15.2	12.7	12.7	10.2	15.2	7.6	2.5	5.1	7.6	10.1	7.6	15.2	110.7
聖大克盧茲	15.2	10.2	17.6	15.2	15.2	12.7	17.8	10.2	5.1	10.2	12.7	22.9	155.0
阿斯特拉汗	12	7	10	12	17	17	12	12	12	10	10	12	143.0

上表四地分別代表亞洲，北美及南美溫帶沙漠區域的氣候記錄，其
中吐魯番位於中國大陸新疆，為著名的窪地，適在 43°N，低於海平面，
氣候炎熱乾燥，素有火州之稱，由於地處內陸，寒暑各趨極端，故年溫
差達43.9°C。法隆 (Fallon) 在美國內華達州境內，約位於 39°30′N，高出
於海平面達 1,300.8 公尺 (3,965 呎)，故氣溫較低，但寒暑變化亦頗劇烈，
年溫差達 23.9°C。聖大克盧茲 (Santa Cruz) 地處南美阿根廷南部海濱
（50°S），氣溫受海洋調節，寒暖變化未趨極端，年溫差只有 13.3°C，雨
量也稍多，阿斯特拉汗 (Astrakhan) 位於46°20′N，地當伏爾加河注入裏
海的三角洲上，雖有裏海的調節，但究竟水體狹小，仍屬大陸性的溫帶
沙漠氣候，年溫差達 32.3°C，年雨量也只有 143 公釐。

三、熱帶貧草原氣候 (BSh)

貧草原氣候為沙漠氣候和溼潤氣候之間的過渡氣候，故熱帶貧草原
氣候也就是熱帶沙漠氣候和溼潤氣候的過渡氣候。它在南、東、北三方

面都包圍著熱帶沙漠區域，僅西側因熱帶沙漠直接濱海而呈網開一面之
勢。貧草原氣候區每年有一短時間可被外來的盛行風吹入，帶來水氣，
可獲短期降雨，故它屬於半乾燥氣候，不過這種雨量不僅數量欠豐，抑
且多變而欠穩定，僅偶遇多雨之年，雨量差堪種植作物，但隨後常是更
為乾旱的時期，是以在本氣候區如非有充分的水利設施從事灌溉，農業
耕作實為極端冒險之舉，唯一比較安全的土地利用厥為從事畜牧。

　　貧草原氣候區既有一短期雨季，則由其雨期季節的差異，又可分為
冬雨型熱帶貧草原氣候及夏雨型熱帶貧草原氣候兩類，前者位於熱帶沙
漠氣候區以北（北半球）及以南（南半球），是介於熱帶沙漠和地中海氣
候之間的過渡氣候，這種半沙漠氣候的生成，主要是因為副熱帶高氣壓
在上空盤據，導致發散氣流之故，不過因為冬季氣溫低，蒸發量小，故
雨水的效用較大，有利於植物生長。後者雨量集中於夏季，氣候區域介
於熱帶沙漠氣候區和熱帶草原氣候區之間（即向赤道的一側），其和熱帶
草原氣候間的差異，在於總雨量較少，乾旱季節特長，因雨量集中於夏
季，天氣炎熱，蒸發強烈，雨量對植物的效用較低，降雨的變率也較冬
雨型為大，至於氣溫記錄則和附近的沙漠區氣溫相似，無大差異，但年
溫差較小，這兩種貧草原氣候型的氣候狀況，可由上項記錄窺之。

表 10–11　　熱帶貧草原氣候的氣溫 (°C)

地名	1月	2月	3月	4月	5月	6月	7月	8月	9月	10月	11月	12月	年平均	年溫差
班加西	12.8	13.9	17.2	18.9	22.2	23.9	25.6	26.1	25.6	23.9	18.0	15.0	20.6	13.3
開衣斯	25.0	27.2	31.7	34.4	35.6	32.8	28.9	27.8	27.8	29.4	28.3	25.0	29.4	10.6

表 10–12　　熱帶貧草原氣候的雨量 (mm)

地名	1月	2月	3月	4月	5月	6月	7月	8月	9月	10月	11月	12月	年雨量
班加西	94.0	45.7	17.8	2.5	2.5	0.0	0.0	0.0	2.5	7.6	53.3	78.7	304.6
開衣斯	0.0	0.0	0.0	0.0	15.2	99.1	210.8	210.8	142.2	48.3	7.6	5.1	739.1

上表兩地，班加西 (Benghazi) 位於利比亞 (Libya) 地中海沿岸，約在

30°15′N，屬於冬雨型熱帶貧草原氣候，6、7、8三月雨水絕跡，降雨期集中於每年的11月至翌年2月之間，氣溫夏熱冬涼，開衣斯 (Kayes) 在西非洲馬利 (Mali) 國內陸，可為夏雨型熱帶貧草原氣候的代表，雖有700公釐以上的年雨量，但因蒸發量強，水分損耗多，植物所獲效益不大，故只能生長低矮粗糙的短草。

四、溫帶貧草原氣候 (BSk)

溫帶貧草原氣候是介於溫帶沙漠和溼潤氣候之間的過渡性氣候，雨量較沙漠區域稍多，但變率大，農業缺乏安全性，例如美國猶他州奧格丹 (Ogden) 在1871–1920年的四十九年期間，年平均雨量為386公釐，但其中最多雨的年份，曾高達635公釐，最少雨的年份則只是165公釐，高低相差達四倍。在雨量的季節分布上，也約略呈現夏雨及冬雨兩種不同的分布形式，大致言之，內陸地區夏季氣溫高，絕對溼度較大，來自海上的季風內吹，這些因素造成雨量集中於夏季的現象，如蒙古的庫倫年雨量193公釐，其中的94%降於夏季三個月，而在接近地中海氣候的邊緣，則雨量多降於冬季，如巴基斯坦的奎塔 (Quetta) 冬半年的雨量佔8/10，夏半年的雨量只佔年總量的2/10，至於氣溫日溫差均反較熱帶貧草原氣候區為大。

表 10–13　　溫帶貧草原氣候的氣溫 (°C)

地名	1月	2月	3月	4月	5月	6月	7月	8月	9月	10月	11月	12月	年平均	年溫差
威利斯敦	-14.4	-13.3	-5.6	6.1	11.7	17.2	20.6	19.4	13.3	6.7	-2.8	-10.0	4.0	35.0
庫倫	-26.7	-20.0	-10.6	1.1	8.9	14.4	17.2	15.0	8.9	-1.1	-13.3	-27.2	-2.2	44.4
奎塔	4.4	5.0	10.6	15.6	19.4	23.3	25.6	23.9	19.4	13.3	8.3	5.6	14.5	21.2

表 10–14　　溫帶貧草原氣候的雨量 (mm)

地名	1月	2月	3月	4月	5月	6月	7月	8月	9月	10月	11月	12月	年雨量
威利斯敦	12.7	10.2	22.9	27.9	53.3	81.3	43.2	43.1	25.4	17.8	15.2	12.7	365.7
庫倫	0.0	2.5	0.0	0.0	7.6	43.2	66.0	53.3	12.7	2.5	2.5	2.5	192.8
奎塔	53.3	53.3	45.7	27.9	7.6	5.1	12.7	15.2	2.5	2.5	7.6	20.3	253.7

　　上表中威利斯敦 (Williston)，在美國北達科他州，約位於 48°10′N，深處美國內陸，氣候極具大陸性，年溫差達 35°C，冬春季節受越洛磯山脈東來的沉奴克風之影響，特別乾燥少雨。庫倫的氣溫年溫差更大至 44.4°C，因地處蒙古高原（該地海拔高度為 1,243.4 公尺），故夏季氣溫亦不高，奎塔高於海平面 1,804.4 公尺，氣溫不高，雨量冬多夏少，和上述二地雨量集中夏季的情況適相反，奎塔位在 30°5′N，在俾路芝 (Baluchistan) 境內，夏季乾熱，冬季得西風氣旋之賜，比較多雨。

　　以上所述乾燥氣候類四種氣候型在地球表面所佔陸地範圍廣大，佔全球陸地面積的 1/4 以上，較任何其他氣候類所佔陸地面積為大，而由於氣候乾燥之故，致出產稀少或毫無出產，人口分布極為稀疏，形成土地的一大浪費，所幸有部分乾燥地區因盛產石油，大大地改善了沙漠人民的生活及其國力。目前如欲從事於乾燥地區的開發，首須解決水源，或引用外界潮溼地區的河水，或開發當地的地下水；另須在育種學上從事努力，研究發展抗旱作物，用以增加農業上的安全性，若此二點能獲適當解決，則乾燥的土地可成肥沃的良田，否則仍只能先行發展牧業；沙漠中的矮草荊棘，對於畜牧的飼養率甚低，美國西南部沙漠區的短草，如用以飼養放牧牲畜，需七十五英畝以上的面積始足以維持一條小牛的飼料。半沙漠地區的牧草價值較高，更宜於畜牧，若能再有適量的灌溉水，則這些半乾燥氣候地區均可發揮其潛力，增加生產，以容納更多的人口，足可減輕世界人口日益增加的壓力。

〔問　題〕

一、試述熱帶雨林氣候的特徵。

二、試述熱帶季風氣候和熱帶草原氣候的異點。

三、試述熱帶沙漠氣候的生成原因。

四、試分析溫帶沙漠氣候的生成原因。

五、乾燥氣候區對於人類現有那些貢獻？試述之。

第十一章　溫帶氣候和副極地氣候

　　中緯度地區（最低起自 25°，最高可達 60°。）由於日照的影響，氣候溫和，為溫帶氣候，範圍廣大，是人類主要的生活作息區域，這類氣候的南部，日照多大角度斜射，夏季炎熱，冬季溫和，叫做暖溫帶氣候 (humid mesothermal climates)，也可稱為副熱帶氣候 (subtropical climates)；而溫帶氣候的北部，夏熱時間短促，冬季嚴寒，稱為冷溫帶氣候 (humid microthermal climates)。溫帶氣候的特徵可分述如下：

第一節　暖溫帶氣候

　　暖溫帶氣候依其雨量集中的季節又可分為夏雨型暖溫帶氣候和冬雨型暖溫帶氣候兩類，前者夏季多雨，冬季比較乾燥少雨；後者冬季多雨，夏季炎熱乾燥，地中海沿岸為本類氣候的標準型式，故又名地中海氣候。

　　一、冬雨型暖溫帶氣候 (Cs)

　　本型氣候冬季因受盛行西風及氣旋過境的影響，故溫和多雨，最冷月平均氣溫約介於 6–10°C，植物可以繼續生長，年溫差以距海遠近，自 10°C 至 20°C 不等，少數區域夏涼冬暖，年溫差更可小至 6°C 左右。因

冬季溫和，很少嚴霜，日光充足，故宜於果樹生長，例如洛杉磯在四十一年中有二十八年未曾發生殺霜，換言之，此二十八年的生長季均為十二個月。發生殺霜之年的生長季約為九個月左右，在此等年份中，低溫也並非持續很長，若有數日氣溫低於 0°C，驟即又轉暖至冰點以上，洛杉磯的最低溫曾達 –2.2°C，那不勒斯曾降至 –4.4°C，沙克里門托 (Sacramento) 曾有 –8.3°C 的低溫，雅典為 –6.7°C。這些低溫既非經常發生，冷的程度亦非十分劇烈，為何常會發生嚴重的損害？這是因為農民心理常存僥倖，故常在本區種植不十分適合季節的蔬菜和特別怕寒的柑橘，故一遇殺霜發生，即有災害。夏季因有副熱帶高氣壓在上空盤據，強大的下沉氣流引起地面風，向四方吹動，成發散之勢，致既乏輻射作用，亦少對流現象，使熱力雷雨也無法形成，因而乾燥炎熱而少雨；天空無雲，日照強烈。如沙克里門托在 7、8 月兩月滴雨皆無，日照充分達 95%（7 月）及 96%（8 月），下午的相對溼度也只有 30–40%；洛杉磯在夏季三個月中只有一天落雨，聖伯那丁諾 (San Bernardino) 同期有兩日兩天，濱海地區因受涼流影響，相對溼度高而多雨，夜間水汽溼重，不利於活動，清晨大霧瀰漫，須至上午九至十時始行消散，加州濃霧日數全年在四十天以上。

　　表 11–1 及 11–2 中的羅馬為標準地中海氣候，年平均雨量 823 公釐，年溫差 17.5°C；伯斯 (Perth) 在澳洲西南沿海 (31°58′S)，故 1、2 月間氣溫最高，同期雨量卻最少；舊金山位於加州沿岸半島之上，受沿海涼流影響，氣溫夏涼冬暖，年溫差特小，7、8 兩月雨水絕跡，年雨量約和中國大陸華北相當；紅崖 (Red Bluff, 40°10′N) 位於美國加州谷地，冬夏季氣溫均較濱海的舊金山為高，雨量亦較加州沿海稍多，加州沿海的聖他莫尼加 (Santa Monica, 34°N) 毗鄰洛杉磯，年雨量只有 376 公釐，夏季乾旱的情況更為嚴重（6、7、8 三個月雨量為零）。本氣候型的雨量變

率也相當大，例如加州的聖伯那丁諾四十八年的年平均量為 409 公釐，但在同期最多雨的年份曾高達 942 公釐，最低時只有 140 公釐，變幅之大，甚為驚人，故本區作物應有輔助性的灌溉水源，以防降水量偏低之年，發生旱災。

表 11-1　　冬雨型暖溫帶氣候的氣溫 (°C)

地名	1 月	2 月	3 月	4 月	5 月	6 月	7 月	8 月	9 月	10 月	11 月	12 月	年平均	年溫差
羅馬	7.0	8.2	10.5	13.7	18.0	21.6	24.5	24.1	20.8	16.5	11.5	8.0	15.3	17.5
伯斯	23.3	23.3	21.7	19.4	16.1	13.9	12.8	13.3	14.4	16.1	18.9	21.7	17.8	10.5
舊金山	9.6	10.0	11.5	12.3	13.0	14.0	14.0	14.3	15.5	14.9	13.0	10.3	12.7	5.9
紅崖	11.7	11.7	12.8	14.4	15.6	17.2	18.9	18.9	18.3	16.7	14.4	12.8	15.3	7.2

表 11-2　　冬雨型暖溫帶氣候的雨量 (mm)

地名	1 月	2 月	3 月	4 月	5 月	6 月	7 月	8 月	9 月	10 月	11 月	12 月	年雨量
羅馬	81	68	73	66	55	38	17	25	63	127	111	99	823.0
伯斯	7.6	12.7	17.8	40.6	124.5	175.2	165.1	144.8	83.8	53.3	20.3	15.2	860.4
舊金山	121	91	78	40	17	2	0	0	7	22	60	114	552.0
紅崖	116.8	99.1	81.3	43.2	27.9	12.7	0.0	2.5	20.3	33.0	73.7	109.2	619.7

在地中海氣候中，夏季炎熱乾燥，日照強烈，溫度甚高，只有夜間涼爽，沿海日間可獲海風調劑，使乾熱的情況大為改善；秋季氣旋雨逐漸增多，地表植物漸漸恢復生機，此時氣溫仍相當高，但天氣已開始多變化；冬季氣旋雨益多，溼度增加，氣溫普降，夜間寒意頗濃，並偶有霜降；春季為最迷人的季節，氣溫尚未升高，普遍較秋季氣溫為低，本季並為許多穀物的收穫季節。地中海氣候在全球陸地面積上所佔範圍不大，尚不足 2%，但此型氣型卻甚具重要性。在該型氣候區內，具有豐富的陽光，藍天綠水，景色優美，為極適於戶外活動的遊憩地，冬季溫和，又為避寒勝地，地中海區域為西方文化的搖籃，該區特殊的氣候型，不無相當貢獻。地中海氣候區除種植抗旱的果木如橄欖，葡萄以及快熟的大麥和小麥外，耐旱的草類亦可供作畜牧，並特別宜於綿羊和山羊囓食。只有較高山地之上的樹木，始有商業上的價值。

二、夏雨型暖溫帶氣候 (Cw)

夏雨型暖溫帶氣候和冬雨型者頗有不同，差異約有下列五點：

1. 夏雨型的年雨量較冬雨型豐富，通常均在 1,000 公釐左右。

2. 降雨量各月分布遠較冬雨型平均，夏季雨量雖特別充沛，但冬季亦非完全無雨，僅雨量稍少而已。

3. 夏雨型氣候區多位於大陸東側，冬雨型則位在大陸西側。

4. 夏雨型氣候區所在的地理位置偏低，約在南北緯 25°–35° 之間，冬雨型氣候區則介於南北緯 30°–40° 之間。此因大陸東側冷氣團勢力強大，入秋以後經常南下，故 35°N 以上，已入冷溫帶氣候區。

5. 冬雨型氣溫冬季溫和，年溫差較小，夏雨型冬季寒冷，年溫差大者，可達攝氏 20 度以上。

夏雨型暖溫帶氣候夏季平均氣溫約在 24–27°C 之間，但沿海因有海洋調劑，可低至 24°C 以下，尤以南半球大陸面積較小為然。例如阿根廷布宜諾賽利斯夏季平均氣溫只有 23.3°C，南非德爾班 (Durban) 夏季平均溫度為 25°C，澳洲布利斯班 (Brisbane) 25°C，上海為 25.7°C，美國查理斯敦 (Charleston) 27.2°C；在溼度方面，相對溼度和絕對溼度均高，形成夏季溼熱的氣候，感覺溫度特高，美國南部棉花帶中，7 月份平均最高日溫在 32°C 至 38°C 之間，而絕對最高溫可達 43°C 以上。是以新奧爾良 (New Orleans) 的夏季（6–8 月）平均氣溫，竟較亞馬孫河流域的貝蘭尤高 1–2°C，同期全區的雨量則相彷彿。冬季白晝氣溫較高，溫和宜人，約在 10–16°C 之間，入晚氣溫下降，通常介於 2–7°C 之間，冬天全季平均氣溫介於 5–13°C，如美國阿拉巴馬州的蒙哥馬利 (Montgomery) 為 10°C，上海為 3.3°C，雪梨 11°C。

在雨量方面，本氣候型年雨量相當豐富，少者亦有 750 公釐，多者可在 1,500 公釐以上，無特殊乾季，僅冬雨量稍少，不過在亞洲區本氣

候型的冬季，比較有顯明的乾燥，冬季雨期長而量小，夏季常有雷雨及
陣雨，美國東南部屬於本氣候型，全年有雷雨 60-90 次，主要發生於夏
季，夏季雨量雖多，但日照亦不少，美國蒙哥馬利城 6 月份日照佔可能
日照時數的 73%，7 月份 62%，冬季日照時數較少，蒙哥馬利 1 月份有
49%，12 月份只有 44%，亞洲及北美大陸，每年冬季有寒潮南下，可侵
入本區，雪日全年約有 5-15 天；大寒之日，彤雲密布，大雪紛飛，入夜
寒風刺骨，街頭可有乞兒凍斃。

表 11-3　　夏雨型暖溫帶氣候的氣溫 (°C)

地名	1月	2月	3月	4月	5月	6月	7月	8月	9月	10月	11月	12月	年平均	年溫差
上海	3.3	3.9	7.8	13.3	18.9	22.8	26.7	26.7	22.8	17.2	11.1	5.6	19.4	23.4
雪梨	22.2	21.7	20.6	18.3	15.0	12.2	11.1	12.8	15.0	16.7	19.4	21.1	17.2	11.1
查理斯敦	10.0	11.1	14.4	18.3	22.8	26.1	27.8	27.2	25.0	20.0	14.4	10.6	18.9	17.8
德爾班	24.8	24.8	23.8	22.1	19.8	18.2	17.9	18.7	19.7	20.8	21.2	23.6	21.3	6.9

表 11-4　　夏雨型暖溫帶氣候的雨量 (mm)

地名	1月	2月	3月	4月	5月	6月	7月	8月	9月	10月	11月	12月	年雨量
上海	71.1	50.8	99.0	111.8	83.8	167.6	188.0	119.4	99.0	94.0	43.2	33.0	1,160.7
雪梨	91.4	111.8	124.5	137.1	129.5	121.9	127.0	76.2	73.7	73.6	71.1	71.1	1,203.9
查理斯敦	76.2	78.7	83.8	60.9	83.8	129.5	157.5	165.1	132.1	94.0	63.5	81.3	1,206.3
德爾班	116	124	137	86	48	30	30	43	81	129	127	129	1,080.0

　　上表各地氣候記錄，上海代表東亞暖溫帶氣候，因為蒙古高壓強大，
寒暑相差劇烈，故年溫差達 23.4°C；美國東南沿海的查理斯敦，夏溫甚
高，但冬季比較溫和，故年溫差只有 17.8°C；雪梨 (Sydney) 位於澳洲東
南部，德爾班位於南非洲東南部，均在南半球，冬夏易置，故 7、8 月間
氣溫最低；在雨量方面，四地年雨量概在 1,000 公釐以上，夏季月雨量
每為冬季月雨量的一倍至三倍左右。

　　本型氣候的夏季既屬高溫多雨，故最利於農作物的生長，為中緯度
最適農業發展的氣候，一些新開發的地區如南美的巴西及美國東南部尚
有許多森林，阿根廷及烏拉圭盛長草類，阿根廷的彭巴草原土地之肥沃

聞名遐邇，至於亞洲東南部為老開發區，人口密集，土壤為肥沃的未被
充分淋溶的沖積土，久為大農業生產中心的區域。

第二節　冷溫帶氣候

　　由南北半球暖溫帶續向高緯伸展，為一冷溫帶，介於暖溫帶及寒帶
之間，此帶在大陸東西兩側的寬度差異甚大，大陸西側因受大洋暖流及
來自海上的盛行西風之影響，所佔緯度甚高，約由 40°N–60°N，而大陸
東側因受強大極地冷氣團南侵的影響，所跨緯度較低，僅 35°N–50°N，
冷溫帶和暖溫帶最大的差別在於：暖溫帶的冬季相當溫暖，而冷溫帶卻
有嚴寒的冬季，此種現象尤以大陸東側冷溫帶的冬季為甚。位在大陸西
側的冷溫帶氣候區計有西北歐洲、中歐、北美西北岸及澳洲塔斯馬尼亞
島 (Tasmania) 和紐西蘭的南島等。至於亞洲和北美大陸東側，冬季月平
均氣溫在冰點以下者達三個月，河流有短期結冰，生長季節較短，中國
大陸華北、遼東半島、韓國、日本及美國東北部均屬之。在南大陸方面，
非洲南端及南美尖端亦為冷溫帶氣候區，但範圍狹小。

　　冷溫帶氣候依照夏季氣溫的高低，又可分為夏熱型冷溫帶氣候
(warm-summer microthermal climate) 和夏涼型冷溫帶氣候 (cool-summer
microthermal climate) 兩類。這兩種氣候既以氣溫為區分的標準，因此接
近低緯度的一邊，即為夏熱型冷溫帶氣候，靠近極地的一側，即為夏涼
型冷溫帶氣候；換言之，夏熱型冷溫帶氣候和暖溫帶氣候相連，而夏涼
型則介於夏熱型氣候和副極地氣候之間。

　　在降水方面，本氣候型受下列各項因素的影響：

1.夏季氣溫高，所含熱量多，含蘊水氣的能力大，冬季相反。

2.冬季大陸上發育的冷性反氣旋，比溼小，氣溫低，氣流疏散，可以增加大氣的穩定度。

3.冬季寒冷的雪面足以增加大氣的穩定度，減少降雨的機會。

4.夏季氣溫高，對流旺盛，可生對流雨，氣旋活動在本區雖少，但在夏季仍可深入本氣候型的大陸內部，降落氣旋雨。

5.由於冬夏氣溫差異的懸殊，有些地區可生季風，冬夏異向，夏季風從海上吹來，帶來大量水氣，故多雨。

一、夏熱型冷溫帶氣候 (Da)

夏熱型冷溫帶氣候的夏季氣溫，雖僅只高於夏涼型數度，但對於作物的影響頗大，本型氣候的無霜期長約 5–6 個月，而夏涼型的無霜期卻只有 3–5 個月，冬季氣溫夏熱型亦可較夏涼型高出 10°C 左右，氣溫依緯度而有高低，夏季氣溫梯度緩和，自南向北氣溫差異甚小，約北行緯線一度，氣溫只降低攝氏半度，但在冬季，氣溫的水平梯度陡峻，每相差緯線一度，氣溫約相差 1.5°C，例如夏季（7 月）漢口和哈爾濱之間的氣溫相差僅有 7.2°C，但在冬季 1 月份兩地的氣溫則相差達 23°C 以上。北美大陸的差異略小，但也在一倍以上，例如聖路易和加拿大溫尼伯 (Win-nipeg) 之間，夏 7 月二地氣溫之差為 7.2°C，冬季則達 19°C；在雨量方面，其普遍的特徵是沿海多於內陸，低緯多於高緯，夏季多於冬季，而在內陸區和季風區域的各季雨量較差大，沿海區各季雨量的差異小。例如美國內布拉斯加州的奧馬哈 (Omaha)，冬季 1 月份的雨量只有 18 公釐；而在夏季 6 月份的雨量卻達 120 公釐；中國大陸的瀋陽冬季 1、2 月份的雨量只有 5 公釐，而夏季 7、9 月的雨量卻在 160 公釐以上。

下表北京為季風性夏熱型冷溫帶氣候，夏熱冬寒，年溫差特大，在 30°C 以上，高溫期和多雨期相一致，夏雨量特別豐沛而集中，7、8 兩月

表 11-5　夏熱型冷溫帶氣候的氣溫 (°C)

地名	1月	2月	3月	4月	5月	6月	7月	8月	9月	10月	11月	12月	年平均	年溫差
北京	-4.4	-1.7	5.0	13.9	20.0	24.4	26.1	25.0	20.0	12.8	3.9	-2.8	11.7	30.5
紐約	-0.6	-0.6	3.9	9.4	15.6	20.6	23.3	22.2	19.4	13.3	6.7	1.1	11.1	23.9
奧德薩	-3.9	-2.2	1.7	8.9	15.0	20.0	22.8	21.7	16.7	11.1	5.0	-0.6	9.4	26.7
貝爾格勒	-1.7	1.1	6.1	11.1	16.7	19.4	22.2	21.7	17.2	12.8	6.1	1.1	11.1	23.9

表 11-6　夏熱型冷溫帶氣候的雨量 (mm)

地名	1月	2月	3月	4月	5月	6月	7月	8月	9月	10月	11月	12月	年雨量
北京	2.5	5.1	5.1	15.2	35.6	76.2	238.8	160.0	66.0	15.2	7.6	2.5	629.8
紐約	83.8	83.8	86.4	83.8	86.4	86.4	104.1	109.2	86.4	86.4	86.4	83.8	1,066.9
奧德薩	22.9	17.8	27.9	27.9	33.0	58.4	53.3	30.5	35.6	27.9	40.6	33.0	408.8
貝爾格勒	30.5	33.0	40.6	58.4	71.1	81.3	68.6	48.3	43.2	55.9	43.2	43.2	617.3

雨量幾達全年雨量的 2/3。紐約為沿海區域的代表，冬夏溫差較小，雨量特多，在 1,000 公釐以上，和其緯度相仿的芝加哥，因地處內陸，氣溫年溫差即增大為 26.0°C，年雨量卻少至 843.3 公釐，烏克蘭的奧德薩 (Odessa)，氣候接近乾燥區域，雨量特少至僅 408.8 公釐；塞爾維亞的貝爾格勒 (Belgrade) 雖距地中海不遠，但已非地中海氣候，夏熱冬冷，夏雨量多於冬雨量。

　　夏熱型冷溫帶氣候因夏季氣溫較高，有利於農作物，故本氣候型在耕作上無問題，每形成大農業區域，同時夏溫雖高，但夏季不長，春秋季節長，春光明媚，秋高氣爽，俱為氣候良好之季節，利於工作及旅遊。本氣候型唯一的缺點為有些區域的年雨量常感不足，變率又較大，每易造成旱災，如中國大陸華北、美國西部草原（奧馬哈年雨量 736.6 公釐），歐洲多瑙河流域，俄國南部等地區的雨量，均非十分充分，且不穩定。

　　二、夏涼型冷溫帶氣候 (Db)

　　本型氣候特徵為夏季涼爽，月平均氣溫超過 20°C 者僅 1-2 月，而冬季嚴寒，月平均氣溫在零度以下者恆在三個月以上，甚且有達五個月者；年雨量多者可有 1,000 公釐，少者不足 500 公釐，夏雨量多於冬雪量，

北美五大湖區東西一帶，東起大西洋岸，西至洛磯山脈、中國東北、西北歐洲及中東歐中部均屬於這種氣候。

　　下表中國大陸東北的哈爾濱 (45°44′N) 冬季氣溫最低，最冷月平均溫度達 –18.9 度，月平均氣溫在冰點以下者連續達五個月（11 月 –3 月），年溫差甚巨達 41.1°C，表示冬夏氣溫相差懸殊，歐陸的莫斯科 (Moscow, 55°41′N) 和華沙 (Warsaw, 52°14′N) 二地相較，莫斯科的冬季長而寒冷，更具大陸性，蒙特利爾 (Montreal, 45°45′N) 可為北美洲本型氣候的代表，緯度雖非甚高，但氣溫已甚低，沿聖羅倫士河向西以至洛磯山脈東部，冬季月平均氣溫在零下者概在四至五個月，如卡爾加利 (Calgary, 51°10′N) 冬季月平均溫度在零下者為五個月，最冷月溫度為 –11.1°C，最暖月平均溫度為 16.1°C，年溫差 27.2°C。雨量以北美洲東部各地為多，蒙特利爾年雨量超過 1,000 公釐，托蘭多 (Toronto) 亦達 1,003.3 公釐，向西深入內陸，雨量銳減，溫尼伯只有 540 公釐，卡爾加利更降至 408.9 公釐。中東歐洲的雨量雖少，但西北歐洲的雨量卻相當豐沛，尤其北歐斯堪地半島因盛行西風的影響，雨量更多，可達 2,000 公釐以上。冬季多雪，斯堪地半島和北美西北部迎風山地（Cascade 山脈西坡）、南美安地斯山脈南部等地區雪量尤豐。冬季冰雪掩覆的地面，極易反射日光，故雪面溫度甚低，而被雪掩蓋的土地因上有積雪的掩覆，地熱得以保持，溫度頗高。例如在聖彼得堡所作的觀測記錄顯示，一場疏鬆乾冷的 20 吋落雪，表面溫度低達 –39.4°C，而雪下地面的溫度則增為 –2.8°C，二者相差達 36.6°C，垂直距離則只有 20 吋。此點足以說明為何積雪之下草類及作物（如麥類）仍可孕育發芽，一俟春暖雪融，麥苗立即由地下苗長，在生長季的利用上甚為經濟。

表 11-7　　夏涼型冷溫帶氣候的氣溫 (°C)

地名	1 月	2 月	3 月	4 月	5 月	6 月	7 月	8 月	9 月	10 月	11 月	12 月	年平均	年溫差
哈爾濱	−18.9	−15.0	−4.4	5.6	13.3	18.9	22.2	20.6	14.4	4.4	−6.1	−16.1	3.3	41.1
莫斯科	−11.1	−9.4	−5.0	3.3	11.7	16.7	18.9	17.2	11.1	4.4	−2.2	−8.3	3.9	30.0
華沙	−3.3	−1.7	1.7	7.8	13.9	17.2	18.9	17.8	13.3	7.8	2.2	−1.1	7.8	22.0
蒙特利爾	−10.6	−9.4	−3.9	5.0	12.8	18.3	20.6	19.4	15.0	8.3	0.6	−7.2	5.6	31.2

表 11-8　　夏涼型冷溫帶氣候的雨量 (mm)

地名	1 月	2 月	3 月	4 月	5 月	6 月	7 月	8 月	9 月	10 月	11 月	12 月	年雨量
哈爾濱	2.5	5.1	10.2	22.9	43.2	96.5	114.3	104.1	45.7	33.0	7.6	5.1	490.4
莫斯科	27.9	25.4	30.5	38.1	48.3	50.8	71.1	73.7	55.9	35.6	40.6	38.1	536.0
華沙	30.5	27.9	33.0	38.1	48.3	66.0	76.2	73.7	48.3	40.6	38.1	38.1	558.8
蒙特利爾	94.0	83.8	94.0	61.0	78.7	88.9	96.5	86.4	88.9	83.8	86.4	94.0	1,036.4

第三節　　副極地氣候

　　北緯 50 度（或 55 度）至 65 度之間，夏季極為短促，冬季嚴寒而綿長，北界最暖月平均氣溫亦只有 10°C，已近於極圈，是為副極地氣候 (subarctic climates)，本型氣候因氣溫低，冬季冰封，雨量稀少，天然植物以細小的針葉樹為主，又名苔噶氣候 (taiga climates)，因西伯利亞土人稱此寒帶針葉林為苔噶也，西伯利亞的雅庫斯克 (Yakutsk) 約位於 62°N，7 月份最暖月的平均氣溫為 18.9°C，較柏林和舊金山同月份的氣溫猶高，該地 7 月份氣溫常可升到 32°C 以上，絕對最高氣溫曾達 38.9°C 之巨，但 6、8 兩月份的月平均溫度僅為 15°C，而 5 月及 9 月份的月平均氣溫更在 4°C 以下，是以本型氣溫的特徵為夏季特別短促，月平均溫度高於 10°C 者，僅三個月而已，如以簡單符號表示，本氣候型應為 Dc, Dd 型。

　　本氣候型夏季日照時間特長，例如在 55°N，6 月份月平均日照時間

照片 11-1　副極地氣候景觀

可達 17.3 小時；60°N 可到 18.8 小時，65°N 可達 22.1 小時；且當太陽落於地平線下時，距地平僅有 18°，故真正的黑夜極為短促，日照雖長，但日照入射角甚小，失熱甚多，來自極地的寒冷北風往往造成仲夏霜日 (midsummer frost)，故生長季節甚短，加拿大馬更些流域的生長季只有 50-75 天，因此本氣候型在農業上已無保障，少數寒帶居民僅靠漁獵林礦為生。冬季西伯利亞不僅較北美洲同型氣候區為冷，甚至較更北的極地氣候區冷，例如維科揚斯克 (Verkhoyansk) 1 月份的月平均氣溫為 −50.5°C，絕對最低氣溫曾達 −68.8°C，為以前被公認的世界寒極 (cold pole)；雅庫斯克有七個月的平均氣溫在零下，寒暑相差極為劇烈。北美洲的副極地區域冬季氣溫不及亞洲北部寒冷之甚，約受數項因素的影響。

1. 亞洲大陸大於北美洲，冷氣團的秉性也較北美洲者為強。

2. 北美洲北部水體多，哈德生灣及加拿大內陸湖泊眾多，足以調節氣溫。

3. 西伯利亞東部山脈具有延宕大陸冷氣團向東流動的作用，冷空氣積聚愈多，氣溫愈低。

　　北美洲冬季最冷月平均氣溫約介於 −28°C 至 −35°C 之間，例如加拿大育空地方的道生 (Dawson, 64°04′N)，冬季 1 月氣溫為 −30°C，好望堡 (Fort Good Hope, 65°25′N)，同月平均氣溫為 −35.6°C，冬季夜長晝短，65°N 各地在 12 月 31 日，日照僅 5.7 小時；65°N 的冬季最長日照時間只有 3.3 小時。

　　在雨量方面，西伯利亞各地年雨量多僅 300 餘公釐，加拿大北部亦只有 400 餘公釐，此乃由於：

　　1. 本氣候型氣溫低，比溼小，故雨量少。

　　2. 為冬季反氣旋的源地，氣流疏散，不易輻合致雨。

　　3. 屬於本型氣候的陸地寬廣，海上水氣不易深入。

　　全年雨量以夏季最多，以鋒面雨為主，雷雨日數全年僅 5–10 日，馬更些流域的佛米良堡 (Fort Vermilion) 6 月雨日為 5.3 天，7 月為 9.1 天，8 月 7.5 天。

表 11–9　副極地氣候的氣溫 (°C)

地名	1月	2月	3月	4月	5月	6月	7月	8月	9月	10月	11月	12月	年平均	年溫差
雅庫斯克	−43.3	−37.2	−23.3	−8.9	5.0	15.0	18.9	15.6	5.6	−8.9	−29.4	−40.6	−11.1	62.2
維科揚斯克	−50.5	−43.8	−31.1	−12.8	2.2	13.8	15.6	11.1	2.2	−14.4	−36.7	−45.5	−16.1	66.1
佛米良堡	−25.6	−21.1	−13.3	−1.1	8.3	12.8	15.6	13.9	7.8	0.0	−12.2	−20.0	2.8	41.2
道生	−30.6	−23.9	−15.6	−1.7	7.8	13.9	15.0	12.2	5.6	−3.9	−17.2	−25.0	−5.0	45.6

表 11–10　副極地氣候的雨量 (mm)

地名	1月	2月	3月	4月	5月	6月	7月	8月	9月	10月	11月	12月	年雨量
雅庫斯克	22.9	5.1	10.2	15.2	27.9	53.3	43.2	66.0	30.5	35.6	15.2	22.9	348.0
維科揚斯克	5.1	2.5	2.5	5.1	7.6	22.9	25.4	25.4	12.7	10.2	7.6	2.5	129.5
佛米良堡	15.2	7.6	12.7	17.8	25.4	48.2	53.3	53.3	35.5	7.8	12.7	10.2	309.7
道生	20.3	20.3	12.7	17.8	22.8	33.0	40.6	40.6	43.2	33.0	33.0	27.9	345.2

　　上表雅庫斯克和維科揚斯克二地可為亞洲區副極地氣候型的代表，冬季特別寒冷，年溫差在 60°C 以上；佛米良堡和道生為北美洲的代表，夏季涼爽，冬季酷寒尚非過甚，年溫差在 40°C 以上，雨量多在 300 公釐

以上，但維科揚斯克特少，僅 130 公釐左右，各地降水俱為冬季降雪，夏季降雨。

　　本氣候型的區域因氣候已屬過冷，生長季短促，故不易供應眾多人口在本區發展，境內少數人口多以漁獵、開礦及伐木等項為主，農業雖偶有種植，但極不安全，一次偶然發生的仲夏霜，可使一年收穫毀於一旦。環繞北極圈外的本氣候區域，以針葉樹佔多數，約為 25%，其餘尚有少數落葉樹如樺樹 (birch)、白楊 (poplar)、赤楊 (alder) 和柳樹 (willow)等，針葉樹中又以檜、樅、松和落葉松等為多，這些木材由於距離人口密集區較遠，搬運及砍伐均不方便，使其經濟價值大為降低。在苔噶森林中，最多耐寒的獸類，如銀狐，黑貂，水獺，麝鼠等的毛皮，都很柔軟、富有光澤，故為最高貴的皮毛供應氣候區，近來由於大量捕捉及射獵的結果，此等獸類已日趨稀少。

〔問　題〕

一、地中海型氣候為何夏乾冬雨？

二、Cs 和 Cw 氣候二者有那些差異？試條述之。

三、冷溫帶氣候在大陸東側的分布為何緯度偏低？

四、北美洲的副極地氣候不及亞洲同型區寒冷，何故？

五、副極地氣候區的降水不多，試分析其原因。

第十二章　極地氣候和高地氣候

第一節　極地氣候

北緯 65° 以北及南緯 60° 以南，緯度過高，氣溫甚低，絕大部分位在極圈以內，屬於極地氣候 (polar climates)。這種氣候又可分為兩型，一為苔原氣候 (tundra climate)，最暖月的月平均氣溫在 0°C 以上，一年之中有一短期氣溫在零度以上，地面解凍，冰雪融化，地表可以生長苔蘚、地衣等植物，供馴鹿囓食；另一種為冰冠氣候 (ice cap climate)，這種氣候的氣溫終年在冰點以下，常年積雪不消，百物不生，一片銀白世界。苔原氣候區大部分在北極區域，北美加拿大北部和歐亞大陸濱臨北極海的區域及北極海中島嶼格陵蘭沿海一帶均屬之；而屬於冰冠氣候區的只有北極海中心區，格陵蘭島內陸地帶以及南極洲。

一、苔原氣候 (ET)

苔原氣候的最暖月氣溫雖在零度以上，但恆在 10°C 以下，例如加拿大的龐茲灣 (Ponds Inlet, 72°43′N)，7 月份的月平均氣溫為 5.6°C，一日之中最高時可升至 9.4°C，夜間卻又降至 2°C 左右，夏季氣溫的日溫差相當

小，約在 7°C 左右，但就絕對溫度言，夏溫低時亦可降至零下，高時曾有升至 25°C 的絕對最高溫度。冬季氣溫特別寒冷，1 至 2 月間氣溫恆在 −35°C 至 −40°C 左右（西伯利亞北部海濱），北美氣溫稍高，亦在 −30°C 左右，如龐茲灣 1 月份平均氣溫為 −33.3°C，2 月份為 −34.4°C，3 月份 −21.1°C。

在雨量方面，苔原氣候區的雨量大多不超過 300 公釐，沿海地區較多，內陸益少，因氣候寒冷，所降大多為雪，雪乾而成粉狀，堆積甚厚而成非常緻密的雪，愛斯基摩人就拿這種乾而硬的雪塊堆積成他們的冰屋 (igloo)，極地降雪的厚度極不易測量，因極地降雪時常有強風伴生，將雪挾運至低窪地區堆積，使迎風地面的積雪為之一掃而光。

表 12-1　苔原氣候的氣溫 (°C)

地名	1月	2月	3月	4月	5月	6月	7月	8月	9月	10月	11月	12月	年平均	年溫差
斯伐巴德	−15.6	−18.9	−18.9	−13.3	−5.0	1.7	5.6	4.4	0.0	−5.6	−11.7	−14.4	−7.8	24.5
沙卡斯提	−36.7	−37.8	−34.4	−21.7	−9.4	0.0	5.0	3.3	0.6	−14.4	−26.7	−33.3	−17.2	42.8
阿坡尼微克	−21.7	−23.3	−21.1	−14.4	−2.9	1.7	5.0	5.0	0.6	−3.9	−10.0	−17.2	−8.9	28.3
巴洛	−28.3	−25.0	−25.6	−18.9	−6.1	1.7	4.4	3.9	−0.6	−8.9	−7.8	−26.1	−12.2	32.7

表 12-2　苔原氣候的雨量 (mm)

地名	1月	2月	3月	4月	5月	6月	7月	8月	9月	10月	11月	12月	年雨量
斯伐巴德	35.6	33.0	37.9	22.8	12.7	10.1	15.2	22.9	25.4	30.5	25.4	38.1	299.6
沙卡斯提	2.5	2.5	0.0	0.0	5.1	10.2	7.6	35.6	10.2	2.5	2.5	5.1	83.8
阿坡尼微克	10.1	10.2	15.2	15.2	15.3	15.2	25.4	27.9	25.4	27.9	27.9	12.7	224.4
巴洛	7.6	5.1	5.1	7.6	7.6	7.6	27.9	20.3	12.7	20.3	10.2	10.1	142.1

上表斯伐巴德 (Svarbard) 又名斯匹次卑爾根群島 (Spitsbergen Is.)，位於北極海內，78°N, 14°E，屬於挪威；沙卡斯提 (Sagastyr, 73°N, 124°E) 位於俄羅斯西伯利亞境內；阿坡尼微克 (Upernavik, 73°N, 56°W) 位於格陵蘭西部濱海島嶼之上；巴洛 (Barrow, 71°N, 150°W) 在阿拉斯加北岸，濱臨北極海。上述四地均有三至四個月的月平均氣溫在冰點以上，其在冰點以下者，俱達八至九個月，年雨量以北極海中的斯伐巴德最豐富，

此因北大西洋暖流尚可影響於該島，西伯利亞北部的雨量最少，不足百公釐。

二、冰冠氣候 (EF)

冰冠氣候全年氣溫皆在冰點以下，積雪終年不消，地凍可深達 20 公尺，冰雪盈野，冰流成河，這種冰河由於深厚冰塊所生的巨大靜壓力，可產生滑動，沿地面斜坡移向海岸，將海岸刻劃侵蝕成鋸齒形海岸，冰河前部入海，受海水浮動的影響，發生斷裂，浮於海面，成為冰山 (iceberg)，逐漸漂浮至中緯度地區，對航輪常有威脅，北大西洋上漂冰最多，每年 3 月至 7 月間影響最大；1912 年 4 月 12 日豪華客輪鐵達尼號 (S.S. Titanic)，自歐洲處女航至紐約，在北大西洋被冰山撞沉，為歷史上著名的海上失事悲劇。

屬於冰冠氣候的地區只有格陵蘭島的內陸和南極大陸；格陵蘭全年降水日數折合雨量僅 75–100 公釐，格陵蘭島面積的 9/10 為冰河掩蓋（全島面積為 715,000 方哩），冰層厚度達 6,000–7,000 呎，故島上海拔高度達 9,000–12,000 呎，島內多強風。

至於南極大陸，面積為 500 餘萬方哩，約為澳洲和歐洲的總和，其地面 90% 餘終年為冰雪所掩蓋，陸上冰川縱橫，四周海內漂冰形色不一，氣溫甚低，經探測結果，南極夏季平均氣溫在 –17.8°C 至 –29°C 之間，且於 1957 年 9 月 17 日在美國所設南極施高脫觀測站 (Scott Station) 測得絕對最低氣溫達 –102.1°F，折合為 –74.5°C，已較一向被公認為世界寒極的維科揚斯克記錄（–68.8°C），更低下甚多。1959 年 9 月 13 日美探險隊在南極又測得 –109.5°F 的極端低溫，1963 年 7 月 14 日又測得 –109.8°F 的低溫，已一再打破過去的記錄。

南極降雪特別乾燥，一般雪量每 10 吋折合 1 吋的雨量，但在南極則需 30 吋的雪量，始得形成 1 吋的雨量，南極因高氣壓常駐，故雲霧稀少，

晴朗之夜，星光燦爛，極光閃耀，即使有雲，也多屬甚薄層雲，純由冰針、冰屑組成，自地面仰視，依稀仍能看見星月，但在空氣平靜之夜，輻射作用旺盛時，間亦有霧。

表 12-3　冰冠氣候的氣溫 (°C)

地名	1 月	2 月	3 月	4 月	5 月	6 月	7 月	8 月	9 月	10 月	11 月	12 月	年溫差
伯爾德	−15.1	−19.9	−28.2	−29.3	−33.1	−33.5	−35.7	−37.0	−36.2	−30.2	−20.9	−14.6	22.4
小美洲	−6.6	−12.9	−21.8	−28.3	−25.8	−24.6	−29.6	−30.1	−30.2	−21.1	−13.2	−6.4	24.3
伏斯托克	−33.4	−44.2	−57.4	−65.7	−66.2	−66.0	−66.7	−68.4	−65.6	−57.4	−43.6	−32.7	35.7
新拉沙夫斯卡雅	−1.2	−3.9	−8.7	−13.4	−13.5	−14.1	−17.9	−18.0	−17.6	−13.7	−6.4	−0.8	17.2

表 12-4　冰冠氣候的降水

地名	1 月	2 月	3 月	4 月	5 月	6 月	7 月	8 月	9 月	10 月	11 月	12 月	全年
伯爾德雪日	14	16	17	12	13	14	16	13	9	13	12	16	165
小美洲雪日	17	18	20	16	18	20	19	16	18	21	18	15	216
雪深（公分）	15	34	46	18	25	26	18	16	19	17	11	20	265
伏斯托克雪日	1	1	5	4	6	8	7	7	6	5	2	1	53
新拉沙夫斯卡雅雪日	2	4	5	8	13	14	6	10	9	10	6	4	91
降水（公釐）	13	4	4	7	13	75	29	32	44	64	13	5	303

南極為一冰雪高原，平均海拔高度約為 2,000 餘公尺，故風力強勁，常有吹雪，冬初風力尤勁，最大陣風 (gust) 每小時可達 46 浬，約合每秒 23 公尺，風向多為南風，其屬於南、南南東及南南西風者達 73% 以上。

伯爾德位在 80°S, 119°31′W，海拔 1,533 公尺，小美洲在 78°18′S, 163°00′W，海拔 40 公尺，伏斯托克在 78°28′S, 106°48′E，3,488 公尺，地勢最高，新拉沙夫斯卡雅位在 70°46′S, 11°49′E，海拔 87 公尺，四站各月氣溫均在冰點以下，降水量小而雪日多。

第二節　高地氣候 (H)

　　由於氣溫和氣壓隨高度而低減，因之崇山峻嶺及高原地區的氣候情況和其附近同緯度的平地氣候，常大不相同，一山自下向上，可包括熱、暖、寒三帶氣候，此類特稱為高地氣候 (highland climates)。計包括亞洲的喜馬拉雅山、崑崙山、天山、帕米爾高原和青藏高原等；非洲的吉力馬札羅山、肯亞山；北美洲的洛磯山脈；南美洲的安地斯山脈；歐洲的阿爾卑斯山脈等。由於此等山脈過高，多不適於人居，高於海平面 1 萬8 千呎處，氣壓已低減為海平面氣壓之半，在此種高度，人類已感覺頭痛、昏眩、嘔吐、流鼻血以及四肢無力，並不易入眠，此種即所謂高山病。

　　高地氣候的氣溫特徵甚多：

　1.氣溫隨高度遞減，遞減率平均為每百公尺，減低攝氏 0.6 度。

照片 12–1　　北美落磯山脈的高地氣候景觀（林世堅攝）

2. 山上氣溫日溫差較谷地為小，如 7 月份白朗峰（4,810 公尺）日溫差 3.5°C，而附近谷地日內瓦（405 公尺）的日溫差則為 10.5°C。

3. 山上空氣稀薄，水汽、微塵均少，故日照強烈。

4. 地面溫度晝夜變化甚大，裸露岩面尤甚，故岩石風化特速，峰山峻陡。

5. 冬季山谷多逆溫層，谷底特冷，易有霜，故瑞士葡萄園不在谷底而在向陽山坡。

6. 高山同一高度向陽面溫暖，但陰蔽無陽光之面，則極寒冷。

7. 熱帶高山氣溫年溫差小，溫帶高山則大，如赤道附近厄瓜多的基多（Quito，2,850 公尺），年溫差僅 0.4°C，而美國科羅拉多州的派克斯峰（Pikes，4,302 公尺）年溫差則達 20.8°C，拉薩年溫差為 16.8°C，海拔高度則為 3,700 公尺。

地形升高，氣溫降低，溼度易達飽和，故山地雨量經常較附近平原地區雨量為多，但超過某一高度後，又逐漸減少，此因空氣中水汽已大量減少之故，山地迎風坡多雨，背風坡乾燥少雨。高山上部所積冰雪因雪面反射日光，失熱甚多，兼以高山上部氣溫甚低，故冰雪積年不消，此終年不融的冰雪下限，稱為雪線 (snow line)，高山雪線由高緯向熱帶增高，但最高雪線並不在最多雨的赤道區，而在雨量較少的 15°–25° 間，此因赤道區雲量過多，影響日照輻射量之故。同一山上，向陽坡雪線高於背陽坡，背風坡雪線高於迎風坡，喜馬拉雅山南坡雪線在 4,900 公尺，北坡為 5,600 公尺，高加索山脈雪線南坡在 2,900 公尺，北坡為 3,500 公尺，可見向陽的作用不及背風的作用大。緯度過高之區如南極洲，平地積雪，終年不消，已無雪線可言。

高山上部，地面摩擦力減小，風力一般較為強勁，谷地因地形屏障關係，風力特弱，山地風向風力均有日變化，有山風和谷風之別。

表 12–5　　高地氣候的氣溫 (°C)

地名	1月	2月	3月	4月	5月	6月	7月	8月	9月	10月	11月	12月	年平均	年溫差
拉薩	0.0	1.1	6.0	9.5	12.7	16.8	16.7	15.0	14.5	9.1	4.3	0.6	8.9	16.8
阿迪斯阿貝巴	15.6	16.7	18.3	17.8	18.9	17.8	16.7	16.1	16.1	16.7	15.0	15.0	16.7	3.9
松潘	-2.4	0.0	4.2	7.0	10.2	12.9	15.6	14.9	11.8	7.7	2.0	-2.1	6.8	18.0
基多	12.5	12.8	12.5	12.5	12.6	12.8	12.7	12.7	12.8	12.6	12.3	12.6	12.6	0.5

表 12–6　　高地氣候的雨量 (mm)

地名	1月	2月	3月	4月	5月	6月	7月	8月	9月	10月	11月	12月	年雨量
拉薩	0	3	11	9	16.0	247	728	417	345	55	0	0	1,880
阿迪斯阿貝巴	81.3	99.0	121.9	177.8	116.8	38.1	27.9	55.9	66.0	99.1	101.6	91.4	1,076.8
松潘	5.0	9.0	24.0	68.0	87.0	96.0	110.0	88.0	120.0	73.0	11.0	3.0	694.0
基多	15.2	48.3	71.1	86.4	76.2	144.8	279.4	307.3	193.0	20.3	12.7	5.1	1,209.8

上表拉薩位於 29°48′N, 91°2′E；基多 (Quito) 在厄瓜多 (Ecuador)，位於 0°10′S，幾在赤道之下，38°30′W；松潘在中國大陸松潘草原，阿迪斯阿貝巴 (Addis Ababa) 為衣索比亞首都，位在 9°N, 38°50′E，高度 2,438 公尺，此四地基多和阿迪斯阿貝巴均在赤道附近，可為熱帶高山地區氣候的代表，此類氣溫較高，年溫差特小，雨量豐富，均在 1,000 公釐以上，充分具有熱帶氣候的特徵。拉薩的氣候資料年代甚短，代表性較低；松潘月平均氣溫在零下者有兩個月，年溫差較大，雨量較少，可為溫帶高地氣候的代表。

以上為全球六類氣候之大致情況，若將之綜合列入一虛擬的大陸上，其中五種氣候 (高地氣候除外) 的分布將如圖 12–1 所示，此圖雖為一理想圖解，但仍有其特色，符合地表的實際情形：

1. 大陸西岸有沙漠氣候區，東岸無之。

2. 半乾燥氣候 (草原氣候) 為乾燥 (沙漠) 氣候和其他氣候間的過渡地帶，故圍繞乾燥氣候區成環狀分布。

3. 乾燥沙漠及半乾燥氣候 (草原) 的分布，橫跨緯度 30° 向南北延伸，其生成與副熱帶高氣壓下沉氣流的關係，最為密切。

4. 北半球大陸西岸因有北大西洋西風暖漂流（墨西哥灣流）的影響，冷溫帶特別寬廣，且偏向高緯。

5. 南半球陸地狹窄，且未達到高緯，故缺乏副極地氣候，溫帶也很小。

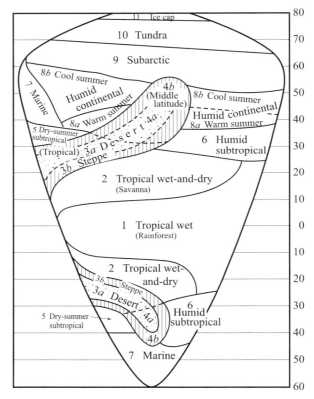

圖 12-1　假想大陸上各種氣候類型的地理分布

〔問　題〕

一、苔原氣候和冰冠氣候如何劃分？

二、試述南極大陸的地理概況。

三、高地氣候在氣溫上有那些特徵?

四、何謂雪線? 風向和陽光對於雪線有何影響?

五、世界氣候的分布, 具有那幾項特色? 試述之。

第十三章　地　殼

第一節　地殼的化學成分

地殼由岩石 (rocks) 組成，岩石則為礦物 (minerals) 的集合體，各種礦物在岩石中數量無定，多呈顆粒或微粒存在，礦物的種類繁多，彼此任意混合而成岩石，故岩石的種類也極為複雜。岩石硬度各不相等，有極硬者如石英岩 (quartzite)，也有極軟者如頁岩 (shale)，前者成分以石英為主，後者成分則以黏土為主。礦物係由化學元素組成，已發現的礦物化學元素共有一〇三種，在地殼中最多的只有十餘種，根據美國克拉克 (F. W. Clarke) 的分析，地殼所含的化學成分及其所佔百分比約如下表所示：

表 13-1　地殼化學成分表

氧	46.59	鈉	2.85	氫	0.13
矽	27.75	鉀	2.60	錳	0.10
鋁	8.13	鎂	2.03	硫	0.05
鐵	5.01	鈦	0.63	氯	0.05

鈣 ································· 3.63	磷 ································· 0.13	其他 ················· 0.26
	合計 ································· 100.00	

在上表中，氧元素高居首位，幾佔半數，最為重要；次為矽，在地殼中也佔 1/4 以上；再次為鋁。自氧至鎂共八種元素，每種元素的含量均在 2% 以上，在岩石的構成上，最關重要，故此八種元素又叫做造岩元素。地殼中的化學元素有的單獨存在，如金、白金、硫等；其中金及白金含量甚少，故人類視之若拱寶；有的為天然合成的化合物，如氧化物，矽化物，硫化物，矽酸鹽等。

第二節　岩石的種類

岩石為組成地殼上部的主要物質，有由一種礦物組成者，如純石灰岩 (limestone) 是由方解石 (calcite) 一種礦物質構成的，可稱為單成岩 (simple rock)；也有由數種礦物複合而成的，叫做複成岩 (composite rock)，例如花崗岩，是由石英 (quartz)，長石 (feldspar) 及雲母 (mica) 三種礦物所組成的。若根據岩石形成的原因分類，則可將岩石分成三大類：

㈠火成岩 (igneous rocks)：地殼下方的熔岩漿，侵入地下岩層裂隙之內，或沿岩層裂縫噴發至地表，岩漿冷卻所成的岩石，統稱火成岩。此類岩石的結晶狀況，顆粒大小，色澤深淺，礦物成分以及物理和化學的性質，均有許多差異，並不一致。形成差異的原因，主要視其冷凝速度而定，故依其生成地點，又可分為二類：

1.深成岩 (plutonic rocks)：岩漿在地殼下部緩緩冷凝而成，常有完善

　　結晶，顆粒粗大，多成塊狀，無層次或節理 (joint)，如花崗岩和閃長岩 (diorite) 均屬之。此類岩石主要是由岩漿侵入其他岩層所生成，故又名侵入岩 (intrusive rocks)。

2. 火山岩 (volcanic rocks)：地下岩漿受地震及火山作用，迸發至地面，內外溫度相差懸殊，熔岩漿冷凝迅速，不及結晶，常成玻璃質，顆粒細微，表面光滑，岩漿沿地面斜坡流動，故有顯明的層次，如玄武岩和黑曜岩 (obsidian)。此類岩石因均係噴出於地面而成，故又名噴出岩 (extrusive rocks)。

　火成岩若依其化學性質之差異，也可分為二類：

1. 酸性岩 (acidic rocks)：此類火成岩中含有大量矽質，故酸性強，色澤呈灰色、白色或粉紅色。結晶顆粒顯著的花崗岩，和礦物成分相同但顆粒不易分辨而較厚之流紋岩 (rhyolite) 均屬此類。

2. 基性岩 (basic rocks)：內中含有大量的鐵鎂礦物質及若干長石，但絕無石英存在，色澤深暗，硬度較軟，易遭風化，如玄武岩為深色的熔岩；斑糲岩 (gabbro) 為含有鐵鎂物質及少量長石之深色火成岩。

照片 13-1　美國懷俄明州魔鬼塔的柱狀節理（林世堅攝）

㈡沉積岩 (sedimentary rocks)：遭受侵蝕及風化所成的細泥、黏土、沙粒和石礫物質之沉積，或由化學性凝結而成的岩石，統稱沉積岩。此種岩石係由分解及崩解的岩屑土粒經過堆積擠壓所成，故又名次生岩 (secondary rocks)。沉積岩在沉積過程中常呈層狀，但在地質史上沉積作用常有中斷，故隨後繼續沉積的岩層性質，和以前沉積者常有差異，此可由岩層間最軟弱的岩層平面 (bedding planes) 區別之。

　　水成的沉積岩大多呈水平層次，若其層次不成水平卻作大角度的傾斜，則表示在沉積之後曾遭受外力的掀擾。生成沉積岩的外力甚多，根據外來營力的不同，可將沉積岩分為下列三類：

　1.由機械作用而成的沉積岩

　　　A.風成──黃土層，沙丘。

　　　B.水成──頁岩，細泥岩，泥岩，砂岩，礫岩。

　　　C.冰成──冰礫岩。

　2.由化學作用而成的沉積岩

　　　A.矽質──矽華，燧石等。

　　　B.石灰質──鐘乳石，石筍，石籬等。

　　　C.氯化物類──岩鹽。

　　　D.硫酸鹽類──石膏及硬石膏等。

　3.由生物化學作用而成的沉積岩

　　　A.石灰質──石灰岩，白雲岩。

　　　B.矽質──矽藻土等。

　　　C.磷質──磷酸鹽岩。

　　　D.炭質──煤，石油等。

　　　E.鐵質──沼鐵礦（成於湖沼中）。

　　此外，沉積岩若就其性質分，也可分成兩類：

1. 碎屑性岩 (clastic rocks)：此種沉積岩是由硬岩碎屑和礦物顆粒經過搬運、沉積、擠壓而膠合成一體，如頁岩是由細粒黏土（直徑小於萬分之一吋）經過高壓變成的緻密毫無空隙的沉積岩；頁岩中如含砂粒較多，沙粒直徑介於萬分之一至千分之一吋之間者稱細泥岩 (siltstone)，若不具頁狀結構，則稱為泥岩 (mudstone)；砂岩 (sandstone) 則是由較大顆粒的沙粒，直徑介於千分之一至十分之一吋者，變成空隙度甚大的沉積岩；至於礫石若被化學物質結成一體，則可形成粗糙碩大的礫岩 (conglomerate)。石礫大小可由 1/6 吋的直徑以至大於 10 吋者俱有，碎屑性沉積岩的礦物成分雖不一律，但以石英最為常見，因石英硬度大，不易被分解，在砂岩和礫岩中都居於主要地位，膠結碎屑性沉積岩的物質軟硬不一，矽質堅硬且不易溶解，碳酸鈣，氧化鐵及黏土的膠結能力均甚軟弱，易使已成的沉積岩再度分化、分裂而破碎。

2. 化學質及有機性岩 (chemical and organic rocks)：此種沉積岩即生物化學作用所生成，可以石灰岩為代表。石灰岩由海中貝殼物質堆積或碳酸鈣凝結沉積而成。石灰岩的種類甚多，有白色質弱者，亦有呈粗粒結晶者；和石灰岩性質相仿者，尚有白雲岩 (dolomite)，係由較不易溶的碳酸鈣鎂構成，多沉積成薄層狀；另有一種塊狀緻密的矽質岩石，叫做黑矽石 (chert)，也是在水中由生物化學作用所形成的。

㈢變質岩 (metamorphic rocks)：不拘火成岩抑沉積岩，如在地下受到高壓、高溫、膠結作用或摻入其他物質，均可使其原來的性質改變而發生變質作用，受此種變化的岩塊或岩層，叫做變質岩，岩石的變質作用快慢不一，有的甚快，有的極緩，變質作用依外力性質的差異，可分為兩類：

1. 接觸變質作用 (contact metamorphism)：火成岩侵入體和其他岩石相接觸，因其溫度高，熱度大，使接觸帶的岩石組織常生變化，其屬於火成岩體者，因受冷迅速，凝結甚急，故其組織常較火成岩主體為細，或成斑狀；如花崗岩侵入體侵入其他岩石後，遇冷將變為花崗斑岩 (granite porphyry)，被侵入之岩石如為頁岩，則將變成角頁岩 (hornfels)；石灰岩經變質後受熱重行結晶，如質地純淨，可變為大理石 (marble)，如質地不純，則變成橄欖石 (olivine)。

2. 區域變質作用 (regional metamorphism)：火成岩或沉積岩如受擠壓造山運動，則所受以定向壓力為主，熱力居於次要地位。在此種情況下，所發生的變質作用範圍常甚廣大，叫做區域變質。中國大陸四川西部地區，為一大區域變質地帶。花崗岩經此種變質以後，可變為片麻岩 (gneiss)，其礦物成分雖和花崗岩相同，但各礦物多呈平行排列，黑白相間，頗為美觀，中國大陸山東省的泰山最多此類岩石。玄武岩經過區域變質可成片岩 (schist)，具有片狀組織；頁岩變質後，可成板岩 (slate)，岩面可分裂成石板，供屋瓦及黑石板之用；煙煤經過區域變質後，可成無煙煤，甚或變成黑石墨 (graphite)，供製造鉛筆芯之用，臺灣中央山脈所產生之石墨，即係如此生成。

第三節　岩石的重要性

地表岩層種類不同，可以在自然及人文方面產生許多差異及若干貢獻，茲擇要分述如下。

㈠岩石為土壤的來源：土壤是由岩石風化而成，因此土壤母質和土壤的性質，均和下面的岩石相同（搬運土例外），土壤如係砂岩風化孕育而成，則土壤的孔隙度 (porosity) 必大，一般砂岩的孔隙度約 20%，疏鬆砂岩的孔隙度可達 40%，堅硬的花崗岩孔隙度約為 1% 左右，一些變質岩的孔隙度更小至 0.5%，地下水分主要存在於岩層層面節理及裂隙之間，土壤的孔隙過大，易於漏水；孔隙度過小，土壤中水分不易滲入通過，均不利於農業耕作。

㈡礦物肥料的供應：主要的礦物肥料有鈣、鉀、磷、氮等，這些物質大多由風化的岩石中供應，石灰岩中含有豐富的碳酸鈣，分解可成鈣質；鉀質可和岩鹽伴生，德國中部及法國阿爾沙斯區最多；磷質主要存在於磷酸鈣岩層中，此種岩石是由地下水經過古代鳥魚骨骼堆積區後，使石灰質發生化學變化變質而成者，北非地中海沿岸的突尼西亞，阿爾及利亞和摩洛哥等地，均有此類磷酸鈣岩層；氮質在空氣中含量極豐，但植物不能直接自空中吸收，仍必須和其他鹽類溶成一體，始可被植物根部吸取。除人造氮素外，天然氮素的生產主要在智利北部之阿他加馬沙漠，該區湖積原及鹽漬地上，含有大量硝酸鈉 (nitrate of soda)，和砂礫、鹽類、土粒等混合在一起。

㈢供作建築材料：大小石塊和砂礫均為建築所不可缺乏的材料。中古時代歐洲許多大建築物及古堡均是由大塊花崗石砌成，現代的鋼筋水泥建築物，也需要適量的砂石摻合，此外洗磨石子可作室內地面，柏油路面之下需鋪中度大小的碎石，水泥路面之下，更需排列大型鵝卵石，以增強路面的抗壓力，因此岩石或由於花紋色澤美麗，或由於硬度強大，或由於層理坦平，均有加以開採供作建材的價值。如色澤美觀的花崗岩，大理石，具有平行劈開性的黏質板岩等，均屬上等建材。面積廣闊的沖積平原或黃土原上，岩層被埋於地下，人類無法就地取材，遇有所需，

常須從數百或千公里外，將石材運來，其價值尤為高昂。

㈣可作工業原料：純淨的石英沙粒可供製造玻璃，石灰岩和黏土為製造水泥的原料；黏土為製造磚瓦陶器的基本原料，高嶺土 (kaolin) 則為製造瓷器的原料，白雲石為製煉鋼用耐火磚的主要原料，這些岩石物質隨地皆有，但並非均可供作工業原料，質地純淨者始可採用。故從前新竹玻璃廠設於竹東，取其近於北埔石英砂；水泥廠設於蘇澳及高雄壽山，採取石灰岩便利為其主要原因；花蓮溪口則產有品質純良的白雲石。

第四節　改變地殼的外表營力

地球外表經常受各種破壞力和建設力所左右，使其外形不斷改變，此類使地表形態發生改變的力量，約可分為三種來源。

㈠構造力 (tectonic forces)：此力來自地球內部，故又稱內營力，又可分為三方面：

1. 地殼冷縮：可使外部鋼性硬殼發生扭曲，使岩層易生破裂，發生節理 (joint) 或變位 (displacement)，而生斷層。

2. 岩漿流動：地下岩漿流動可使地層破裂而生斷層，或地層未斷而生褶曲及瓦褶 (warp)、傾動 (tilt) 等。

3. 平衡作用：地殼外表不拘地勢高低，經常平衡，海底地勢低下，多由比重較大的岩石構成，如此始可平衡。若一旦某區地殼喪失平衡（如大規模的侵蝕使該部負荷變輕），則可引起地殼的局部升降運動，範圍較小的叫做造山運動 (orogenic movement)；升降的範圍如影響到大陸的一部或全部，稱為造陸運動 (epeirogenic

movement)（參看本章末節）。

　　㈡氣候力 (climatic forces)：各種氣候要素如氣溫的高低，雨量的多寡，風力的強弱，均可使地表發生侵蝕，這種侵蝕現象稱為風化作用 (weathering)，又可分為兩種：

　　　1. 機械性風化作用：岩石因溫度的高低，引起熱脹冷縮，而發生剝蝕 (exfoliation) 現象，終於由大塊岩石，崩解成細小砂礫，故此種風化作用又稱之為崩解作用 (disintegration)。

　　　2. 化學性風化作用：岩石內部含有各種礦物，它們受到氧化 (oxidation)，水化 (hydration) 及碳酸化 (carbonation) 的作用，可使岩石發生改變，形成許多新礦物，使原來堅硬的岩石分解成疏鬆的石塊，漸變為土壤，此種風化作用又可稱為分解作用 (decomposition)。

　　岩石的種類不同，風化率也不一致，故同在一區的岩石，所受風化的程度差別甚大，此種現象稱為差別風化 (differential weathering)，或稱不等量風化，由差別風化可產生差別侵蝕，較弱的岩層被蝕去，堅硬的岩層卓然高聳，形成各種不同的小地形。在各種岩石中，富含矽質的石英岩抗蝕力最強，經常形成高山，如巴西里約以北巴西高地的山脈，即是石英岩構成。至於花崗岩，除含有石英外，尚含有較軟的長石，故抗蝕力較石英岩為弱。在潮溼的氣候區抵抗風化力最小者，為頁岩和石灰岩。反之，在乾燥氣候區，化學性風化作用力甚弱，石灰岩在乾燥區因無溶蝕作用，抗蝕力特強。此外厚層的玄武岩，流紋岩，石英岩等耐蝕力亦強；而粗粒的花崗岩，較弱的沙岩，薄層的沉積岩等卻易於風化。不過整個言之，乾燥地區風化作用的速率，遠不及潮溼多雨的地區迅速。

　　㈢生物力 (biologic forces)：氣候力和生物力均來自地表以外，故又名外營力。生物力來自動物或植物，例如植物根部侵入岩石裂隙後，因

根部逐漸壯大，遂使岩石崩解；大量古代植物被埋地下，可炭化成為深厚煤層，經人類挖掘，形成特殊的礦區景觀；珊瑚骨骼和石灰質藻類在淺海區可積成很厚的珊瑚礁，熱帶雨林地區白蟻可築成高達 5 公尺的蟻丘，凡此均可造成小規模的特殊地形。

　　在上述三種變更地表形態的營力中，構造力量最宏偉，生物力量最微弱，構造力最顯而易見，氣候力卻默默進行，構造力經常將本已平坦的地面，變為更加高低不平，風化力則將高處削低，凸處磨平，盡量使地表形態趨於均一，三者各自為用，乃造成今日地表在高低不平中，仍有若干平整之現象。

第五節　地　層

　　地球外部為一岩石圈，這些岩石有的成層排列，稱為地層 (stratum)。這些成層的岩石，均為沉積岩及一些已變質的沉積岩，在地史過程中，滄海桑田，變化不知凡幾，故全球各地均有成層的沉積岩，供為研究地史及地形的工具。

地層變動的形式

　　㈠斷層 (fault)：地殼受力而生變動，因而可使地層發生斷裂，一部分地層沿斷層面向垂直或水平方向移動，稱為斷層。此類受張力或壓力而使地層斷裂的作用叫做斷層作用 (faulting)，地層斷裂面叫斷層面，此面和地面相切之線叫做斷層線，在傾斜的斷層上，懸在斷層面上之地層叫

上盤 (hanging wall)，另一塊地層稱下盤 (foot wall)。岩層深厚而堅硬，一旦斷裂，可生地震，稱為斷層地震，斷層有大有小，有者僅生短距離的地層位移，有者則可產生高大的斷層面，出露地表，特稱斷層崖 (fault scarp)，臺灣蘇澳、花蓮間的懸崖峭壁，即為一著名的大斷層崖。

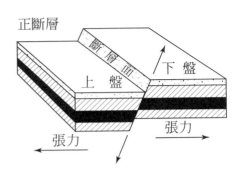

斷層的形態很多，大別之可有：

1. 正斷層：地層受張力作用 (tension)，一部上升，另一部下降，上下壁之間不相重疊，是為正斷層 (normal fault)。

2. 逆斷層：若斷層的上壁及下壁間，層次有部分重疊者，稱為逆斷層 (thrust fault)。

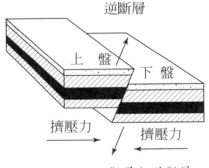

圖 13-1　正斷層和逆斷層

3. 階狀斷層：若干平行斷層排列成階地狀，稱為階狀斷層 (step fault)。

4. 地塹：在兩條斷層線間，中間的地層陷落成為谷地，稱為地塹 (graben)，又叫裂谷 (rift valley)。歐洲德法之間的萊因河谷和中國大陸的汾渭河谷，都是地塹。

5. 地壘：在兩斷層線間，若中間地層上升或兩側地層下降，稱為地壘 (horst)。泰山山脈及阿爾泰山脈都是地壘。

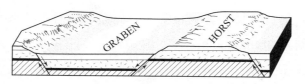

圖 13-2　地塹及地壘圖

㈡褶曲: 地殼若受橫壓力推擠，因而使地層發生大規模的褶皺，但未斷裂，稱為褶曲 (fold)。地層經過褶曲作用後，其上凸部分，中間高而兩側低，稱為背斜層 (anticline)，其向下凹之地層，叫做向斜層 (syncline)。歐洲的阿爾卑斯山脈和亞洲的喜馬拉雅山脈都是褶曲作用造成的。

照片 13-2　花蓮神祕谷的大理石褶曲 (林世堅攝)

使地層發生褶曲的橫壓力有大有小，有強有弱，而各岩層因性質不同，所生的抗力也有差異，因之褶曲的形狀可分成二類:

1. 對稱褶曲 (symmetrical fold): 褶曲的兩翼作對稱狀傾斜，軸面亦復垂直者稱為對稱褶曲。

2. 不對稱褶曲 (asymmetrical fold): 若兩翼之傾斜不對稱，褶曲軸面也有傾斜者，稱為不對稱褶曲。不對稱褶曲又可分為下述各種形態:

(1)不對稱背斜及不對稱向斜：一翼傾斜較急，一翼平緩。

(2)單斜褶曲 (monocline)：一翼傾斜，另一翼水平，此種又名拗褶 (flexture)。

(3)偃臥褶曲 (recumbent fold)：褶曲過甚，地層倒臥，稱為偃臥褶曲。

(4)等斜褶曲 (isoclinal fold)：褶曲雖不對稱，但兩翼傾斜的角度完全相同，稱為等斜褶曲。

圖 13-3　偃臥褶曲　　　　圖 13-4　等斜褶曲

(5)扇形褶曲 (fan fold)：背斜層上寬下狹，形如扇狀，向斜層下寬上狹，有如倒扇形，統稱扇形褶曲。

(6)穹窿狀褶曲 (dome-shaped fold)：地層向四周背斜，有似圓丘，稱之。若地層由四周向內傾斜，有似盆地，則稱盆地狀褶曲 (basin-shaped fold)。

地層所受橫壓力次數不一，因之可生成許多背斜及向斜層，若此許多小背斜及小向斜合成為一個大背斜層，稱為複背斜 (anticlinorium)；若由許多小背斜及小向斜組成一個大向斜層，叫做複向斜 (synclinorium)，阿爾卑斯山脈及喜馬拉雅山脈都是複背斜。

㈢瓦褶 (warp)：地殼變動使地層輕微的向上或向下彎曲，稱為瓦褶，又稱撓曲。由瓦褶作用也可使地層形成若干不同的地形，向下瓦褶可成谷地，向上瓦褶，可成高原。

㈣火山侵入 (volcanic intrusion)：地下岩漿向上侵入其他水平岩層，冷凝後稱為岩盤 (laccolith)，若侵入其他岩層之垂直裂隙，冷凝後稱為岩牆 (dyke)，此類侵入性火成岩比較堅硬，迨其周圍岩石被蝕去，此類岩盤或岩牆出露地表，可分別成為岩盤山及岩牆山。

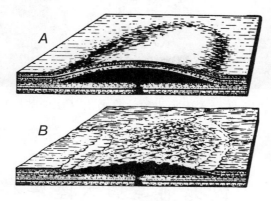

圖 13-5　岩盤及其侵蝕面

若地下岩漿噴出至地表，其噴出口稱為火山口 (crater)。火山口四周之堆積物形成火山錐 (volcanic cone)，火山口內岩漿冷凝其中，稱為火山頸，岩漿漫流於地面，叫做熔岩流 (lava flow)，火山口內瀦水，可成火口湖 (crater lake)。地下岩漿所含礦物性質不一，有的含有大量矽質，如噴出地表，稱為酸性熔岩流，因其黏性強，熔岩內的氣流不易外逸，易生爆炸，故向上噴發較高，小塊熔岩拋入空中，可凝結成火山彈，火山餅，火山灰等物，此種熔岩流易於堆積成高大之火山錐；另一種岩漿黏性不大，氣體易於發散，稱為基性熔岩流，此種熔岩流多平緩流至較遠地方，構成水平狀岩層，不易成高大火山錐體，此種熔岩冷凝後，可成盾狀火山 (shield volcano)，如夏威夷群島的莫納羅亞火山 (Mauna Loa)；也可成為廣大之高原如印度德干高原，非洲東部的衣索比亞高原等。

照片 13-3　美國加州的拉森火山（林世堅攝）

第六節　板塊構造與大陸漂移學說

一、板塊構造學說

地球外殼薄而堅硬，稱為岩石圈 (lithosphere)，緊接此圈之下，是一層軟弱的內層，可名為軟弱圈 (asthenosphere)，此二層一軟一硬，一上一下，在性質上形成極端，因而易使地殼斷裂，是為構造活動 (tectonic activity)。1960 年代，由於國際地球物理年 (1957.7–1958.12) 的觀測記錄，海洋學者在大洋深處發現了中洋山脊 (mid-oceanic ridge)，位在大洋中部的海面以下，自北向南延展，其後又發現地殼自中洋山脊處向東西兩側分離移動，因而形成大塊的大洋板塊 (oceanic plate)，向東西兩側的大陸板塊 (continental plate) 移行，彼此發生衝擠，大洋板塊被迫下沉，部分破裂而生火山作用，大陸板塊受到衝撞及擠壓，也形成褶曲山脈；另在

海陸板塊之間，也可發生深浚的海渠 (trench)，這種由硬脆的岩石圈破裂而成的大板塊有七塊，另有許多小板塊。這些板塊逐漸分離，於是形成一些海盆，接著有大量沉積物沉積於海盆中，故從地質年代來說，今日這些大陸塊（板塊）的發育已有三、四十億年，但各大陸的核心部分（即各大陸上的盾地）岩石年代則介在二十七億年至三十五億年之間，而核心周圍的岩石年代，只有八億至二十七億年之間。

　　至於大洋海盆的地殼因是由中洋山脊內玄武岩漿上衝所形成，故其年代較新，太平洋西部海盆的最老地殼年代約七千五百萬年，只有大陸核心年代的 1/40。以上地殼板塊分離，再互相衝撞形成沿海山脈的理論，即為板塊構造學說 (plate tectonic theory)。目前已知的地球上主要板塊名稱及其分布如圖 13–7 所示。

　　近年世界各地的強烈地震頻仍，一般強度均在六級以上，甚至七級，如西元 1999 年在臺灣中部南投一帶所發生的 921 強震，據地震學者研判，即是因為臺灣島地處亞洲大陸板塊和以東的菲律賓海板塊的接觸地帶，彼此推移，在臺灣中部所形成的車籠埔斷層發生移位，而成強震。2003 年 12 月 26 日在伊朗巴姆 (Bam) 發生的強震，更因當地民房皆為土

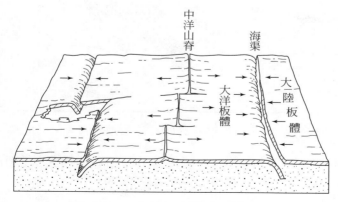

圖 13–6　地殼板塊構造及其移動

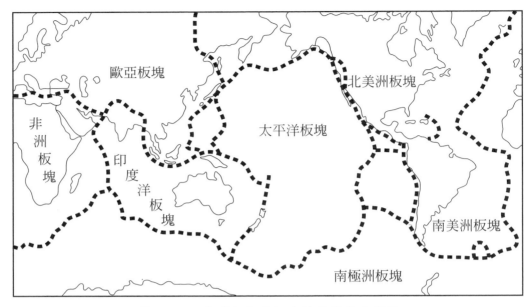

圖 13-7 地球上主要板塊的名稱及分布圖

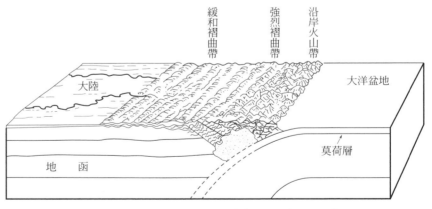

圖 13-8 板塊移動所形成之沿岸褶曲帶

磚建造，且年代久遠，導致居民死傷慘重，這些強震大都是由板塊互相推移所造成。

二、大陸漂移學說

1912 年魏格納教授 (Prof. A. Wagner)，在其所著的海陸起源論 (Die Entstchung der Kontinente und Ozeane) 中創大陸漂移學說 (theory of continental drift)，認為在地史上，全球大陸為一整體，後以海水有浮力，岩石有輕重，地表陸地乃逐漸分裂漂移，而成今日之平衡分布狀態，由世界全圖可以明顯看出，非洲西岸凹入的幾內亞灣，適和南美洲巴西突出的楔形相配合，北美海岸和歐洲亦多吻合。在古生代末期，全球猶為一塊超級大陸，稱為潘加亞 (Pangaea)，至中生代的三疊紀後期，分裂成數塊，當時北美洲和歐亞洲相連，稱為魯拉西亞 (Laurasia)，南美洲和非洲相連，稱為岡瓦那 (Gondwana)。英國劍橋大學的科學家們在布拉德爵士 (Sir Edward Bullard) 率領下，曾實地察看非洲及南美洲兩大陸間的岩層及兩側山區所遺留下的冰河擦痕，均甚吻合，參圖 13–9 所示，足為明證。至侏羅紀後期，亦即距今一億三千五百萬年前，中洋山脊開始在海中經

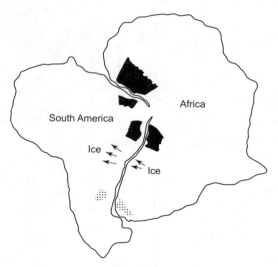

圖 13–9　古大陸塊岡瓦那受大陸漂移影響而
分裂成今日的非洲和南美洲示意圖

分裂而形成，到白堊紀後期，南美洲和非洲已分離，接著位在大西洋中部的中洋山脊賡續向北伸展，再將北美洲分出。由此可知，大陸漂移學說今日已為地學家們所公認。至於是何種力量導致中洋山脊的上升、分裂及向東西兩側移動，因而形成海、陸板塊的衝擠作用呢？目前最為人所接受者應是地函層對流說 (convection system in the mantle)，此說是假定在地函層內因上下溫度的差異，發生對流，在大洋板塊層之下向上沖

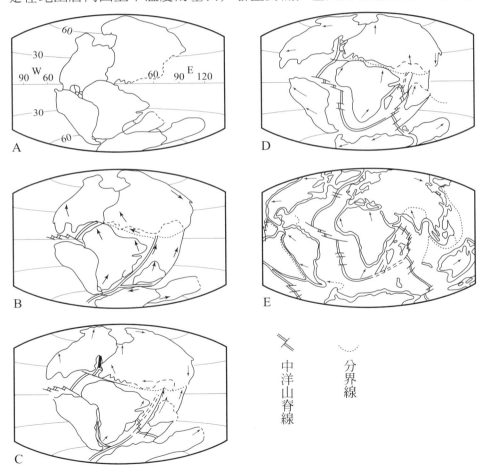

圖 13-10　大陸漂移圖解（五幅）

裂而成中洋山脊，自山脊的東、西向兩側分流，因而也促使大洋板塊的向兩側漂移。如圖 13-10、13-11 所示。

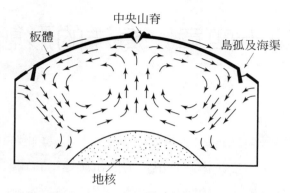

圖 13-11　形成地殼板塊之地函對流說

〔問　題〕

一、何謂造岩元素？試依含量多寡為序寫出之。

二、試述岩石的種類。

三、岩石有何重要性？試述之。

四、地層變動有那幾種形式？試述之。

五、何謂板塊構造學說的要點？

六、板塊構造學說的形成理論為何？試述之。

七、地史上的整塊超級大陸是如何漂移的？試述之。

第十四章　海洋的形態

　　研究海洋各種自然現象的科學稱為海洋學，其內容有關於海洋形狀和地質的，如海水深度，海底地形，海底沉澱等；有關於海洋性質的，如海水溫度、鹽度、密度等物理及化學性質；有關於海水運動的，如波浪、潮汐和洋流等。

　　海洋佔地球的大部分，人類生息於地球之上，與海洋的關係異常密切，海中生物可供食用，海洋又為天然交通大道，運輸量大而價廉，海鹽為最基本的調味品，化工業所需之氯化鈉，也來自食鹽。

　　大氣與海洋接觸的面積廣闊，海面比陸地大二倍多，故海水溫度的分布，海水的流動、蒸發、結冰及融冰等作用，都足以影響大氣的變化，空中因降水而損耗的水汽，大部分要由海面蒸發來補償，至於海洋氣團的形成，颱風、海霧的發生，也無一不與海面狀況有密切的關係，因之海洋的各種自然現象，甚有研究的必要。

第一節　海洋的區分及海陸分布

㈠洋：面積廣闊，鹽度大致一定，具有獨立的潮汐和洋流系統者稱

洋 (ocean)。如大西洋平均鹽度為 35.80‰，印度洋為 34.97‰，太平洋為 34.81‰，三者相差甚微。

　　㈡海：面積狹小，受河水流入的影響很大，鹽度常有變化，甚少獨立的潮汐和海流系統，深度較淺，又可分為：

　　1.地中海：由數個大陸所包圍，面積甚廣，有海峽與大洋相通，如亞、歐、非三洲圍成的地中海，亞澳大陸間的班達海，歐亞和北美三洲所包圍的北極海等屬之。

　　2.閉鎖海：深處於大陸的內部，僅有一條狹窄水道與大洋相通，如我國的渤海，歐洲的波羅的海；亦有稱為海灣者，如哈得孫灣，波斯灣等。

　　3.邊緣海：位於大陸邊緣，由大陸向外延伸的半島區劃而成。對外交通遠較閉鎖海自由，如白令海、日本海、中國的黃海、東海、南海、孟加拉灣、阿拉伯海、珊瑚海等皆屬之。

　　4.海峽或水道：在兩條近於平行海岸間，聯絡兩個海或洋的水道，稱為海峽或水道。如臺灣海峽、莫三比克海峽、日本的豐後水道等。這些水道有其獨立的特性，並不隸屬於鄰近的海洋。

　　海陸在地面的分布成南北向發展，陸地的大部分位在北半球，每個大陸的面積愈向南愈小，最後沒於海洋中。南半球的海洋則向北分支，伸展於各大陸之間，全球陸地面積為 148,892,000 方公里，而全部海洋則達 361,059,000 方公里，前者佔全球的 29.2%，後者佔 70.8%，北半球海陸面積比較接近，水佔 60.7%，陸佔 39.3%，而南半球的海洋則佔 80.9%，陸地僅佔 19.1%。

　　全球共有三大洋，其中以太平洋最大，達 179,679,000 方公里；大西洋次之，為 106,463,000 方公里；印度洋最小，為 74,917,000 方公里，三者的面積均包括附屬海在內，可見太平洋的面積最大，幾為印度、大西

兩洋的總和，也幾乎佔全球海洋總面積的一半。

第二節　海洋的深度

　　全球海洋深淺不一，平均深度和絕對深度均以太平洋為最，就平均深度言，太平洋深度 4,028 公尺（水深單位一般用噚 (fathom)，1 噚等於 6 呎），印度洋次之為 3,897 公尺；大西洋比較淺，平均為 3,332 公尺；就絕對深度言，Ramapo 號海洋探測船曾在日本海溝中測得該處海深為 10,550公尺，Emden 號在菲律賓以東海溝中，測得 10,450 公尺，另在北太平洋馬里亞納海渠中測得 10,860 公尺（35,630 呎）之深淵，南太平洋上東加克美第海渠 (Tonga-kermadec trench)，長 1,600 哩，所測深度亦達 10,630.2 公尺（34,876 呎），遠較陸上最高的聖母峰（8,847.7 公尺，29,028 呎）為大，而我國九連號海洋探測船，在馬里亞納海渠中測得一深淵達 10,980 公尺，已被命名為九連深淵，其位置在 11°19.3′N, 142°11.2′E。

　　若以海陸的平均高度相互比較，則陸地平均高度僅 840 公尺，海洋則深達 3,800 公尺，因此如將全部陸地填入海中，則除全球皆水外，海水深度猶達 2,440 公尺之多，由此可見地球表面水容積之碩大。至於三大洋之分界，大西、太平洋間可以合恩角（70°E）至南遮得蘭群島為界線；大西、印度洋間可以好望角（20°E）為分界，印度、太平洋間，可由馬來半島經印尼至澳洲突雷岬和塔斯馬尼亞島南下至 147°E 為分界。

　　測量海洋深度的方法，普通有下述二種：

　　㈠重錘測深法：在淺於百公尺的淺海區域，此法最為簡便，普通用一柔韌繩索，一端繫重錘投入水中，迨入海底，繩的張力鬆弛，手可感

覺，因而從入水繩索長度，可知海水深度，若測量深海，新式改良的有自動鋼絲收放機，可以增加測探速率，但若用之測量數千公尺的深海，每次放收仍需二、三小時，費時甚久，勢將影響海洋觀測之效率。

㈡音響測深法 (sonic and supersonic sounding)：利用音響以測量海底深度乃第一次大戰時所發明，其原理是在海面發出一種音波，當它到達海底時，由海底反射再到海面，用音波所需的時間與音波的速度，來計算海水的深度，音波在海水中的傳播速度，平均約為每秒 1,492 公尺，故用此法測一次海深，僅需數秒鐘，在輪船航行中，可連續測量，以繪製海底地形曲線。如記錄增多，並可在海圖上繪製等深度線圖 (isobath chart)。

二次戰後，又利用雷達所發電波反射的速度來測定海深，在淺海航行，雷達並有避免觸礁，撞山的功用。

在上述二法中，第一法雖費時甚久，但如欲在海底採取沉澱樣品，供作分析海底沉澱之研究，則仍須採用之。

第三節　海底地形

從海濱到深海，海底地形並非傾斜一致而是深淺不一，大約可分四區：

㈠大陸棚 (continental shelf)：自海岸到水深 200 公尺左右屬之，本區距陸地最近，深度最淺，水中營養物質最豐富，近海魚類和底棲動物都在本區繁殖，在漁業上極為重要，陸棚坡度甚小，平均只有 0.2%，故陸棚區被認為是大陸的一部分，有人稱它為大陸架。

㈡大陸斜坡 (continental slope)：自水深 200 公尺至 2,500 公尺左右，為大陸臺地的基礎，其上有很多陸地沉積物，坡度平均約為 6%，本區常有火山噴發，構成海底山岳，如露出水面，即成火山海島。

㈢大洋盆地 (oceanic basin)：自水深 2,500 公尺至 6,000 公尺，本區才是真正的大海底部、坡度也很小，約和陸棚區的坡度相若。

㈣大洋深淵 (oceanic deep)：深度達 6,000 公尺的深洋均屬之，本區很少在大洋中部，最多發現於大陸斜坡和大洋盆地之間，因此處陸地的地質構造和海底構造不同，故交界處易有裂隙發生，並易增加海底火山的活動。

海底地形起伏不平一如陸地，不過其上為海水淹沒，不易為人所見，其中各種地形名稱及其含義，約有下述兩種：

一、凸起地形 (elevations)

㈠海凸 (rise or swell)：海底長而廣大的凸起部分，邊緣傾斜甚緩者謂之，如夏威夷海凸 (Hawaiian swell)，西非海外之獅山海凸 (Sierra Leone rise)，夏威夷海凸長 1,900 哩，寬 600 哩，頂部有火山穿鑿，形成夏威夷群島。

㈡海嶺 (ridge)：為海底長而狹的凸起部分，坡度甚大，有如山嶺，如北極海中之羅夢諾索夫海嶺 (Lomonosov ridge)。

㈢海臺 (plateau)：凸起部分寬廣，頂部平坦，側壁傾斜甚急者稱海臺。如北大西洋之亞速爾海臺 (Azores plateau)，頂部出露成亞速爾群島。

㈣海山 (seamount)：海底島嶼稱為海山，加州外海有聖侏安 (San Juan) 海山，深 1 萬呎，馬里亞納至夏威夷間有海山 160 個，高出海底 9,000–12,000 呎，山頂距海面 3,000–6,000 呎。

㈤海洲 (shoal)：深度不大，無岩礁，對航路無危險。

㈥海底方山 (guyot)：頂部平坦之海底小型高地，叫做海底方山。太

平洋安尼威吐克 (Eniwetok) 環礁之南，有一海底方山，基圍 35 哩，頂徑 9 哩，另在該環礁東北方有一海下方山，底寬 60 哩，頂部直徑 35 哩。

㈦海礁 (reef)：由岩石或珊瑚礁所造成的凸起部分，有時部分露出水面，對航輪有危險。

二、凹入地形 (depressions)

㈠海盆 (basin)：大洋盆地内圓形或橢圓形窪地，面積廣大，稱為海盆。例如北大西洋中之加那利海盆 (Canary basin)，綠角海盆 (Cape Verde basin)，中國南海之西里伯海盆等。

㈡海溝 (trough)：海底狹長且幅緣寬廣的凹入部分，側壁坡長甚小。例如古巴東南之巴來特海溝 (Bartlett trough) 深達 3,958 噚，麻六甲海峽中有威伯海溝 (Weber trough)。

㈢海渠 (trench)：細長而幅緣較狹小的凹入部分，側壁傾斜甚急。如民答那峨海渠 (Mindanao trench) 深 5,740 噚，爪哇海渠 (Java trench) 深 4,074 噚，阿留申海渠深 4,199 噚。

㈣深淵 (deep)：是海溝或海渠内最深的部分，普通海深超過 3,000 噚 (18,000 呎) 者，統稱為深淵。

㈤海槽 (furrow)：為陸棚沒入地殼的裂溝，約和海岸成直角，多是河道的延長，又名溺谷 (drowned valley)。

㈥海谷 (valley)：原是大陸的深谷，延長而後沒入海底。

第四節　海底沉澱的來源及分類

海底表面並非硬岩，而為各種有機和無機的沉澱物，稱海底沉澱

(marine sediments)，這些沉澱物經過長時期的積壓，可以變為沉積岩（或稱水成岩），因此對當前海底沉積情況之研究，甚有助於地殼構造與地史的研究。

凡比重大於海水而比較不易溶解的物質，都易沉於海底，故沉澱物非常複雜，來源約有四種：

1. 陸性沉澱物：陸上岩石崩解或分解後，被搬運入海而沉澱。

2. 海性沉澱物：包含二種，一為無機物質沉澱，係由海水中礦物質沉澱而成，如碳酸鈣，白雲石及磷酸石所分解而成之礦物質。另一種為有機質，由海洋生物的骨骼或硬殼沉積而成，如珊瑚泥係由珊瑚類碎片沉澱而成，球形蟲軟泥係由球形蟲的軀殼沉積而成。

3. 陸上和海底火山的噴出物：計有熔岩碎片，火山玻璃，浮石及其他礦物質，如噴積過高，可出露海面，形成火山島嶼。

4. 宇宙塵物質：包括鐵質或鐵和金組成的黑色圓球及含有矽質的棕色晶體，有類隕石，但總量甚小，在海底沉澱上無大重要性。

依據海底沉澱存在的位置，可將海底沉澱分成三類：

1. 沿岸沉澱 (littoral deposits)：位於乾、滿潮線之間，有岩塊、沙粒、泥土等，均來自附近陸地。

2. 淺海沉澱 (shallow water deposits)：位於乾潮線至水深 200 公尺間，亦即主要在陸棚區，沉澱的物質主要為沙泥及石灰質泥等，亦有部分珊瑚泥。

3. 深海沉澱 (deep sea deposits)：位於水深 200 公尺以下至深海區域，沉澱物有青泥、赤泥、綠泥、珊瑚泥等各種細泥 (muds)，球形蟲軟泥、翼足蟲軟泥、矽藻軟泥等各種軟泥 (oozes)。

第五節　海水的熱力平衡

海水熱力的主要來源為太陽輻射（另有地心熱力，為量不大），在大氣極限，垂直於輻射線的平面，每方釐米每分鐘所得到的熱量稱為太陽常數 (solar constant)，平均為 1.94 卡 (calories)，由大氣頂部到達地面還要經過反射、散射和吸收等作用，故實際到達地面或海面的熱力更少，據羅士貝 (C. G. Rossby) 的計算，到達海面的輻射量，平均為 0.221 卡／平方公分／分。海水的吸收作用為選擇吸收，對於各種不同波長的輻射線，吸收的程度不同，並自表層向下所吸收的輻射量逐漸減少，海面深 1 公尺的水層，在深海區可吸收輻射量的 60% 以上，沿岸則在 70% 以上，而在水深 50 公尺處，海深只能吸收原來輻射量的 2%，沿岸可以吸收 5%。

此外海水的混濁度也與吸收係數有關，海水愈混濁，吸收量愈大，由此可見海水的熱量，以表層為主，溫度升高也最多，不過海水有各種運動，可使上下層的海水發生混合作用，故上下層水溫的相差尚不過於懸殊。

海洋吸熱後也會發生散熱作用，並經由三種方式行之：

㈠海面輻射：海面輻射的強度與溫度高低有關，設溫度為 0°C 而相對溼度為 80%，則海面的有效輻射（海面輻射－來自大氣的長波輻射＝有效輻射）為 0.188 卡／平方公分／分。當溫度升至 25°C，大氣中水氣含量亦增加，空氣層的輻射增強，故海面有效輻射反減小為 0.167 卡／平方公分／分。多雲天氣，有效輻射可減低至晴天的 1/10，是以就全部海洋言，海面輻射所失去的熱量平均只有 0.09 卡／平方公分／分。

㈡傳導：所有海洋表面均與大氣圈的底層相接觸，故當水溫高於氣

溫時，海水熱量可傳導至大氣，而當水溫低於氣溫時，大氣的熱量也可經由傳導而至海水，海面因傳導作用而散失的熱量，平均為 0.013 卡／平方公分／分。

㈢蒸發：海面蒸發量全年約有 930 公釐，而蒸發每一克水汽所需要的潛熱約為 607 卡，故海面為此可喪失甚多熱量，同時蒸發作用的大小，與海水和空氣的溫度差，相對溼度，以及空氣的流動（風）等都有關係，此外水汽凝結散熱又可使海面收回一部分熱力，故整個計之，海洋因蒸發而每平方公分海面上每分鐘所散失的熱量約為 0.118 卡。

由上三項方式所喪失的熱力共為 0.221 卡／平方公分／分。適和射入量相等，故此亦為海面熱力的收支平衡，既未超收，亦未虧輸。大致言之，低緯區海面受熱量大於散熱量，高緯區海面散熱量大於受熱量，這種局部不平衡的狀態，乃藉洋流的流動加以調劑混合補充之。

第六節　海水溫度

一、表面溫度

海水受熱既以太陽輻射為主，則大海表面水溫，亦以赤道地區為最高，愈向高緯水溫愈低，另一影響表面水溫者為洋流，洋流恆依一定流向移動，暖流經過之區，水溫常高；寒流所經之地，水溫恆低，故海面等溫線的分布，常不與緯度平行。此外各種氣象變化也可使表面水溫發生變化，如海水的蒸發，氣溫的分布，風的變化，降水的多寡等，冬季大陸冷氣團入海，可使水溫降低，如在海上降雪，益使水溫低降，至於海灣或河口，往往受附近陸地溫度的影響甚大。如長江口外海，夏季水溫特高，冬季水溫又特低；紅海兩岸均為沙漠，終年炎熱，因此紅海水

溫為世界各海水溫之冠。

二、深層水溫

海水溫度普通自海面向下逐漸低降，通常在熱帶及溫帶之大洋，自海面到水深 200 公尺，水溫低降最速，愈下愈緩，3、4 千公尺以下，幾成等溫狀態，茲以北大西洋所測的深水溫度為例：

表 14-1　北大西洋水溫垂直變化

深　度 （公尺）	0	50	100	200	500	1,000	1,500	2,000	3,000	3,500	4,000
溫　度 （℃）	25.5	18.9	16.5	15.0	13.5	8.0	6.1	4.0	3.0	2.8	2.8

由上表可見，自海洋表面至 200 公尺深處，水溫相差達 10.5℃，200 公尺至 1,000 公尺深處，相差 7℃，1,000 公尺至 2,000 公尺相差 4℃，2,000 公尺至 3,000 公尺相差 1℃，3,000 公尺以下，幾已成為等溫狀態。

海水溫度的季節變化，隨深度的增加，而逐漸減小，到 200 公尺深度，季節變化已很微弱。至於海水表面水溫的日變化，平均只有 0.2–0.3℃（不到 1℃），普通在日出前最低，下午二時至三時最高，與氣溫的日變化相似，日變化很少能達到深水層，在水深 50 公尺處的日變化，只有表面的 2/10，並且變化的時間，又落後五、六小時。

〔問　題〕

一、試述海洋的區分。

二、由海濱至深海，可分為那四區？試述之。

三、海底沉澱物有那幾項來源？試述之。

四、海水所吸收的熱力如何散播並達到平衡狀態？

五、今日已知的最深的海中深淵何名？深度為多少？

第十五章　海水性質及運動

第一節　海水的鹽度

　　海水中有各種鹽類，故為鹹水 (salt water)，與陸上江河中的淡水 (fresh water) 完全不同，故海水不能直接飲用，海水含有各種鹽類的總量，稱為鹽度 (salinity)，單位是每仟克海水所含鹽量的克數 (S‰)，海中鹽類成分和所佔數量的百分比，約如表 15–1 所示。

表 15–1　海洋所含鹽分表

鹽　　　　　　　類	克數／仟克海水	在總鹽量中所佔的百分比
氯　化　鈉 (NaCl)	27.21	77.76
氯　化　鎂 (MgCl)	3.81	10.88
硫　酸　鎂 (MgSO$_4$)	1.66	4.74
硫　酸　鈣 (CaSO$_4$)	1.26	3.60
氯　化　鉀 (KCl)	0.86	2.47
碳　酸　鈣 (CaCO$_3$)	0.12	0.35
溴　化　鎂 (MgBr$_3$)	0.08	0.20
總　　鹽　　量	35.00‰	100%

　　由上表可見前四項合計已佔海水中總鹽分的 96% 以上，其中又以氯化鈉含量最多，達 77% 以上，大洋中平均鹽度在 35‰ 左右，但實際上常因時因地而有變異；一般言之，若濱海有大河注入，可使鹽分降低，若地處乾燥區域，蒸發強烈，可使鹽度增大。

　　鹽度的水平分布通常以等鹽度線 (isohalines) 表示之，各洋鹽度分布與緯度有關，以赤道附近最低，而以南北緯 20° 左右最高，此因本區蒸發甚盛而赤道區雨水過多之故。海水表面鹽度和降水量及蒸發量的關係約如下式：

$$S = 34.60 + 0.0175(E - P)$$

　　式中 P 為年降水量，E 為年蒸發量，單位公釐。若 P 大於 E，則括號內之值為負，鹽度較小，若 E 大於 P，則括號內值為正，鹽度較大。

　　世界各地沿海鹽度有很大的差異，有的鹽度特高，如阿拉伯海鹽度達 41‰，中美洲加勒比海，也有 36.5‰，高鹽度的原因，或因沿海為沙漠，氣候炎熱乾燥，或因暖流經過，水溫特高，故蒸發強盛，使鹽度增高；至於地中海的鹽度，平均也達 38‰，乃因地中海夏季晴朗乾燥，利於蒸發，並因直布羅陀海峽狹窄，不易和大西洋水混合之故。此外沿海低鹽度的區域也很多，大多濱臨大河河口，如中國大陸沿海、孟加拉灣、東京灣、日本海，鹽度都在 32‰ 左右，接近河口區更可低到 30‰ 以下，波羅的海僅有 28‰，非洲剛果河口更低達 20‰。

　　海水因為含有鹽分，故具有一種純水所無的滲透壓力 (infiltrating pressure)，此點和海洋生物的關係密切，因一般生物的細胞膜是天然的半透水膜，能透過水分，但不能透過水中所含有的鹽類，在海洋生物的細胞中，所含有的鹽分，大致和海水相等，故內外滲透壓力正好平衡。但若海水鹽度突然改變至很低，則水分將滲入細胞內部，使生物細胞被脹破而死亡；反之若海水鹽度增大甚多，則細胞中的水分，將滲透出來，

細胞隨之收縮，生物將因失水而死亡。海中自由生物經常尋求適合自身鹽分的海水而棲止，但是有些海洋生物如海藻，貝類等，往往會受到鹽度突變的損害，臨近大河口的海灣，在大雨洪水之後，沿海常有海藻、海貝等大批死亡，即以此故。

第二節　海水顏色及結冰性質

海水為透明體，本身並無顏色，而所謂水色，乃指在海面垂直的上方，所見水的顏色而言，有時呈深藍色，有時呈黃綠色，水色變化的原因約有下述幾種：

㈠由於海水中浮游物質的反射作用。海水因自身選擇吸收，深度愈增，長波光線愈少。故水中浮游生物存在的深度不同，反射的光線也不一樣，通常深處光線的反射偏於青藍色。

㈡水分子對光線的散射作用。光線遇到水分子即將發生散射作用 (scattering)，經散射後的光線最後自海面射出，此種使光線散射的作用，與光波波長的四次方成反比，在日光光譜中紅波最長，紫波最短，因此青藍色的散射作用，遠較波長較長的光線如紅、黃色等為多，故海水多呈青藍色。

㈢海水中小型浮游物質的散射作用，與水分子的散射作用相同。此種浮游物質的直徑必須與光線的波長 ($0.4–0.7\ \mu$) 相等或更小，始可發生此種散射作用。

㈣海水中所含雜質也能影響水色，如含多量泥沙或有機物時，海水多呈黃綠色，若海水中某種浮游生物特別繁盛時，也可使海水變色，如

紅海的紅色，乃因一種藻類 (trichodesmium) 產生甚多之故。

　　海水結冰點較純水為低，而且鹽度愈大，結冰點愈低，例如鹽度為 35.3‰，結冰點為 −1.37°C；為 36.1‰ 時，結冰點為 −1.97°C，但此乃指靜止海水而言，若海面有波浪或其他擾動時，則雖達冰點，仍不能結冰，而將發生過冷卻現象，海水結冰較淡水困難的原因，並不僅是由於結冰點低，就水言，純水密度在 4°C 時為最大，故水面冷卻在 4°C 以前，表面冷水向下沉降，到上下層溫度均達 4°C 時，表面的水即停止不動，至 0°C 時開始結冰；但在海水中並不如此，海水鹽度在 34‰ 以上，其最大密度時之溫度在冰點以下，當海面冷卻時，冰水下降，必須上下溫度均達冰點以後，表面再冷卻才能開始結冰，但海洋深度極大，使全部海水均冷卻至冰點，殆不可能，故溫帶海洋，雖在酷寒嚴冬，亦不結冰，僅沿海淺處及濱臨河口始見結冰，極地海洋如北極海等，因終年水溫均低，結冰較易，夏季始可藉破冰船 (ice breaker) 航行。

　　海水結冰時係將大部分鹽類析出，僅小部留於組織內成為鹵汁，所凍結者主為純水，當其開始凍結，初成糊狀，如溫度續低，即成冰層，普通厚約 1 公尺左右，如破裂後重疊凍結，厚可達 10 公尺以上，此種冰層如破裂成塊，隨洋流漂動，稱為流冰，若其體積不大，對航輪無危險，但如流冰過多，航行亦受阻礙，若是由大陸冰河入海斷裂隨寒流流出者，是為冰山，體積極為龐大，水面下的體積約為水面上體積的九倍，對航輪威脅最大。

第三節　波　浪

　　海上任何一種外力作用，都能使海面發生波浪，波浪是在海面發生的波動現象，水分子受外力作用向一方移動；另一方面，表面張力和重力的作用，又使它具有復原的力量，如此一起一伏，而生波浪。發生波浪的外力來源計有：(1)風力，(2)海底火山或地震的波動，(3)強烈的低氣壓風暴，(4)日月引潮力的作用，(5)海洋內部各水層間，溫度鹽度及密度的顯著差異及(6)一切人為的外力等。

　　波浪最高的部分叫做波峰 (wave crest)，最低的部分稱波谷 (wave trough)，兩波峰或兩波谷間的距離稱為波長，波峰和波谷的垂直距離稱波高，在單位時間內，波峰或波谷前進的距離叫波速。海上波浪的高低不一，波高可由數公寸至數公尺，波浪的長度通常為波高的二十至四十倍。

　　波浪由其成因，可分成下述各種：

　　㈠風浪 (wind waves)：風吹海面，如甚微弱，可生漣漪，稱為漣波。此種水分子復原的力量以重力為主，故為重力波，因皆由風力而起，統稱風浪。風浪的波頂尖銳，波幅短促。

　　㈡長浪 (swell)：強烈低氣壓（如颱風）因中心氣壓低降，使海面發生波動，向四周傳播；波幅很長，波頂渾圓，和普通風浪截然不同，航海者稱之為長浪，當其來也，波濤洶湧，對沿海具有強大的破壞力。

　　㈢內波 (internal wave)：海中不同方面的水流在海水內部形成波浪，海面不可見，但船隻行經該區，往往受其影響，甚至停滯不易移動，航

海者稱之為死水。

㈣次生波 (secondary undulation)：為一種振動波，波頂與波谷的位置一直在固定地點上下振動，並不移動，因是由其他波浪而起，故稱次生波。

㈤地震波 (seismic wave or tsunami)：海底發生地震或火山爆發，使海面震動而生波浪，其力宏大，傳播可達數千浬，波動可達海底，其波速 (V) 與海深 (h) 的平方根成正比，即 V=$\sqrt{gh}$（g 為重力加速度，單位為公尺／秒），如海深 4,000 公尺，波速每秒可達 200 公尺。當其抵達海岸，常可衝上陸地，造成嚴重災害，俗稱海嘯。

㈥捲波 (surf)：淺海波浪的波峰前進，至波高和海深相等或更大時，受海底地形的阻力，以致波谷前進的速度，較波峰為小，因此此波峰漸向前方傾斜而破碎，是為捲波。迨前衝力量衰弱，海水又自底部下流，叫做退波 (undertow)。

在上述各種波浪中，地震波破壞性最猛烈，最大波高曾有高達 35 公尺的記錄，人畜生命常受損失。同時地震波速極快，1946 年 4 月 1 日在阿留申群島地震所形成的地震波浪，於五小時內即達夏威夷群島，傳播速度每小時達 470 哩，堪稱驚人；另有低氣壓風暴所發生的海嘯，性質並不相同，其破壞力乃是狂風將海水挾登海岸，形成水災，如 1937 年 10 月 7 日，印度孟加拉灣因氣旋（即颱風）而引起的海嘯，計毀船二萬艘，溺斃三十萬人，實為浩劫。

因地震而形成的破壞性波浪，通常與海底山崩同時發生，波浪巨大，可以橫越大海，當其到達海岸前，海水先向後撤，1869 年南美西岸曾有地震海嘯發生，於劇烈震動以後，海水突自沿岸後撤，使拋錨在 40 公尺水深的船隻，擱淺於淤泥之上，但瞬間以後，一個巨大無比的浪濤，帶回大量海水，將一些船隻沖入內陸達 400 公尺。海水波壓甚大，每平方

公尺可由三百公斤至三萬公斤，英國朴資茅斯港重達一萬四千公噸的花崗岩，曾被大浪推上斜坡 60 碼，一夜風浪又可將二十萬噸的岩塊沖走。

　　海面如有細微的浮游物質或海面有油類時，常可使風浪情況減弱，此因油類的黏性較海水為大，而表面張力僅為水的一半，所謂表面張力 (surface tension) 係指水分子間具有親和力，使它不易分離，故每一粒水滴都保持它的最小面積，而成球面，遂使水滴表面顯示出一種收縮作用，這種表面收縮的親和力叫做表面張力。一般流體的表面張力愈大，所生波浪愈尖銳，因此在海面撒布油類可以減小張力，增加黏性，以求消滅小浪，減弱大浪。黏性愈大的油類，效力愈大，植物油勝於礦油，動物油又勝於植物油，而以魚油為最佳。

第四節　潮　汐

　　海水每經十二小時二十五分二十四秒，必起落升降一次，稱為潮汐，是一種有週期性的海水升降運動。海面升達最高時，稱為滿潮 (high water)，降達最低時叫乾潮 (low water)，海水由乾潮到滿潮逐漸上升時叫漲潮 (flood)，反之稱為落潮 (ebb)，乾滿潮海面的平均高度，稱為平均海平面 (mean sea level)，二者高低之差叫做潮差 (range of tide)，自第一次乾潮到第二次乾潮，稱為潮汐週期 (period of tide)，因每次週期均超過十二小時，故每日的潮期均向後延展約五十至五十一分。

　　潮差的大小每日不同，促使潮差變化的原因有：⑴和太陰的盈虧有關。在朔望後一、二日，日、月、地三者大致在一直線上，吸引力較大，稱大潮 (spring tide)，在上下弦後，日月相距成90°，吸引力相抵消，潮差

最小，叫做小潮 (neap tide)；⑵和地球與日月間的距離大小也有關係。距
離近時，潮差大，稱近地點潮 (prigean tide)；距離遠時，潮差小，稱遠地
點潮 (apogean tide)。潮汐在大洋中並不十分明顯，但在海灣海峽和河流
入口處，則甚顯著，可見受地形的影響甚大。

一、潮汐的發生

發生潮汐的原動力稱為引潮力 (tidal generating force)，此力之產生乃
因地面所受日、月的引力和地球公轉所生的離心力不相平衡之故，但實
際上各地潮汐的發生，規模之大小異地不同，甚為複雜。如美國的蘇必
略湖 (L. Superior) 面積甚大，但潮差僅數吋，而同緯度迤東濱海的芬地灣
(Fundy Bay)，大潮差可達 15.4 公尺，中國大陸錢塘江 8 月中秋大潮，潮
差亦達 10 公尺，足見潮汐是源自大洋，不過因受陸地的影響，沿海的潮
汐最顯著。

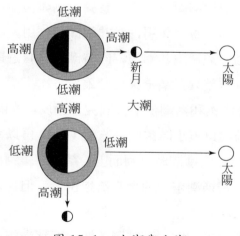

圖 15–1　大潮與小潮

就引力言，日球體積雖大，但距離地球過遠（149,477,000 公里），
故引潮力較小，月球體積雖小，但月地相距甚近（384,409 公里），尚不

足日距地球的 1/300，故引力反而較大，由日球的引力所生的潮汐稱為太陽潮 (solar tide)，由月球的引力所生的潮汐稱太陰潮 (lunar tide)。

　　潮汐的升降也和氣候有關，如氣壓風雨及海水的密度等，都可使潮汐發生變化，不過其中除風暴海潮外，一般影響都小，不易分辨，當氣壓高時，海面略向下低降；氣壓低時，海面略向上升，平均氣壓每變化 1 公釐，海面可以升降 13.33 公釐；風吹海面形成水流，若風的方向和海岸成直角時，往往可使海岸水平面升高，尤以海灣內為明顯，如中國大陸的膠州灣，口向東南，因此遇西北風時，水面常較低；吹東南風時，水面較高。

　　二、潮流的種類

　　當潮汐升降時，海水也有一種水平流動，稱為潮流 (tidal current)，潮汐和潮流實是一體兩面，互有密切關係，海水的水平流動，種類很多，有波浪，有洋流，但均和潮流的性質有異，例如河流自出口入海，為一單方面流動，其原因為重力作用，並非引潮力作用，故一切非由引潮力所形成的海水流動，統稱為非潮流，同時潮流具有週期性，而非潮流則無週期。根據其性質差異，潮流又可分為：

　　㈠往返流：漲潮流和落潮流的方向完全相反，故稱往返流 (reversing current)，此種潮流約以五小時許向一方流（漲），再以六小時餘向另一方流動（落），換言之，當漲潮時溯河而上，落潮時順河而下，潮流的方向和速度隨地而異，普通潮差大的地方流速也大，但各地情形並不一律，受地形的影響甚大。

　　㈡迴轉流：潮流的方向，隨時間的變化而逐漸轉換，作一週期性迴轉運動者稱為迴轉流 (rotary current)，此種潮流均發生於近海，在北半球作順鐘向迴轉；南半球成反鐘向迴轉。其週期和潮汐的週期性相合，有迴轉流的區域，本無所謂漲潮流及落潮流，但當流速變換時，海面也有

相當的升降。

三、潮汐的影響

㈠築港：碼頭建築必須和當地的潮差密切配合，使其在海水下落時，仍有足夠的水深，可泊船隻；在滿潮時，海水也不致打上岸面；因之在潮差極大之地，可設計建築閘門式的港口，保持港內水面的一定深度，使船舶和碼頭間的距離不致變化無定，使貨物上落困難。

㈡港口航運：有些海港水深不夠，巨輪進出必須趁滿潮航行，因之滿潮出現的時間及其深度，必須詳知，始可發揮航運的最大效能。此種情況尤以碼頭設備較差之地為重要。

㈢航海：輪隻在沿海、海峽或河口航行時，受潮流的影響很大，潮流的速度每小時可達 10 哩，因之船隻如逆流而上，相當困難；順流而下，則易離開航線，形成航向偏差，有發生觸礁或擱淺的危險。

㈣漁業及製鹽業：漁船進出，漁網的深度、方向、位置等，都應和潮流相配合，水產養殖業的種類，鹽場的位置和面積等，都和潮流的高低強弱有密切關係。

㈤測量：在陸地測量及海洋深度的測量上，通常以海平面為基點，稱為海拔，此海平面普通即以乾滿潮線的平均數為準。

㈥戰爭：潮汐升降對於登陸作戰有其影響，近代搶攤登陸最宜在高潮時進行，如此可以縮短海灘至碉堡間之距離，自海濱撤退則宜在落潮甫行開始時為之，因船行較速，利於及早脫離海岸。

㈦港口河口泥沙沉澱的清除：潮流強大的區域如英國泰晤士河口和法國塞納河口經常藉強大潮流將河底泥沙搬到較遠的海中沉積，使海口或河口保持相當深度，不致淤塞，因之此種河口均缺乏沉積的三角洲，但對於航輪進出大有貢獻，大船可沿泰晤士河上溯直達倫敦市中心區，對於促進倫敦的繁榮，裨益甚大。

第五節 洋 流

一、洋流的種類

洋流乃某一部分海水依一定方向連續前進所產生的一種恆有而定向的水平運動，主要的洋流依其成因可分為四種：

㈠吹送流 (drift current)：若有一定方向的風，在海面經常吹過，使空氣與海水間，因摩擦而生一種應力，使海水發生流動，稱為吹送流，又名漂流。

㈡密度流 (density current)：各地海水的密度分布很不平均，這是因為海水的溫度和鹽度隨地而異，故密度也生差異，因此使水壓發生差別而促成海水流動，此與由氣壓高低差異而生風的情形相同，故名密度流。

㈢坡度流 (slope current)：海面因風、氣壓、降水或流入河水等原因，使海面發生傾斜而成海流，稱為坡度流。

㈣補償流 (compensation current)：當某處海水向他處流動，因流體有連續性質，別處海水流入補缺，於是發生海流，稱為補償流。

在這四種洋流中，以前二種最為重要，世界上大規模的洋流也多屬之，或由數種洋流混合而成，洋流既依一定方向進行，則其水溫因來源不同而有差異，若洋流水溫高於所經過地區的水溫時稱暖流，比所經地方的水溫低時，稱為寒流。普通暖流皆自低緯度流向高緯度，寒流則自高緯流向低緯。

二、洋流的觀測方法

大洋之中，船舶不易拋錨固定，故欲直接觀測洋流的流向、流速，

相當困難，用海流表 (current meter) 直接觀測也常有錯誤，故除在淺海常用直接觀測法外，通用漂流法。

㈠漂流測法：以一種特製的海瓶，大量拋入海中，使之漂浮海面，隨海流自由流動，瓶內裝一記錄紙說明拋入的地點及日期，請航輪及沿海居民合作，於拾得該瓶時即將拾得的地點及日期填記，寄回原調查機關，此法曾實際施行於調查墨西哥灣流，效果頗佳。

㈡直接測法：在淺海區域，船舶拋錨後，可用海流計觀測海流，其構造有類風向風速器，前部有翼輪，隨海流轉動以計算流速，後有方向舵，以決定洋流的方向，此法優點為可測量下層洋流，而漂流測法，只能測得表面洋流。還有一種底層洋流探測器 (bottom current detector)，該器包含深水照相機、羅盤、乒乓球、測溫計 (bathythermograph)，南生瓶 (Nansen bottles，測鹽分、氧及海水深度) 及繩索，對於深層海水的性質及流向，均可一次測得，效果甚佳。

三、世界洋流大勢

㈠北太平洋環流系統：北赤道洋流中心約在 15°N 附近，係由東北信風形成，西流至非島以東向北轉，為黑潮暖流 (Kuroshio) 的開始，一部南轉成赤道逆流，黑潮主流經臺灣以東洋面進入東海，小股經巴士海峽入中國南海，黑潮時速約 1 浬，東北轉至日本沿海，末端與西風漂流 (drift of westerlies) 相接，最大流速可至 3 浬，黑潮和西風漂流匯合後，流幅加寬，仍具暖流性質，到達北美沿岸後，大部分南轉，因水溫較低，稱為加利福尼亞涼流，成為北赤道流的補充流。

西風漂流的小部分沿北美海岸北轉後，屬暖流性質，經阿拉斯加南岸稱阿拉斯加暖流，西流併入堪察加寒流 (Kamchatka current)，又名親潮 (Oyashio)，流速約 1 浬，南進與黑潮相會，小部分和黑潮合併改向東流，大部分潛入黑潮之下，成為中層潛流，以上整個形成一個北太平洋海流

系統。

㈡南太平洋環流系統：南赤道流係由東南信風所形成，流速約 1 至 2 浬，西流至新幾內亞附近南轉，沿澳洲東南流稱東澳暖流 (East Australian current)，至紐西蘭附近，改向東流與西風漂流合併，南半球因中緯度以上全屬海洋，故三大洋在南半球高緯區暢通無阻，受西風的定向吹拂，因而形成環繞地球的寬大洋流，由南極流下的冰塊，進入此區成為冰山，溫度甚低，故南半球的西風漂流，具寒流性質，迨抵南美西岸，轉向北流，稱為秘魯涼流 (Peru current)，又名洪保德洋流 (Humboldt current)，此流併入南赤道流，成為該洋流的補充流。

㈢北大西洋環流系統：發生在北大西洋的北赤道流，中心位於 15°–20°N 左右，流速約 1 浬，稱為安地列斯洋流 (Antilles current)，小股經加勒比海進入墨西哥灣，為墨西哥灣流之始，墨西哥灣流簡稱灣流 (Gulf stream)，其在北大西洋的地位和北太平洋的黑潮相當，但更為強大，因灣流係由南北赤道流合併而成，故溫度和溼度均特高，流勢特強，出墨西哥灣後，又與上述安地列斯流合併，流向東北，稱北大西洋流，直趨歐洲沿岸，經冰島、英國之間，流至挪威沿岸；另一小部分南轉，經伊比利安半島沿岸，稱葡萄牙流，並開始轉變成寒流性質，更南稱加那利涼流 (Canary current)，成為北赤道流的補充流。

北極海的水經格陵蘭西側南流，稱為拉布拉多寒流 (Labrador current)，常有巨大冰山漂浮其間，南流至紐芬蘭東側，小部分併入西風漂流，大部分潛入西風漂流下方，形成中層潛流，此外在北大西洋東南，非洲沿岸有幾內亞流 (Guinea current)，注入幾內亞灣，約與太平洋的赤道逆流相當。

㈣南大西洋環流系統：大西洋地形異於太平洋，南美洲巴西東北部成一尖端，故南赤道流至巴西沿岸時，受聖洛克岬山的阻礙，分為二支，

北支越過赤道，流入墨西哥灣，以加強灣流流量，南支沿南美大陸東側南下，稱為巴西洋流，為暖流性質，以後併入南大西洋的西風漂流。另在南美東岸南部，此時另有一寒流，係源自越合恩角而來的西風漂流，稱為福克蘭寒流 (Falkland current)，經常和巴西暖流在阿根廷沿岸相交，南大西洋的西風漂流繼續東進至非洲大陸南端，小部分北轉沿南非西岸北流，稱為本吉拉涼流 (Benguela current)，終於併入南赤道流，為其補充流。

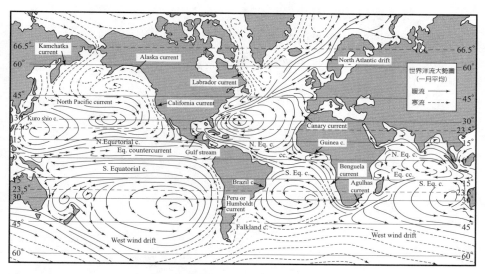

圖 15–2　世界洋流大勢圖

　　㈤印度洋環流系統：位於赤道以北的印度洋部分，冬有東北季風，夏受西南季風所左右，因此冬季洋流，自東北流向西南，夏季洋流又由西南流向東北，此種受季風所左右的洋流，稱為季風洋流 (Monsoon current)，最大流速可達 3 浬；印度洋的赤道逆流經赤道以南，自西向東流，冬季發達，夏季不顯，至於印度洋的南赤道流，中心在 15°S 左右，西流至非洲沿岸轉向南流，經莫三比克海峽者稱為莫三比克暖流 (Mozambique current)，至非洲南端，叫做阿古拉斯暖流 (Agulhas current)，然後併入西風漂流，東行至澳洲西南，小股沿澳洲西岸北進，稱為西澳涼流，續北進成為印度洋方面南赤道流的補充流。

〔問　題〕

一、海水中的鹽類以那幾種為主要？

二、促使海水有顏色的原因有那些？試述之。

三、試述波浪的成因。

四、試述潮汐所產生的影響。

五、試繪一圖表示北太平洋的環流系統。

六、試以繪圖方式，表示南大西洋的環流系統。

第十六章　湖　泊

　　地球表面的水圈 (hydrosphere)，為組成地球的一部分，全部水面積達 36,105.9 萬方公里，約佔全球面積的 71%，計包括三大洋，各附屬海以及陸地上的大小水體 (water bodies)。此種陸地水體又以湖泊 (lakes) 及河流 (streams) 為主。全世界湖泊的總面積約為 258 萬方公里。從地史的眼光看，地表所有的湖泊都具有短暫性和臨時性，由於逐年累月水分蒸發及泥沙沉積的結果，各地湖泊的面積多日趨縮小。例如位於美國猶他州西北部的大鹽湖 (Great Salt Lake) 及附近的小湖，在第四紀洪積 (Pleistocene) 統時代，最大時面積曾達 2 萬方哩，湖水深度 1,000 多呎，紀伯特 (G. K. Gilbert) 於 1890 年命名為邦奈維湖 (Lake Bonneville)，以紀念美國西部大探險家邦奈維。目前在距大鹽湖數百里以外的山坡上，猶有四層湖濱階地遺跡，分別高出於大鹽湖面 1,000 呎，910 呎，625 呎及 330 呎。亞洲的死海過去的海面較今日的海面高 1,400 呎，並有湖濱階地遺跡達十五層之多。昔日的裏海 (Caspian Sea) 水面高於今日裏海水面 240 呎，當時裏海的水可以和東方的鹹海 (Aral Sea)，西邊的黑海相通，中國大陸雲夢大澤，本包括今日的洞庭湖及湖北諸湖，面積廣闊，今日亦已分成許多小湖。

第一節　湖泊的分類

湖泊由它生成的原因不同，可以分成八種：

㈠構造湖：地殼不穩，易生運動，因而發生斷層、褶曲或地震等現象，造成盆地，瀦水而成的湖泊，叫做構造湖。例如死海及雲南洱海，都是線狀斷層湖，日本田澤湖為圓形斷層湖，美國密蘇里州歐扎克湖 (Lake Ozarks) 則係 1811–1813 年間大地震時堵塞河道所成。大鹽湖和裏海是因地層向下瓦褶形成盆地，蓄水所成的湖泊。

㈡堰塞湖：由山嶺部分崩坍將河流切斷積水所成的湖泊，叫做堰塞湖。此類湖泊的壽命特別短促，一旦將崩積物切穿，湖便消失，例如臺灣南部的草嶺湖原堵清水溪成湖，後來已不存在，至 921 地震時，又形成新草嶺湖，美國西部大盆地西北部也有許多此類湖泊。

㈢火山湖：由火山作用所形成的湖泊屬之。又可分為火口湖和熔岩湖二種。火口湖是火山口積水所成，如中國大陸長白山支脈白頭山頂的天池，美國奧勒岡州的火口湖 (crater lake)。熔岩湖是由熔岩流 (lava flow) 堵水成湖，臺北盆地過去數度為湖，其中一次係由於大屯火山彙噴出的熔岩，流至關渡附近截斷淡水河所成，後來河水又將熔岩切開，河道恢復，湖水外洩，乃成湖積盆地。

㈣冰成湖：由冰河作用所形成的湖泊屬之。又可分為冰蝕湖和冰磧湖兩種，冰河將地面較軟岩層挖掘而成窪地，瀦水所成的湖叫做冰蝕湖，多為圓形小湖；芬蘭及美國明尼蘇達州的湖泊，大多是冰蝕湖。若冰積物壅塞谷口，蓄水所成的湖稱為冰磧湖，多為長形湖泊，格陵蘭及歐洲

照片 16-1　紐西蘭魯阿佩胡火山的火口湖（林世堅攝）

Alps 山區最多此類湖泊。

㈤水成湖：河流支流如挾大量泥沙注入主流，泥沙沉積於主流匯口處，可成沖積嶺，嶺後積水可以成湖，如中國大陸的西湖本為錢塘江的支流，後來潴水成湖；美國密士失必河和聖柯洛克斯 (St. Croix) 河交匯處，也形成聖柯洛克斯湖 (Lake St. Croix)。此外，由河道曲流所形成的牛軛湖，也是水成湖的一種。

㈥風蝕湖：風力強大之區，風力挖蝕地面，形成風蝕窪地，如有水注入即可成湖，若風力下蝕至地下水面，使地下水外流蓄積亦可成湖。例如蒙古的小型鹹水湖及美國內布拉斯加州的湖泊均屬之。

㈦陷落湖：石灰岩地層受水溶蝕，初成石灰洞 (cave) 或石灰阱 (do-line)，終而陷落成為窪地，積水成湖，此類湖泊每甚小。

㈧海成湖：海濱上升，部分海水隨海岸上升和大海隔絕而成湖，介於海濱線和沙洲之間，亦可生成潟湖 (lagoon)，凡此均為由海水生成的湖泊，例如法國西南部比斯開灣沿岸的湖沼，皆由潟湖演變而成。

此外，湖泊由它所含鹽分的多寡，又可分為兩類：

㈠淡水湖：湖水所含鹽分較少，水源充分，外流自由，蒸發損耗較少，鹽分無法積累過多，叫做淡水湖 (fresh water lake)，中國大陸的洞庭、鄱陽、太湖等，都是淡水湖。

㈡鹹水湖：若湖水對外交流不易，蒸發量又大，水量必日益損耗，水中鹽分愈積愈多，遂成鹹水湖 (salt lake)。中國大陸的青海，山西的解池都是鹽湖。

第二節　湖泊的性質

㈠水溫：水為熱的不良導體，故湖水增溫散熱均緩，不過湖水表層受氣溫影響，隨季節不同乃會發生上下對流的作用；每年秋季，湖面水溫低降，下層水溫較高，上下水層之間，可以發生對流作用，如果湖水甚深，下層約 50 公尺以下，水溫所生的季節變化小而緩和。

㈡鹽分：海水中的鹽分高低不一，湖水的鹽分差別尤大，例如裏海鹽分為 40‰，大鹽湖的鹽分為 190‰，死海鹽分達 240‰，幾為海水鹽分的七倍，此皆因為湖泊水體較少，而蒸發強烈，故水中鹽分濃縮特甚。

湖水中所含鹽分的成分比例並不和海水一致，各湖鹽分的成分也不相同，例如青海鹽分的比例：$NaCl$ 佔 67‰，$NaSO_4$ 佔 12‰，$MgSO_4$ 佔 1‰；山西運城解池長約 30 公里，寬約 8 公里，池水日漸乾涸，大部已見泥底，含鹽成分約為：$NaCl$ 177.9‰、$MgSO_4$ 125‰、$NaSO_4$ 42.3‰；美國大鹽湖含鹽成分以 $NaCl$ 為最多，獨佔 150‰ 以上，其次為 $MgSO_4$、$NaSO_4$、KSO_4 等；死海的含鹽成分以 $MgCl$ 為最多，故鹹水湖實為內陸食鹽的主產地，西藏的硼砂湖除產硼砂外，亦含有食鹽及其他鹽類。

㈢潮汐：海洋具有潮汐作用，湖泊亦然，但湖泊體積小，引潮力產生的潮汐也遠較海洋為小，如世界最大的淡水湖蘇必略湖 (Lake Superior) 的潮高只有 3 吋，以之和同緯度芬地灣 (Fundy Bay) 的高潮 15.4 公尺相較，實不逮遠甚。

第三節 湖泊的壽命

湖泊在地表景觀中並非永遠存在，由於蒸發淤積等作用，消滅或縮小甚為迅速，促使湖泊消滅的因素主為：

㈠蒸發作用：此種作用在乾燥地區尤為顯著，前述美國的邦奈維湖並無出口，完全為一大閉塞湖，但因蒸發損耗水分過多，遂縮小成今日的大鹽湖。北達科他州的魔鬼湖 (Devil's Lake) 在 1883 年時，面積尚有 75,000 英畝，今日已縮小至只有 6,000 英畝。

㈡淤積作用：注入湖中之水含有大量泥沙，一旦進入湖中，流速銳減，不啻進入沉澱池，因而泥沙大量淤積，使湖水變淺，沿岸漸成沼澤，易滋水生植物發育，此類植物逐漸向湖中進展，愈益使湖泊的壽命縮短。中國大陸青海柴達木盆地過去本為巨大湖泊，現因蒸發及淤積雙重作用，已填塞成許多沼澤地及若干小湖，除青海外，尚有柴達木湖，都蘭湖，達布遜湖及泰吉納湖等。洞庭、鄱陽諸湖亦已淤積變小。肥腴的湖田實際就是沿湖河流沖積及淤積所成的湖濱新生地；人民與湖爭地的結果，湖泊面積乃益形縮小。

㈢湖盆下切：湖盆四周如有一邊係由細薄或軟弱物質所構成，則易使湖水自該處下切變為出口，使湖水外溢，湖底出露而趨消滅。四川盆

地原為一大內陸湖，迨將巫山切開，湖水經三峽外洩，古四川湖乃變為湖相盆地，地層水平，並多鹽滷沉積。

㈣地下水面下降：湖面常與地下水面相一致，若一地的地下水面向下降低（例如在易溶的石灰岩層地區），則湖水每易隨之下降入地下，迫使湖底乾涸。

第四節　湖泊的功用

湖泊散布於陸地之間，和人生的關係密切，功用甚夥，主要者約有下列數種：

㈠交與作用：河水於洪汛時入湖貯積，可免氾濫成災。過去洞庭，鄱陽之於長江，均具有調節長江水位的功用，現兩湖淤積日甚，蓄洪作用已大減。

㈡內陸水運：湖泊常為河流的尾閭或通道，故在內河航運上常居重要地位。縱貫南北的大運河即曾利用山東的獨山湖，東平湖。美國的五大湖 (Great Lakes)，更是全球最大的內陸湖運系統，每年蘇必略湖下駛的航輪拖船噸位之大，超過蘇伊士及巴拿馬任一運河所通過的噸數，每年運輸量僅鐵砂一項即達四千至六千萬噸之多。

㈢食鹽供應：內陸距海遙遠，海鹽供應不便，如有鹽湖在邇，則民生必需的食鹽，即不虞匱乏，抗戰時期西北各省以青鹽（青海產）及河東鹽為主，山西的解池，蒙古的烏布沙湖，慈母湖，美國的大鹽湖，均盛產食鹽。

㈣養殖漁業：湖泊為養殖漁業及淡水魚的主要產地，鯽魚、草鏈魚、

淡水蟹類，均為人類所喜愛。

㈤調節氣候：湖水性質和四周陸地相反，夏季天氣炎熱，湖水吸熱甚慢，湖上清風最為涼爽溼潤；冬季陸上氣溫低降，氣流經過湖面後，又可增加溫度及溼度，乾冷空氣逐漸溫溼，此在美國大湖區尤為明顯。北美極地大陸氣團 (cPc)，由加拿大平原向東南伸展，未越過五大湖區前，氣團空氣寒冷而乾燥，橫越湖區途中，即生霧靄，過湖後常降雨雪，故加境濱蘇必略湖的阿瑟港 (Port Arthur)，冬季雨雪量，遠少於伊利湖畔水牛城 (Buffalo) 的雨雪量。

㈥娛樂價值：天然風景以山水為主體，湖濱風光常屬美好，故為人類消閒渡假，陶冶性情的勝地，如杭州的西湖，臺灣中部的日月潭，瑞士的日內瓦湖等地的湖光山色，俱皆名聞中外。

除上述六項功用外，淤積後的湖濱平原如開墾成農田，極為肥沃，中國大陸洞庭湖四周的「湖田」，收益極大；若湖水出口為一瀑布，該湖不啻為一天然發電水庫，可供發電，如中國大陸東北的鏡泊湖。

世界湖泊甚多，芬蘭一國所有之大小湖泊數逾十萬。分洲言之，北美湖泊最多，亞非二洲次之，歐洲湖泊雖亦不少，但大多數面積較小，茲列舉世界最重要或具有特殊性質的各湖狀況如表 16–1。

表 16–1　世界特殊湖泊一覽表

名稱	性質	位置	面積（方公里）	高度（高出海平面）（公尺）	深度（公尺）	備註
裏海	鹹水湖	亞洲	423,000	−28	1,119	世界最大之湖
蘇必略湖	淡水湖	北美洲	80,771	184	307	世界最大之淡水湖
貝加爾湖	淡水湖	亞洲	31,500	520	1,434	世界最深之淡水湖

的的喀喀湖	淡水湖	南美洲	8,336	3,825	1,000	世界最高之淡水湖
死海	鹹水湖	亞洲	1,024	−397	−	世界最低之湖
維多利亞湖	淡水湖	非洲	68,215	915	169	非洲最大之湖
拉杜加湖	淡水湖	歐洲	18,018	5	223	歐洲最大之湖
查德湖	鹹水湖	非洲	16,000	260	2	世界最淺之湖

〔問　題〕

一、試述湖泊的分類。

二、促使湖泊消滅的因素有那些？試條述之。

三、湖泊有那些功用？

四、在世界各大洲中，那一洲的湖泊最多？中國大陸的湖泊以那三區最多？

第十七章　河　流

　　雨落地面，一部分滲入地下，為植物根部吸收或成為地下水，一部分被蒸發及經過葉面蒸發化為水汽返回空中；另有一部分則在地面形成逕流 (runoff)，匯為溪流 (streamlet)，終成江河 (river)。河流在地球表面分布廣泛，流域寬廣，對人類的關係和影響猶大於湖泊。

第一節　河流的分類

　　一、根據河流流向分

　　㈠縱向河 (longitudinal streams)：河流作南北向，大致和經線平行。如密士失必河，尼羅河，湄公河，勒那河 (R. Lena) 等均屬之。

　　㈡橫向河 (transverse streams)：河流作東西向，大致和緯線平行。例如亞馬孫河，長江，黑龍江及育空河 (R. Yukon) 等均屬之。

　　㈢斜向河 (irregular streams)：一河流向無定，一段和經線平行，另一段則和緯線平行，或者和經緯線斜交，並不平行。前者如雅魯藏布江 (R. Brahmaputra) 在西藏境內和緯度平行，繞出喜馬拉雅山後，改和經線平行；後者如印度河 (R. Indus) 及美國西部的科羅拉多河，大致均依經緯度

的對角線流動。

二、依河流存在的時間分

㈠常流河 (perennial streams)：此類河流水源充足，經年不斷，雖十分枯乾季節，亦有流量存在，一般大河均屬之。

㈡間歇河 (intermittent streams)：此類河流乾季時無水，潮溼多雨季節，則洪流洶湧，瀰漫整個河床，每年乾溼季節分明之區的河流均屬之。

㈢臨時河 (ephemeral streams)：此類河流出現的時間最為短暫，僅大雨或積雪融解之後，始有流水。乾燥沙漠地區之乾河床及山上有積雪之山麓地帶，均可見此類短促之河床，新疆南部崑崙山北麓，尤多此類有頭無尾之河床。

第二節　河流的特性

一般正常河流大多源遠流長，支流眾多，流域廣大，因之河流的若干性質和人類的關係，甚為密切，略述兩點如下：

㈠流量 (discharges)：多雨季節，河流水位增高，洪水流量甚大；一旦進入乾燥季節，流量銳減，水枯灘淺；每一河流的流量均隨乾溼季節而起變化，且各不相同，有的流量季節變化極大，例如黃河陝縣（河南省）觀測站記錄顯示，1 月份平均流量每秒 541.97 立方公尺，而 8 月份月平均流量每秒則達 3,768.23 立方公尺，黃河歷年洪水流量年變化亦大，最小時為民國 13 年，每秒僅 4,300 立方公尺，最大的一年洪水流量則達 29,000 立方公尺，時在民國 31 年，二者成 1: 6.7。長江的洪水量變差不大，漢口站的觀測記錄顯示：最小年每秒的洪水流量為 30,900 立方公尺

（1900 年），最大時每秒達 67,200 立方公尺（1931 年），二者成 1：2.1。河流流量變化大，河床不易適應，易於氾濫成災，是以黃河遠較長江易於氾濫。

㈡含沙量 (silt concentration)：逕流沖刷地面，將泥沙挾入河中，泥沙顆粒細小，或在水中懸浮，或在水中滾轉，順流而下。各河含沙量視降雨特性，流域性質，地面狀態等而有不同，在中國大陸以永定河及黃河的含沙量最高，永定河在河北三家店所測最高含沙量為 37.65%（乾沙和水重量的百分比），黃河在陝縣所測最高含沙量為 22.62%，但因黃河流域遠大於永定河，故黃河含沙量之多，格外受人重視，俗有「黃河之水，千載難清」之嘆。河流含沙量大，易於淤積，使河床墊高，更易氾濫，黃河河床和兩側堤岸爭高的現象，為一著名實例。

第三節　河流的功用

㈠航運：河流浮力強大，河道又係天成，不需修建，是以運量既大，運費又復低廉，故內河航運自古以來即已成為人類主要的交通要道，世界主要大河如長江、恆河、聖羅倫斯河、密士失必河、亞馬孫河、萊因河等，均可由河口直航深入大陸內部，故河流對於溝通內外，促進交通，物資交流，均有極大貢獻。不過近年由於鐵路，公路及航空的飛躍發展，河流運輸的重要性已大為減低，僅只能以運輸粗笨的原料為主，客運已減至最少（至少交通發達的美國是如此）。

河流航運除因遭受其他交通工具的競爭而減低其重要性外，它本身在航運上也有許多先天的缺點，對航運都有或多或少的妨礙，例如：

1. 大多數河流的高低水位變化均甚大，吃水較深的船隻每易遭受限制，不易向上游深入。人為的水閘對於航運亦是利弊參半，優點是可以提高水位，缺點為過閘耗費時間。

2. 幼年河道多瀑布及淺灘急流（川江號稱險惡，亦因此故），如有瀑布（如剛果河），只好分段通航，無法全線貫通，一氣呵成。

3. 河道多曲流及沙洲，船隻繞行，極費時間。

4. 河床坡度較大之區，逆流而上，甚為吃力費時。

5. 寒帶河流每至冬季必遭冰封，無法行船，初春解凍之時，流冰激盪，易於毀傷船體，均不易行舟。

6. 河流水位多變，沿岸碼頭設備時高時低，配合不易。

7. 河流運輸僅限於沿河一帶，不及陸路交通幹支紛歧，四通八達，水陸轉運自不如純由陸運為迅捷。

(二)灌溉：乾旱及農業發達之區，需水灌溉大多引用河水，或分流導水以灌溉下游平原，如四川岷江都江堰（秦時水利工程）之流灌成都平原；或開渠引部分水流以灌農田，如臺北新店溪上的瑠公圳（清朝水利工程，紀念創辦人郭錫瑠先生），係在新店築過水低堰（攔水而成碧潭），堰之兩岸側傍各有灌溉渠及取水閘門，新店溪水遂有部分流入渠道，靠新店市一側渠道所引之水，用以灌臺北市區東南景美以迄公館三張犁一帶；對岸渠道所引之水則用以灌溉中和永和一帶，由於市區日益擴張，居民日多，昔日農田，今成市廛，致瑠公圳灌溉的效用日漸消失。美國西部多山，氣候亦復乾燥，雨量稀少，農田多賴灌溉，設於丹佛市之美國墾務局 (Bureau of Reclamation)，專門負責解決美國西部十七州之水利灌溉等問題，在各大小河流上建設水壩，形成蓄水庫，將水售予農民灌溉，以增加並保障農田的收穫量。

(三)水電：河流之上如有瀑布，在航運上為一障礙，但卻利於水力發

電，舉凡：⑴河流流量大，變化小；⑵河床坡度大；⑶地層堅硬不透水；⑷河谷狹窄，兩岸壁立之區；均宜於築壩蓄水提高有效落差以發電，是以河水有白煤之稱。目前全球已開發的水電量約為全部水電潛力的1/10，美國最多，約為全球已開發水電量的30%，僅西北部哥倫比亞河上已開發之水電容量即逾六百萬瓩。T.V.A. 共有水壩 33 座，水電容量亦達六百萬瓩。

　　㈣給水：最基本的給水為飲用，飲水在過去以井水為主，但濱河之區仍賴河水。科學昌明之後，井水蘊量有限，不足以供應大都市的需求，因之河流給水之重要性益增。臺北縣市所在的臺北盆地為全臺政經文化中心，總人口已由光復之初的數十萬人，增至目前的近千萬，居民需水量甚大，主要水源為新店溪上游北勢溪上的翡翠水庫，但自 2000 年以降的數年，臺灣北部冬春季節降水量欠豐，以致偶呈供水不足而有定時限水之舉。美國洛杉磯人口眾多，市區廣大，為美國西岸第一大都市，而該地終年少雨，水源缺乏，不得不修築兩條長達 300 哩的引水道，一條從北方引歐文斯 (Owens) 河水，一條自派克水壩 (Parker Dam) 附近，引科羅拉多河水，加以消毒淨化，充作洛杉磯市之自來水源。

　　除飲用水外，在工業發達之區，工業用水為量亦甚大，舉凡蒸氣鍋爐用水，漂洗原料，冷卻機器，空氣調節等等，均需要大量水源，因之許多工業設於河濱，除運輸的原因外，即為求用水便利，臺灣高雄有專設之工業給水廠，臺灣肥料公司第六廠規模宏大，產量甚多，廠址即設於南港基隆河畔，並有專設之給水廠，以求水源之不虞匱乏。

第四節　世界重要河流

　　世界重要河流甚多，不勝臚列，茲擇要將前十條並另加五條重要河流，表列十五條如下：

　　在下表十五條大河中，亞洲所佔最多，達七條，北美洲及非洲各二條，歐洲三條，南美洲一條，就長度言，密士失必河居首，但如不計其上游大支流密蘇里河，則其長度不及尼羅河，就流域大小言，亞馬孫河居首，合密尼二河之流域，尚不及亞馬孫河流域之廣闊，次為剛果河，二河均位於赤道及熱帶地區，溫度高，溼度重，雨量豐沛，故兩河之流量及流域面積均特別廣大。鄂畢，勒那及葉尼塞三河均源於寒帶注入北極海，流域所經，多屬寒漠不毛之地，出口尤為惡劣，毫無航運及經濟價值，每屆春夏之交，上游解凍，冰水下注，而下游因緯度更高，猶未融冰，積水向兩岸氾濫，形成沼澤，反而不易通過。

表 17–1　世界重要河流一覽表

河　流　名　稱	長度（公里）	流域面積（方公里）
密士失必河 (Mississippi-Missouri R.)	6,020	3,230,000
尼　羅　河 (R. Nile)	6,690	2,802,000
亞馬孫河 (R. Amazon)	6,570	6,150,000
長　　江 (Yantze R.)	5,980	1,827,000
鄂　畢　河 (Ob R.)	5,410	2,990,000
黃　　河 (Hwang Ho)	4,840	771,000
黑　龍　江 (Amur R.)	5,780	2,050,000
剛　果　河 (Congo R.)	4,630	3,822,000

勒　那　河 (Lena R.)	4,400	2,490,000
葉尼塞河 (Yenise R.)—鄂爾渾河	5,870	2,619,000
聖羅倫斯河 (St. Lawrence R.)	3,060	1,303,000
伏爾加河 (R. Volga)	3,690	1,360,000
恆　　　河 (Ganges R.)	2,510	952,000
多　瑙　河 (R. Danube)	2,850	773,000
萊　因　河 (R. Rhine)	1,326	224,000

第五節　河流問題

　　河流雖有甚多功用，但也可因河流而發生許多問題，小者洪水為患，盧舍漂沒，大者足以引起國際糾紛，茲扼要說明如下：

　　㈠洪水問題：洪水為患，自古已然，昔日以築堤防水為主，洪流沖激堤防，常有驚險，一旦河堤潰決，洪流咆哮奔騰，千百里頓成澤國，現代科學發達，對於消極的築堤防守辦法已不能滿足，改採防洪新觀念。其方法主要採用一連串蓄洪水庫，以求消弭洪水於無形，現正嘗試於洪水預報技術之講求，在洪水未來之先，先將下游的水庫洩空，以備容納新洪水，這些水庫不惟可以容納大量洪水，且可使洪流流速銳減，以美國 T.V.A. 防洪系統而論，1957 年 1 月至 2 月的一次大洪水，如無現代化的防洪系統，則田納西河中游重鎮查塔奴加 (Chattanooga) 的洪水，將漲高 22 呎，但經防洪系統處理後，該次洪水已消弭於無形，免除洪害損失達六千六百萬美元。

　　㈡航行問題：若一河位於國界之上，形成兩國間的界河，最易引起

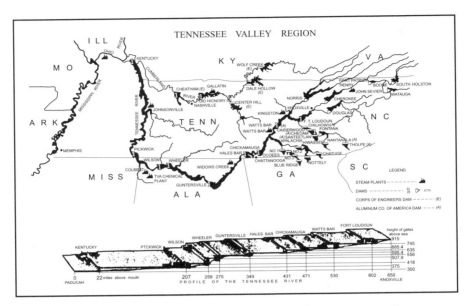

圖 17-1　美國田納西河流域水壩分布及河流剖面圖

國際間的糾紛。中俄邊界的黑龍江，有關江輪的航行及漁民在江上捕魚，均曾發生糾紛。中東伊朗和伊拉克之間的沙特阿拉伯河 (Shattal-Arab R.) 也曾於 1959 年引起爭議，伊拉克認該河全部屬於該國，伊朗所有者僅迤東濱河之土地，故伊朗運油輪無權使用該河之水道，伊朗則認為該河乃兩國界河，兩國輪船皆有權航行其中。根據國際間通則，一條界河的國界線應位於河道中央，伊拉克的權利主張顯然有失公允。兩國曾於 1981 年爆發兩伊戰爭達八年之久，至 1988 年才在聯合國調解下停火。至於人工開鑿的運河，國際船隻在平時通航應無問題，但也有遭受歧視者，如蘇伊士運河現為埃及所控制，致以色列的船隻曾長期無法通過，至以埃協議後才准以通過。

　　㈢曲流問題：河流發育進入壯年期，兩側氾濫平原寬闊，河道每易

發生自由曲流，這種曲流愈曲愈甚，終將裁彎取直，恢復直流狀態，遺下牛軛湖，若此河是兩國間的界河或兩行政區的分界線，則由牛軛湖所圍成的一片土地，如原屬甲國，是否仍屬甲國抑仍以新河道為界而改隸乙國？勢將成為問題。

　　㈣水權問題：乾燥及半乾燥地區對於水資源的需求極為迫切，故若有一條河流通過乾燥地區，而該河上、中、下游又分別屬於兩國或三國，則對於河水使用權的問題，必多糾紛。以著名的尼羅河為例，下游為埃及，尼羅河上游有二源，一名白尼羅河，源遠流長，但其水量卻大部分在蘇德沼澤 (Sudd Swamp) 中滲透及蒸發耗去，另一條支流名藍尼羅河，源於衣索比亞高原，二者在蘇丹首都卡土穆下方相會合，藍尼羅河水量約佔尼羅河水量的 6/7，如此由南向北流入埃及，西諺說：「尼羅河上午乾涸，埃及將在下午死亡」。由此可見尼羅河對於埃及的重要性，因此歷代埃及執政者都經常關切尼羅河水量的變化，按時向衣索比亞的統治者進貢，希望在衣境內不築壩攔水減少流量，或使河流改向。1902 年由當時統治埃及的英國和阿比西尼亞訂約，阿國（衣索比亞前身）承認如不獲埃及同意，不得在藍尼羅河及其支流上建築或允許他國建築任何障礙物，1929 年又和當時蘇丹的統治者訂約，如無埃及同意，上游的蘇丹及其他英屬地，都不得在尼羅河及其支流上建築水利工程，以保護埃及使用尼羅河水的利益，但二次戰後，衣索比亞及 1956 年甫行獨立的蘇丹，均宣布上述協定業經廢止無效。此外，蘇埃之間又有新紛爭，埃及在 Aswan 所擴建完成的巨大水壩，固可為埃及貯存大量的河水，供發電及灌溉之用，但由水壩所形成的大貯水庫，勢必將上游水位提高，使蘇丹境內大鎮瓦迪哈法 (Wadi Halfa) 市及附近田莊農地永沉水底，這項糾紛直到 1959 年 11 月 8 日始獲協議，其主要內容為：⑴損失賠償：埃及負責賠償蘇丹四千五百萬美元，以為水庫蓄水侵入蘇丹所引起的損失。⑵

水量分配：尼羅河全年流量估計約 840 億立方公尺，除蒸發損耗約 100 億立方公尺外，所餘下的水量 740 億立方公尺，經兩度分配，計埃及共分得 555 億立方公尺，蘇丹分得 185 億立方公尺，蘇埃間的水權問題至此告一段落，但尼羅河的水權問題並未完全解決，因供給尼羅河水量 6/7 的衣索比亞尚未和蘇埃任何一國達成協議，一旦衣國強大或受其他國家操縱，蘇埃二國間的分水協定，即將落空。

　　另外一個顯明的實例為斜貫美國西南乾燥區的科羅拉多河，該河源出科羅拉多及懷俄明二州，流經猶他，亞利桑那及加州邊境，而入墨境，注入加利福尼亞灣，沿途所經皆屬乾燥地區，因而也發生分水權利的爭執，美國為積貯水量，特在科羅拉多河上建築胡佛大壩 (Hoover Dam) 及派克壩以供灌溉、給水及發電等用途，但墨西哥亦甚需水，美國政府為敦睦鄰邦，供給墨境下游的水量頗多，此點引起加州人民的不滿，因加州南部氣候乾燥，工商業發達，人口密集，需水孔殷，故不欲分予墨西哥甚多水量。

〔問　題〕

一、試述河流的分類。

二、河流對於人生有那些功用？試述之。

三、河流在航運上可有那些缺點？試述之。

四、河流可以發生那些問題？

五、臺灣的河流有那些缺點？試就所知條述之。

第十八章　河流的蝕積及其地形

在世界大部分陸地上，流水作用在地形營力中，往往居於最重要的地位，即使極端乾燥的沙漠地區，雖然很少降雨，但其上許多地形仍是由流水所造成。河流的沖刷能力具有使高地減低之減坡作用 (degradation)；而在另一方面，河流的搬運力又可攜帶大量泥沙將下游窪地填平，是為積平作用 (aggradation)。減坡作用就是侵蝕作用 (erosion)，積平作用就是沉積作用 (deposition)。這兩項作用合為均夷作用 (gradation)。所以河流對於地形的影響，包括蝕、積兩方面，一般言之，河流在上游侵蝕，下游沉積。

第一節　河流的侵蝕循環

河流從新生到衰老，可分為三個時期：

㈠幼年河 (young river)：若一河由發源地至下游均有侵蝕作用，河谷坡度甚陡，由侵蝕所得的泥沙可全部搬運入海，中途無沉積，稱為幼年河。在此期內，河流的侵蝕及搬運作用均強，風化作用不顯，沿途常有瀑布 (waterfalls) 及湍流 (rapids)。

㈡壯年河 (mature river)：河流侵蝕力及其搬運力適相等，河谷坡度減低，河流已無餘力繼續下切，此時稱為壯年河。沿途無急湍或瀑布，這種河流又可稱為均夷河 (graded river)，此時谷底寬闊而平坦，下游已有沖蝕平原出現。

㈢老年河 (old river)：沿河坡度繼續變為平坦，侵蝕下切力量及搬運力俱極微弱，甚且近於零，稱為老年河。此時河谷已進入準平原狀態。

當河流在幼年期時，距離侵蝕基準面尚高，故下切力特別強大。所謂侵蝕基準面 (base level) 又可分為永久 (permanent) 基準面和局部 (local) 基準面兩種。前者指海平面，因一切河流的下切作用，均以海平面為基準，不致切蝕至海面以下；後者即為臨時性基準面。例如長江的侵蝕基準面為海平面，而嘉陵江的侵蝕基準面則為重慶朝天門的長江水面。若海面下降，長江即將發生回春作用 (rejuvenation)，重新開始下切，逐漸影響可達重慶，則嘉陵江的臨時基準面也將為之下降，使嘉陵江下切益甚，可以造成谷中谷 (valley in valley)；反之，若長江口外海面上升，江水下流益緩，沉積愈甚，重慶朝天門江面亦必隨之提高；換言之，亦即嘉陵江的臨時基準面上升，則嘉陵江的下切作用將轉緩，甚或下切停止，發生沉積作用。

河流開始侵蝕前的地形稱為嬰年地形 (initial form)，被河流侵蝕甚烈的地形為中期地形 (sequential form)，迨侵蝕達最後階段，叫做終止地形 (ultimate form)，亦即上述幼、壯、老三時期整個發育完畢，稱為一次侵蝕循環 (erosion of one cycle)。在地形發育史中，一次循環所需的時間相當長久，而地殼變動卻比較頻繁，故一次循環往往不及發育終了，河流發育已受外力的干擾而中斷，稍後又重新開始新循環，因此在實際河流循環中，複循環 (multicycle) 遠較單循環為多，而因河流的循環發育所形成的地形也就顯得格外複雜多變。

A示嬰年地面
B示早幼年期
C示晚幼年期
D示早壯年期
E示晚壯年期
F示老年期
G示河流發生回春，又達早壯年期

圖 18-1　河流侵蝕循環演進圖 (A–G)

在上述三時期中，又可分別以早、中、晚三字，分成三副期，如晚幼年期 (late youth)，早壯年期 (early maturity)，中晚年期 (full old) 等。

第二節　河谷分類及其發育

河谷分類的方法甚多，擇要述之，計有：

一、根據河谷的發生分

㈠順向谷 (consequent valleys)：此類河谷發生於嬰年地面 (initial surface) 的斜坡上，在順向谷中的順向河，沿坡下流，故名順向。例如新離水面的沿海平原，新成的沖積平原上，熔岩平原上，都可發生此種河谷。

㈡順層谷 (subsequent valleys)：河谷沿岩層的走向而發育的，叫做順層谷。故順層谷也可稱為走向谷 (strike valleys)。在一地區往往順向河谷首先形成，稍後河水又沿軟弱易蝕的岩層發育，形成順層谷，故順向谷往往成為幹谷，順層谷每為支谷。

㈢反向谷 (obsequent valleys)：谷中流水若和順向河的流向相反，此谷稱反向谷，谷中河流叫做反向河。反向谷發育較晚，河谷短促，每為順層谷的支谷。

㈣承向谷 (resequent valleys)：承向河的流向和順向河的流向相同，但發育較晚，河谷較短，因係在最近又發生的順向河，故名承向谷，也就是再順向谷。

㈤斜向谷 (insequent valleys)：河谷發育既不受岩層的傾角 (dip angle) 左右，亦不受岩層的構造所支配，河谷的形成無明顯控制因素者，稱為斜向谷。

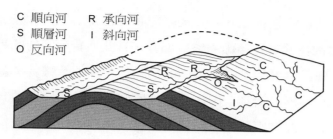

C 順向河　R 承向河
S 順層河　I 斜向河
O 反向河

圖 18-2　褶曲山區河谷發生圖

二、根據山脈的走向分

㈠縱谷 (longitudinal valleys)：河谷介於兩條山脈之間，平行發育，叫做縱谷。大規模的縱谷如中國大陸西南部的三大縱谷，此種河谷與山脈的走向平行，故順層谷就是縱谷。

㈡橫谷 (transverse valleys)：若河谷和山脈的走向直交，切穿山脈而成峽谷，此谷即為橫谷。長江三峽，嘉陵江小三峽（觀音峽、溫塘峽、瀝鼻峽）均為橫谷。這種橫谷有的是先成谷，有的被視為疊置谷。過去對於切穿山脈構造所成的峽谷，通被視為先成谷 (antecedent valleys)，現已發現許多先成谷，實際上都是疊置谷 (superposed valleys)。所謂先成谷是河流先生成，當河谷下方的岩層構造向上隆起發生褶曲或向上斷裂時，因隆起的速率小於河流下切率，故該河流仍能保持原來的流向，而將隆起的構造切穿，此河叫做先成河，所切穿的隆起峽谷就是先成河谷。疊置谷的生成，最先多為一順向河谷，當此河下切後，發現在地表沖積層之下，另有古老的地質構造掩埋於地下，經此河長期切蝕，終於切蝕至地質構造之中，亦可形成峽谷，此河因最初發生於古老的地質構造之上，故名疊置河，或稱上置河，經此河切蝕而成之谷地，叫做疊置谷。先成谷和疊置谷的差異在於地質構造發生的時間先後，在研判上頗屬不易區分，故長江三峽之生成，有人認為是先成谷，有人主張是疊置谷。美國

懷俄明州的甜水河峽谷 (Sweetwater River Gorge)，又名魔鬼門 (Devil's
Gate)，甜水河在此處切穿山脈終端部分，若此河有 1 哩的曲折，即可避
免切過此山脈，為何甜水河不繞山而過呢？合理的解釋就是當此河生成
之初，係一順向河，沿其上的沉積層坡度向下流動，形成順向河谷，迨
下切日深，遂使此河沒有機會轉向，不得不續向下切入早被掩埋於地下
的山脈構造。

照片 18-1　　長江三峽峽谷

三、根據地質構造分

㈠向斜谷 (synclinal valleys)：一河沿向斜層的軸線所發育的河谷，叫
做向斜谷，此種河谷的發育是常態的發育。

㈡背斜谷 (anticlinal valleys)：沿被侵蝕的背斜層軸線所生成的河谷，
叫做背斜谷，此種谷地的發育每較遲緩。

㈢斷層谷 (fault valleys)：由斷層作用所形成的順向河谷，叫做斷層
谷。若有一河谷沿斷層線發育，也就是由斷層作用所形成的順層河，稱

為斷層線谷 (fault-line valleys)。

㈣節理谷 (joint valleys)：河谷或其一部分，若沿岩層的節理發育，叫做節理谷。此類河谷每甚狹小短促，或僅為河谷的一段。

四、根據侵蝕基準面的變化分

㈠溺谷 (drowned valleys)：地殼發生變動或地表氣候發生突變，均可使陸地或海水面發生升降，因而影響侵蝕的基準面發生變化，形成特殊河谷。若海平面上升，使沿海河谷的下游被海水淹沒，則此段河谷稱為溺谷。目前歐洲的北海中有古萊因河溺谷；美國東岸的契沙皮克灣 (Chesapeake bay)，原是沙士奎罕那河 (Susquehanna R.) 的末段，現則變成廣闊的海灣，目前獨立入海的數條河流如特拉瓦 (Delaware)，拉帕罕諾克 (Rappahannock)，傑姆 (James) 和波土麥克 (Potomac) 諸河谷過去都曾經是沙士奎罕那河谷的支谷。由於第四紀大冰期以後，大量的融冰水注入海洋，使海面升高，因之目前世界各地均可發現溺谷。

㈡回春谷 (rejuvenated valleys)：若侵蝕基準面向下低降，使原來業經均夷化的河流，重新發生下切作用，此河叫做回春河，該谷稱為回春谷。此時的河和谷，均具幼年期的性質。

一條河谷的發育，通常由三種作用相伴進行，茲分述之：

㈠河谷濬深作用 (valley deepening)：河流在幼年期中，坡度陡峻，下切作用 (downcutting) 劇烈，河水及其所攜帶的沙石，經常對河床加以削磨 (corrasion) 及鑽深 (drilling)，故幼年河谷每嵌伏於深山之間，谷深崖陡，水流湍急。

㈡河谷加寬作用 (valley widening)：此作用在河流壯年期中最為重要。河水流量隨枯、洪季節而有差異，洪水期間的側蝕作用 (lateral erosion) 最為顯著，河水側蝕可使外岸日削，內岸則被沖積，形成河谷平地 (valley flat)。同時河水慣於避高就下，畏強硬，趨軟弱，每易形成曲流。

㈢河谷延展作用 (valley lengthening)：河谷延展作用在河流的幼年、壯年甚或老年期中均可進行，普通是透過下列三種方式：

1. 向源侵蝕 (headward erosion)：使河谷自源地向上游延展，此種現象尤以較小河谷正在成長發育時為重要，谷頂岩石的風化和土石的滑落以及泉水的溶蝕作用，均有助於河流的向源侵蝕。

2. 河道曲流增大：曲流愈甚，河谷的長度也愈有增加。

3. 侵蝕基準面降低：陸地上升或海（湖）面下降，均可使基準面發生變化，河流的終點隨之增長，河谷乃因切過新離水的地面而延展。

河谷經上述三項作用的長期侵蝕沖刷，乃逐漸加深、增廣而長大，但也有些河谷日益淤淺，此乃沖積或沉積作用特別旺盛的結果。

第三節　河流水系類型

地面天然排水的系統稱為水系 (drainage pattern)。各個流域的排水系統均不相同，影響水系發育的因素甚多，如：原始斜面，岩層硬度差異，構造上的限制，地形的演變等均屬之。水系的形式甚多，主要的類型約有下列數種：

㈠樹枝狀水系 (dendritic drainage pattern)：主河的各支流自各方依不同角度向幹流匯聚，主河如樹幹，支流似樹枝，故名樹枝狀水系。此類水系多發育在抗力平均的岩層或水平沉積岩區，支流多斜向河，流向無定，很少受到地質構造的支配。若一個樹枝狀水系，其支流互相平行，而注入幹流的角度復甚尖銳，此種可另名為羽毛狀水系 (pinnate drainage pattern)，此種水系的生成，乃係各支流發育於特別陡峻斜面上的結果。美國密士失必河屬於樹枝狀水系。

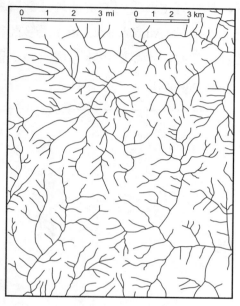

圖 18-3　　樹枝狀水系圖

　　㈡格子狀水系 (trellis drainage pattern)：此型水系多沿岩層的走向排列，或平行發育於新成的嬰年地形上，幹流以近於垂直的方向，穿過成列的山脊，重要支流和幹流往往直角相交匯，第二級支流也依直角方向注入各主要支流，因之第二級支流往往和幹流平行，但流向可能相反。中國大陸閩江水系屬於此類。在本水系中，幹支流河道均受構造的顯著支配。在軟硬岩層相間的斷層區域，格子狀水系可以變形發育成斷層格子狀水系

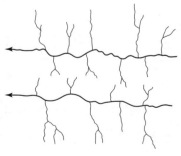

圖 18-4　　格子狀水系圖

(fault trellis pattern)。

　　㈢矩形狀水系 (rectangular drainage pattern)：本水系的排列，主支流河道均作直角轉彎，其發育主要受岩層的節理或斷層系統的支配。挪威沿海和北美阿狄隆達克山地 (Adirondack Mts.) 最多此種水系。若某區斷層和節理呈銳角或鈍角相交，不是矩形水系的直角，則此種水系可特名為多角形水系 (angulate pattern)。

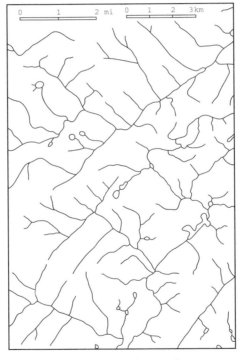

圖 18-5　　矩形狀水系圖

　　㈣鬚鉤狀水系 (barbed drainage pattern)：本水系的範圍較小，常見於水系發源區，支流入匯主流，作船鉤狀彎曲。此種水系容易造成河流襲奪 (river capture)。

㈤向心狀水系 (centripetal drainage pattern)：本水系生於火山口，陷穴，窪地，流水由四方向盆地中央輻合。

㈥輻射狀水系 (radial drainage pattern)：發源於穹窿，火山錐和其他隆起之圓丘形高地丘陵上，向四方輻散而流，臺北附近大屯火山彙之水系即屬此類。這種水系自高坡向四方流動，故為順向河，順向河的支流為順層河，若順層河環繞穹窿上的軟岩層發育成環狀，即稱為環狀水系 (annular drainage pattern)。美國西部黑山上的「跑道」(race track)，就是一個環狀水系。

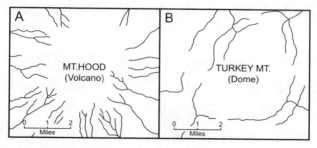

圖 18-6　輻射狀水系圖 (A) 及環狀水系圖 (B)

㈦複合狀水系 (complex drainage pattern)：水系的主支流系統變化靡定，無法歸納為單一的水系，可統稱為複合狀水系，具有錯綜複雜的地質構造和地形發育史的區域，最多此種水系。

第四節　河流分水嶺

兩條相鄰河流之間，每有較高山丘作為分隔，叫做分水嶺 (stream divide)。當河流在幼年時期，河間分水嶺尚不明顯，亦未確定，但當河谷

系統發育完成，河間分水嶺就逐漸陡峻；由於分水嶺兩側河流的侵蝕力不相等，常使分水嶺緩緩移向侵蝕力較弱的一側。此種因河流長度不同，兩側的坡度不等所引起的分水嶺漸移現象，被稱為不等坡定律 (law of unequal slopes)。若分水嶺兩側一為迎風山坡一處背風地帶，則將發生不相等的雨量，迎風山坡多雨，背風坡少雨，多雨山坡所受侵蝕力較強，易成陡崖，例如夏威夷群島的歐湖島 (Oahu I.)，東北信風終年盛行，故該島東北坡雨量特多，迫使分水嶺向西南方移動，因而在東北方發育成陡峻的崖壁巴利 (Pali Cliff)。

　　分水嶺除緩緩移動外，尚可發生急驟變位。引起分水嶺迅速改變的原因有二。

　　㈠河流轉向 (stream diversion)：河流之間若發生襲奪作用 (stream piracy)，勢將迫使河流轉向，但若河流的沉積作用過盛，也可迫使河流改道，而使分水嶺變位。引起河流襲奪的原因有三：

　　1.向源侵蝕 (headward erosion)：若一河坡度較另一河床坡度特別陡峻，或一河河谷的岩層較另一河床者軟弱，則此二河的向源侵蝕能力必有差異，坡度陡峻者向源侵蝕力強，每易襲奪另一河，使該河轉向倒流；故在河源區域察看有無倒流水系，每為判斷有無襲奪地形的方法之一。

　　2.側面侵蝕 (lateral planation)：河流達到均夷以後，側面侵蝕盛行，主河流量宏大，經由側蝕力可將山嶺切穿，侵入另一細流，使該河自坡腳以上的河水，均改向注入主河，坡腳以下遺留一段短促而流量大減的斷頭河 (beheaded stream)，改向的地方叫做襲奪灣 (elbow of capture)，我國水系經由向源及側蝕作用所發生的河流襲奪實例極多。

　　3.地下轉向 (subterranean diversion)：在石灰岩或其他易受溶蝕的地

層區域，其上有相鄰二河，一河位置較低，一河較高，則較高的一河河水極易經由被溶蝕之岩層，進入另一位置較低的河谷，因而發生河流改向。

㈡河流積平 (stream aggradation)：河流所挾帶的泥沙過多，沉積作用特別旺盛，河床易被積平，遇洪汛期，河水自然漫溢，選擇一較低水道而下流，因而使河流改向，原來的分水嶺乃發生變位。例如黃河之屢次改道，即由於河中泥沙過多，河床高過兩岸，勢須改道始易暢其流。美國伊利諾州南部的凱奇谷 (Cache valley) 原為俄亥俄河舊道，當第四紀威斯康辛冰河時期，凱奇谷全被冰河外洗物質所填滿積平，因而迫使俄亥俄河水溢過分水嶺，向南移至今日的河道。

第五節　河流的沉積作用

引起河流發生沉積作用的原因有二：一為河流上游及各支流攜運而下的泥沙過多，使主流無力向下搬運，因而發生沉積；一為河流的搬運力量減弱而生沉積。影響河流搬運力及增加河流含沙量的原因可條述如下：

㈠河流速度減緩，搬運力隨之變弱。在一般狀況下，河流搬運力和河流速度的六方成正比，即流速增加一倍，搬運力可以增加六十四倍，故流速減緩，河流的搬運力即將大為減弱。促使河流減速的因素甚多，例如：

1.河床坡度減低：河流下切或地殼發生撓曲或傾動，均可使坡度減緩。（若撓曲或傾動的方向不同，自然也可增加河床坡度。）

2. 河流流幅變寬：洪汛期間洪水漫溢及河流自山谷入於平原，均可使河幅加寬，流速減緩。

3. 河道發生阻塞：山石崩坍或火山熔岩流侵入河道，均可使河道發生阻塞，使流速減緩。

4. 流量減少：河床滲漏，河流襲奪以及蒸發、灌溉，均可使流量減少，促使河流的搬運力為之大減，因而發生沉積作用。

㈡河流泥沙增多，搬運不及而生沉積。河流泥沙若突然增多，河流的搬運能力有限，遂生大量沉積，導致河流泥沙增加的原因有：

1. 上游的水土保持工作欠佳，雨水的侵蝕沖刷能力增加，泥沙乃大量下洩，進入河中。

2. 河流切入軟弱岩層，使河中沙石數量增加。

3. 氣候突變之影響。如空前暴雨可增加上游的沖刷力；氣溫突升，融冰洪水亦可自上游各支谷帶下大量泥沙。52 年 9 月 11 日葛樂禮颱風襲臺，臺北區暴雨三十餘小時，大漢溪在石門每秒流量達 10,200 立方公尺，迫使石門水庫放水，致大量泥沙下沖，洪水之後，浮洲、三重、蘆洲等地積泥厚達數尺。

第六節　河流地形

由河流的侵蝕和沉積作用所造成的大小地形甚多，在地表隨處可見，和人生的關係密切，茲擇要述之。

㈠瀑布和湍流 (waterfalls and rapids)：當河流在幼年期，河床坡度未達均夷線，河床岩石的抗蝕力大小不一，硬岩區橫梗河道，如上下相差

甚大，可成瀑布，否則成為湍流險灘。此外，在河流發育期間，如有外力干擾，河道被阻，亦可形成瀑布及湍流。所謂外力的干擾，約有下列各項原因：

照片 18-2　瀑布

  1. 河口降低：使河口降低的原因又有：

    (1)主河下切迅速，因而使支流河口高懸而成懸谷。

    (2)一河被他河襲奪，因而使河床高度產生明顯差異。

    (3)冰河主支流下切率不同，主冰河下切力強，可使支流發生懸谷。

    (4)波浪侵蝕海岸，使之後退，變為斷崖，使河流入海口變為懸谷。

    (5)由斷層及瓦褶作用使河谷之下游降低，而生瀑布或湍流。

  2. 河道被阻：

    (1)由山崩、熔岩或冰磧石之堆積，均可使河道受阻，而生湍流或瀑布。

    (2)河道中游地盤緩升而隆起。

    瀑布可使河流水運中斷，阻礙航運，上下游的貨運必須在瀑布處起卸換船，故瀑布附近易於形成市鎮或都市，美國阿帕拉契山麓地帶的瀑布線都市 (waterfall line cities) 如費城、巴爾的摩、里乞蒙等地，均由此而興起。規模宏大的瀑布可以形成觀光勝地，美加之間的尼加拉大瀑布 (Niagara Falls)，不惟每年吸引大批遊客，抑且利用其宏大水力來發電，

該瀑布的有效落差達 60 公尺，如全部水力用來發電，可發電四百五十萬
瓩之巨。

湍流亦不利於航運，湍流過甚亦可使航運中斷，勉強通航，困難殊
多。四川境內各河均屬幼年河，灘湍特多，嘉陵江自上游白水江鎮起至
下游之重慶止，共有湍流灘險三百六十處，平均每行 2.6 公里即需過灘
一次，川江之險惡及不易航行，可見一斑。過去四川以木船航行，遇有
湍流灘險時，往往需要實行「提駁」或「搬灘」，始可在枯水季節維持通
航。至於洪水時期，巨石橫於前，洪流逐於後，船隻順流而下，疾如箭
矢，掌舵撐篙，稍有不慎，立成碎粉。

㈡曲流 (meanders)：河流上游群山交錯，河谷逼狹，河水繞山而行，
迴環曲繞，形如 S 狀，是為曲流。此時河谷下切作用旺盛，河谷深陷成
V 形，若河谷兩側侵蝕力量不等，外側被切割削蝕，內側因受曲流影響，
反被淤積，可使曲流半徑漸趨擴大。山區曲流因深陷谷中，刻蝕劇烈，
故稱刻蝕曲流 (incised meander)；而在下游平原地區，河流速度緩慢，沉

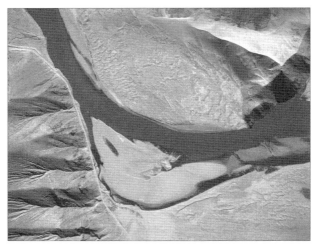

照片 18–3　曲流

積過盛，亦可發生曲流，叫做自由曲流 (free meander)。曲流面對上游的山側，受河流衝擊侵蝕，稱為切割坡 (undercut slope)，下側面向河谷下游，由沙石堆積，叫做滑走坡 (slip-off slope)，曲流之間的狹窄分水嶺，稱為曲流頸 (meander neck)，若一旦曲流頸被切穿，河水裁彎取直，逕行通過曲流頸，叫做曲頸捷徑 (neck cutoff)，所遺下的曲流水道成為牛軛湖 (oxbow lake)，湖水缺乏來源補充經長期填塞及蒸發，水量減小，僅餘過去曲流之遺跡，是為曲流痕 (meander scars)。

㈢河階 (river terraces)：河流若因⑴流量增大；⑵泥沙量減少；⑶侵蝕基準面降低；⑷地盤上升等因素，均可恢復或加強其下切的力量，因而使原成水平之河谷的一部分，又下切成 V 形，迨整個河面下降入 V 形河谷，其上所遺的部分谷地，即露出水面而成臺地。若此類使河流下切的因素發生多次，則可產生多階臺地，稱為河濱階地。

河階可就其性質分為二類：

1. 岩床階地 (bedrock terrace)：河流下切，侵入岩床，使岩床上的上部露出水面成為臺地，又叫做河床臺地 (strath terrace)。此種臺地岩質堅硬而不透水，易受風化崩碎，反而不易持久。

2. 沖積階地 (alluvial terrace)：河流在其沖積層上或氾濫平原上重新下切，使河流兩岸的沖積層局部高聳而成臺地。此種臺地最為常見，因係由砂礫物質組成，利於透水，上層多石英砂粒，不易風化，對於其下的床岩有保護作用，故較持久。因此，沖積臺地又叫做護岩臺地 (rock defended terrace)。

四川嘉陵江沿河臺地甚多，自蒼溪至合川間，河濱臺地達八級之多，自高向下為雲門山臺地，釣魚城臺地，松樹梁臺地，廖加山臺地，牛背脊臺地，戴宗壩臺地，白廟子臺地和李渡臺地。合川至重慶間只有一層黃葛樹臺地，相當於李渡臺地，各級臺地俱為礫石沉積。重慶附近的沙

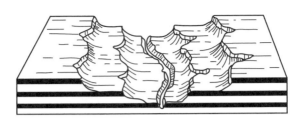

圖 18-7　由差別侵蝕所形成之多層河階

坪壩，菜園壩及北碚對岸的下壩，均相當於黃葛樹臺地，高出嘉陵江面約 20 至 30 公尺，這些臺地排水良好，距河不遠，高度適中，成為沿江聚落及農耕最佳區域。在黃葛樹臺地以下尚有一層江北礫石層，經常沒於洪水位，高出枯水位，故為冬季枯水季節沿江徒走行旅及拉縴夫所走的天然道路。

圖中：㈠切割丘陵，㈡寬谷臺地，㈢走廊式河谷，1.現代河
床，2.江北礫石層，3.河階崖壁，4.黃葛樹臺地。
圖 18-8　四川嘉陵江之河谷發育圖

㈣河流沖積地形：由河流沖積作用所構成的地形種類頗多，主要的計有：

1.沖積錐 (alluvial cone)：山麓陡坡如有小溪自高地下流，沙石在坡腳堆積成錐，是為沖積錐。

2.沖積扇 (alluvial fan)：山中河流迴環而出山谷，坡陡流急，一旦流入平地，坡度突變，流速銳減，大量泥沙石礫隨之沉積，因谷口

狹小，谷外開闊，河水向平地作扇狀展開，形成扇形沉積，是為沖積扇。沖積扇上砂石多係洪水時沖積所成，平時扇上河道常呈乾涸，因扇上物質疏鬆，最易漏水。

3. 山麓沖積平原 (piedmont alluvial plain)：一列山脈有許多平行河流自各谷口流出，可以造成一連串沖積扇，這些沖積扇彼此相連，結成一體，叫做山麓沖積平原。此類平原可自山麓向前延伸數公里。

4. 氾濫平原 (flood plain)：大河兩岸在洪汛期間常有氾濫，洪水所挾帶之泥沙每隨氾濫河水沉積於兩側，形成薄層沖積層，是為氾濫平原。此種平原常在大河的中下游生成。

照片 18–4　氾濫平原

5. 三角洲平原 (delta plain)：河流所攜帶的細沙黏土物質在河口一帶沖積所成的平原，多呈三角形，叫做三角洲平原，此類平原所沉積的物質最為細緻。關於三角洲的生成，美國地形學家紀伯特 (G. K. Gilbert) 曾繪有發育程序圖，仿製如圖 18–9。三角洲平原並非

各河皆有，一河所攜泥沙量過少或沿海潮流過強，均不能形成三角洲，各河三角洲的形狀並不相同，大別之可以分成四種形態：

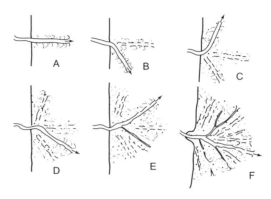

圖18-9　河流三角洲發育階段圖

(1)真三角形 (true delta form)：紀元前五世紀希臘哲人希羅多德 (Herodotus) 見尼羅河口平原酷似三角形，因以命名，為三角洲一詞之濫觴。

(2)弧形或扇形 (arcurate or fan-shaped form)：此類最為常見，如萊因河三角洲及黃河三角洲。

(3)指形 (digitate form)：河口沉積分成數股，長短如手指，故名。如密士失必河三角洲。

(4)灣形 (estuarine form)：河流下游沉降於海底，形成海灣，幹流及支流所攜泥沙沉積於灣內，形成許多半島及島嶼，是為灣形三角洲。例如中國大陸的珠江三角洲，美國東岸沙士奎罕那河下游沉降所成的契沙皮克灣，阿拉斯加的馬更些 (Mackenzie) 河口以及荷比間的須爾德 (Schelde) 河口三角洲均屬於此類。

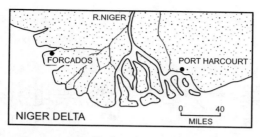

圖 18-10　灣形三角洲圖（尼日河）

〔問　題〕

一、試述河流的侵蝕循環。

二、依據河谷的發生狀況，河谷可分為那幾種？

三、河谷發育通常受那三種作用所左右？試述之。

四、何謂水系？試分述其類型特徵。

五、河流發生襲奪的原因有幾種？試述之。

六、促使河流發生沉積的因素有那些？試述之。

七、由河流沖積作用所形成的地形有那些？試述之。

八、河流三角洲可分為幾種形態？試述之。

第十九章　乾燥地形

　　世界上 30% 的陸地面積為乾燥區域，但由於該區地理環境惡劣，不適於人類活動及居住，故常為人類所忽視。近年由於世界人口的激劇增加（目前全球人口約 60 億），科學的進步，對乾燥地區增加灌溉並探勘地下資源（撒哈拉沙漠區已探得大量石油），始使人類對於乾燥地區增加若干興趣。

　　乾燥地區的形成，主要由於：雨量稀少，且無週期性，雨區範圍狹小，白晝日照強烈，蒸發旺盛，晚間氣溫降至零下，冷熱變化劇烈，加速風化作用，區內天然植物稀少，對地面甚少保護作用，雨時短暫而猛烈，落達地面後，大部變成逕流沖刷地面，形成片汎 (sheet floods)，這種短暫的洪水漫流，對於乾燥地區的刻蝕，常居於重要地位。

第一節　風蝕作用

　　刻蝕乾燥地形的營力除雨水外，尚有風力。風蝕作用有三：

　　㈠吹蝕作用 (deflation)：一次沙漠狂風可將重達一千萬至一億噸的細砂土粒搬運至 2,000 公里以外，堆成沙丘或黃土堆，吹蝕作用力的宏偉

可以想見。

　　㈡磨蝕作用 (corrasion)：狂飆突起，砂石隨之，石英砂粒，磨蝕地面，撞擊崖壁，使地形遭受破壞。

　　㈢摩擦作用 (attrition)：風中沙粒在被挾運途中，互相碰撞磨損，由大變小。

　　在上述三種風蝕作用中，又以磨蝕作用對於地形的破壞最大，風的磨蝕作用係依下述五種方式進行：

　　1.磨光作用 (polishing)。

　　2.成坑作用 (pitting)。

　　3.挖槽作用 (grooving)。

　　4.刻面作用 (faceting)。

　　5.造形作用 (shaping)。

第二節　風蝕地形

　　由上述各種風蝕作用，可以在乾燥區域造成許多大小不等的風蝕地形：

　　㈠風稜石 (ventifacts)：此類石塊具有一面或多面被磨光的刻面，如欲生成風稜石需要具備(1)強風、(2)多沙粒及(3)地表缺乏天然植物三項因素，這三項因素並非隨時隨地皆有，因之風稜石也並不多見。臺灣北端富貴角沿岸有此類石塊。

　　㈡風穴 (wind caves)：風沙撞擊岩壁下部，若岩質軟弱可成壁穴，通稱風穴。

照片 19-1　臺灣北端富貴角的風稜石（林世堅攝）

㈢石格子 (stone lattices)：若岩壁軟硬不一，易於產生差別風化作用 (differential weathering)，軟岩層被蝕窪，硬岩層突出，上下岩壁俱有，有類商店貨架格子，故名。又可稱為蜂窩壁 (honey-combed surface)。

照片 19-2　野柳的蜂窩岩（林世堅攝）

㈣菌狀石 (pedestal rocks)：水平而高起的岩層，若上為硬岩掩覆，下為軟岩塊，則由於差別磨蝕作用，可以形成上大下小的菌狀石，若岩層範圍廣大，也可形成方山。美國加州南部的丹比湖積原 (Danby Playa) 上

有小型方山，上部為粗質的結晶透明石膏層 (selenite)，質地甚硬，抵抗吹蝕力強，其下則為湖積黏土及淤泥，抗蝕力弱，故易成方山或菌狀石。

照片 19-3　美國紀念碑谷的方山與孤丘（林世堅攝）

㈤雅爾當 (yardangs)：雅爾當為長形小溝和平行脊丘所聯合組成的地形，溝的延伸方向和盛行風向一致，由於風的挖槽作用可將下方軟岩層切開，下切入湖積淤土中，溝和溝之間有平行脊丘，高約數公寸至 20 公尺，因地多鹼質，土色灰白，我國稱它為白龍堆，新疆維吾爾族稱之為雅爾當，斯文赫定 (Sven Hedin) 為文依其音，故地形書上通用雅爾當。

㈥風蝕窪地 (blowouts)：此種地形常見於積沙區域，美國自德克薩斯州以迄蒙大那州的高平原區，為第三紀較老沖積層掩覆之區，岩質不硬，易於風化，該區現有成千個淺盆地，多由吹蝕作用造成。中國大陸內蒙滂江境內有一窪地，寬 8 公里，深 60 至 120 公尺，1927 年美國地質學家貝奇及莫利斯 (C. P. Berkey and F. K. Morris) 在其《蒙古地質》一書中，認為滂江窪地應為風力吹蝕及挖掘的結果。

㈦波狀原 (bajada) 和山足面 (pediment)：乾燥區域的山嶺通常以表面平坦的山麓斜坡為範圍，沿山坡逐漸伸入盆地，由山嶺到平地之間可分

為兩部分，下方即臨近盆地部分，係由流水堆積作用所形成，叫做波狀原。上方即靠近山麓部分，為一真正的侵蝕岩床面，外表常有薄層沖積層掩覆，這一部分稱為山足面。波狀原和山足面均有相當的傾斜度，山足面和山嶺本身之間更有明顯的坡度差異，相接之處，若有一裂痕 (nick)。

㈧島狀丘 (inselberge)：乾燥侵蝕循環達到老年期，地面極為低平，風力已將沙土挾運他去，地表僅有少數受硬岩層保護的區域，孤立於平

照片 19-4　島狀丘

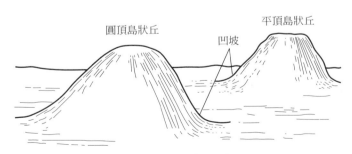

圖 19-1　島狀丘

原之上，有類於河流侵蝕循環老年期的殘丘 (monadnocks)，南非稱這種
殘丘為島狀丘，表示南非高原的乾燥地形已發育到老年期。

第三節　風積地形

　　風有強大的搬運力，風速愈大，搬運力愈強，乾燥地區強風更常帶
陣性 (gustiness)，格外增加強風的威力。沙塵在風中運動，普通採取三種
方式：

　　㈠懸浮 (suspension)：空氣擾動，發生渦流，因而可生上舉力，使灰
塵細沙浮懸於空中，隨風前進。普通上舉力如為每秒 1 公尺時，可以懸
浮直徑約 0.1 公釐的沙粒，若上舉力增加十倍，每秒達 10 公尺時，則可
浮懸直徑 1 公釐左右的沙粒。

　　㈡跳躍 (saltation)：較大沙粒風力無法一直浮之於空中，遂使沙粒時
起時伏，對地面發生撞擊而跳躍前進。大多數的吹沙 (blowing sand) 向前
移動，均採此種方式。

　　㈢地面蠕動 (surface creep)：更大沙粒受風的壓力，既不能浮懸於空
中，亦無力跳躍，只能在地面滾轉，緩緩移動。這是一種緩慢的沙粒運
動，一次強風所移行的距離常不甚遠。

　　在空中懸浮的沙粒，當風力轉弱無力將灰沙繼續向前搬運時，立即
降落於地表，發生沉積 (sedimentation)。但跳躍的沙粒落地後，仍有餘力
向前蠕動相當距離，往往在蠕動到較窪地區始行停止不動。崎嶇地面，
地面蠕動往往受阻，無法通過，但採行跳躍方式的沙粒，仍可繼續進行。
大致言之，沙粒大小和搬運的距離成反比，沙粒細小的搬運得遠而快，

沙粒大的搬運得緩而近。因此當發生沉積時，大的鵝卵石和漂礫沉積在後，細沙黏土沉積在前，粗細大小，排列有序，此種帶有選擇性的沉積叫做落後沉積 (lag deposits)。

　　由風的沉積作用所造成的地形叫做風積地形。風積地形並不一定發生在乾燥區域，除乾燥區外，風積地形還可在：(1)半乾燥區域，(2)疏鬆沙岩區域，(3)冰河外洗平原區，(4)沿海或沿湖地區生成。風積地形可分成兩大類，即沙丘和黃土。茲分述之。

　㈠沙丘 (sand dunes)：沙丘依其性質的不同，可以分為五種：

1. 漂沙 (sand drifts)：在地表障礙物之間的缺口，有類風洞，沙粒沿缺口侵入，在背面沉積，此種沉積叫做漂沙，又稱影沙 (sand shadows)。

2. 真丘 (true dunes)：大量沙粒隨風流動，當風力轉弱時可沉積於地表，造成沙丘，這種沙丘的生成並不一定需要依附於地表障礙物，叫做真丘。新月丘和縱沙丘均屬於此類。

3. 鯨背丘 (whalebacks or sand levees)：鯨背丘以其形狀類似鯨魚之背而得名，為一長條平頂沙脊，順著盛行風向平行延伸，長可達 160 公里，寬 3 公里，高 50 公尺，但缺乏陡峻斜面，故和縱沙丘有別。埃及沙海 (Sand Sea) 中最多此種沙丘。

4. 波狀丘 (undulations)：介於縱沙丘和鯨背丘之間，常有一種波狀丘面出現，形態無定，長度較鯨背丘為短，稱為波狀丘。鯨背丘和波狀丘生成後，形狀很少改變，不像新月丘和縱沙丘的形態變化多端，常有改變。

5. 沙幕 (sand sheets)：廣大平坦一望無垠之乾燥區域，地上由細沙掩覆如幕，叫做沙幕，北非利比亞細利瑪沙幕 (Selima Sand Sheet) 為一範例。該地面積至少在 8,000 平方公里以上，游目所及一望無

垠，岩床之上，積沙厚達數呎，此類廣大沙面有人認為即是沙漠準平原面。

若根據沙丘的形態分，又可分成四種：

1. 縱沙丘 (longitudinal dunes)：沙丘的方向和盛行風向平行，沙丘一側（迎風側）渾圓，另一側則呈陡峻（在背風側），丘脊似刀，上有許多凸凹不平之處，和盛行風向成直角方向，當係盛行風越過丘脊至背風面產生下沉作用吹蝕所致。兩相鄰縱沙丘之間，常成丘峽，盛行風經常由此峽口穿過，沙漠岩床飽受吹蝕而暴露於外。縱沙丘甚高大，埃及沙海中縱沙丘高達 100 公尺，伊朗者更高達 200 公尺以上，縱沙丘的寬度約為其高度的六倍。

2. 橫沙丘 (transverse dunes)：風力較弱、風向恆定之區，所攝細沙可以形成橫沙丘，此丘脊和風向直角相交，尖端伸向背風面。

3. 新月丘 (barchanes)：迎風坡坡度平緩，背面坡較陡，尖端正對盛行風向，這種沙丘具有橫沙丘和縱沙丘雙重的特性，但比較接近橫沙丘，故也可將它歸屬於橫沙丘一類。

4. 抛物線狀沙丘 (parabolic dunes)：此類沙丘的尖端指向迎風面，迎風坡遠較背風面平緩，整個沙丘作抛物線狀，常形成於地表有植物的窪地區。

照片 19-5　沙漠（新月丘）

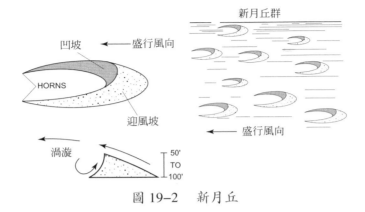

圖 19-2　新月丘

　　沙丘為乾燥地區沉積地形之一，沙漠雖為最乾燥的地區，但在沙漠中沙丘的分布多寡不一，頗不一致，撒哈拉沙漠區中的沙丘面積只有1/9。根據沙丘的有無，沙漠可分成兩類：

1. 沙丘性沙漠 (sand-dune desert)：沙漠中有沙丘分布錯落其間。如南疆的 Takla Makan 沙漠屬之。這種沙丘是由風積作用所形成的。

2. 礫漠 (stone desert)：地表無沙丘，地面由石礫岩片所組成，其上細沙物質則被風的吹蝕作用攜走，故下方岩床可有部分出露，因而地面抗壓力強大，可以行車。不似沙丘性沙漠地面鬆軟，不易行車，二次大戰英德在北非沙漠區作戰，機動車輛必須縛以鐵索始可行動，即因該區沙丘甚多，地表鬆軟所致。反之，在七七事變前我國曾用汽車試闢新疆至綏遠公路，車行順利，即以沿途多為礫漠之故。

　㈡黃土 (loess)：黃土為淺黃色含石灰質細土，內含帶有稜角的石英、長石、方解石、白雲石及其他礦物質顆粒，土質硬度不大，具有滲透性。過去對於黃土層的生成說法不一，現在則已被公認為是風積作用所形成。供應大量黃土物質的源地有二。一為源自沙漠，叫做沙漠黃土，中國的

黃土層胥由蒙古沙漠地區所供應；另一種來自冰河外洗平原，可稱為冰河外洗黃土，歐洲和北美洲的黃土層都由這種黃土堆積而成。

黃土區域堆積形成後，再經長期的風化雨水侵蝕，亦可分為三個發育期：

1. 幼年期 (youthful stage)：本期黃土原初被侵蝕，切割未深，所成小地形有天然井 (natural wells)，長溝 (gashes) 及陷穴 (sinks) 等。

2. 壯年期 (mature stage)：本期黃土原被切割已深，黃土壁立，中多峽谷 (canyon)，對於交通妨礙極大。中國大陸西北黃土高原的發育屬於本期。

3. 老年期 (old stage)：黃土原經長期侵蝕，地勢趨於平坦，其上僅有殘餘土堆，形成黃土塔 (loess spires) 及黃土峰 (loess plnnacles)。

世界上最著名的黃土區為中國黃土區，自黃河流域上游以迄下游均屬黃土區。中國黃土層為第四紀洪積統的風成沉積，土質並未凝固，缺乏層理，但具有垂直劈開性，往往土壁兀立數十公尺而不墜，隨地勢起伏而沉積。位在黃河以北的蒙古高原，為冷性反氣旋源地，氣壓梯度大，強風自中心向四方吹蝕，蒙古高原上風化的細沙黏土，為風攜運，沉積於半乾燥的陝甘高原和山西高原上，故這一帶的黃土稱為原生黃土 (primary loess)，沉積之厚可達 70–80 公尺，平均厚度亦達 30 公尺，該區既甚乾燥，黃土層又復深厚，故西北人民多穴居其中，冬暖夏涼，是為窰洞。黃河下游的黃淮平原為沖積黃土區，除一部分是由風積外，主要是由黃河及其支流沖積所成，故為次生黃土 (secondary loess)。北美洲的黃土均源於冰河外洗平原，沿密士失必，密蘇里，俄亥俄和瓦貝士 (Wabash R.) 諸河流域向西以迄艾達荷 (Idaho) 州西部，華盛頓州東部廣大的平原區域，都有黃土層沉積，美國黃土層經過侵蝕亦可形成丘壑，愛阿華 (Iowa) 州的巴哈丘陵 (Paha Hills)，即為黃土峰。歐洲黃土區西起萊因河

(Rhine R.)，南至隆河 (Rhone R.)、多瑙河諸流域，向東伸入烏克蘭境內；歐洲黃土均源於北歐及中歐的冰河外洗平原區。

〔問　題〕

一、風蝕及風積作用各分那幾種方式？試述之。

二、試述沙丘的分類。

三、試述中國大陸西北黃土層的成因及其性質。

四、試以繪圖方式表示下列各名辭：

　　⑴風稜石

　　⑵新月丘

　　⑶壯年期黃土層

　　⑷島狀丘

第二十章　石灰質岩地形

　　石灰質的岩石有三種，即石灰岩 (limestone)，白雲岩 (dolomite) 和白堊 (chalk)，這三種岩石性質特殊，最易溶於水，故在多雨及水源豐富之區，這些岩石最為軟弱；反之，若在乾燥地區，這些岩石卻甚堅硬，對於風化作用特具抗力。卻最怕溶蝕作用 (solution)，故此類地形又叫做溶蝕地形，世界上主要的溶蝕地形計有：中國的廣西及貴州一帶，法國南部的科斯區 (Causse region)，英法沿海白堊海岸，西班牙的安達魯西亞 (Andalusia)，希臘，前南斯拉夫，澳洲南部的大澳灣沿海平原，中北美洲的牙買加 (Jamaica)，古巴西部，波多黎各 (Puerto Rico) 北部，墨西哥尤卡坦 (Yucatan) 州北部，美國的佛羅里達，田納西，印第安那及肯塔基各州均屬之。這種石灰質岩溶蝕地形最初在前南斯拉夫沿海喀斯特區域，引起人們注意，加以研究討論，故這種地形也叫做喀斯特地形 (Karst topography)。

第一節　溶蝕營力及地形發育

　　促使石灰質岩層發育的營力在空中為雨水，在地表為流水 (running

water)，在地下為地下水 (ground water)。雨水可使出露地表的石灰岩層遭受淋蝕，部分被水淋溶流走，部分形成上尖下粗的石峰和石林地形；地下水在地下岩層中長期溶蝕的結果，可以造成石灰洞穴。大致言之，凡是洞穴發達之區，其上的喀斯特地形常不顯明。何故？此因凡是地下洞穴發育完美，即表示該區地下水豐富，而地下水來自地上，故亦即表示地表水在該區極易滲入地下，因此在地下有充分水源供溶蝕之用，而在地上反呈水流短少的現象。

　　雨水及地表水由地表滲透入於地下的水量約為總量的 10%，地下水總儲量約達 565×10^{12} 立方碼之多。水分滲入地下，並非任一岩層均有儲水能力，有些岩層組織緻密，透水性極小，有些岩層結構疏鬆，易於透水儲水，岩石孔隙的大小和多寡，稱為岩層的孔隙度 (porosity)，各種岩石的孔隙度差異甚大，像火成岩類的花崗岩等極少孔隙，沉積岩中的砂岩則富有孔隙，有容水的空間。

　　地表水除經由滲透作用 (infiltration) 進入地下外，尚可經由岩層裂隙 (fracture)，裂面 (cleavage)，節理 (joint)，陷穴 (sink hole) 及溶口 (solution openings) 等洞隙進入地下，水的補充並非甚難，但若大量吸取，仍易於枯竭。

　　地下水可以順利透過之岩層稱為透水層 (pervious stratum)，不能任意透過之岩層叫做不透水層 (impervious stratum)，地下水蓄積帶經常位在不透水層之上，若該區充滿地下水，叫做飽和帶 (zone of saturation)。飽和帶表面即為地下水面 (water table)，此面隨地形起伏而有高低，應是地下水溶蝕岩層的臨時基準面。各地岩層性質不一，蓄水層和不透水層常相間疊置，故一地可有數個地下水面，其中最接近地面的地下水面，叫做表層地下水面 (perched water table)。

　　一地溶蝕地形是否充分發育，須視下述四項條件的情況而定：

㈠易受溶蝕之岩層。在地表或接近地面處應具有易被溶蝕之岩層，其中以石灰岩最佳，白雲石岩層亦可，但其易溶率不及石灰岩，白雲岩層亦甚易溶，但有白雲岩層的地區往往缺乏其他條件，致喀斯特地形的發育不夠良好。

㈡中度以上之雨量。造成喀斯特地形的營力既以雨水為主，故如欲發育成良好的喀斯特地形，必須具備中度至高度的雨量，否則雖有優良的石灰岩，卻乏顯明的喀斯特地形發育，此種情況在半乾燥及乾燥氣候區甚為常見。目前在世界各主要喀斯特地形區，皆有中度及強度的雨量，唯一的例外為墨西哥西南部尤卡坦區雨量較少，但僉信在洪積統多雨期 (Pluvial epochs) 中，該區的雨量遠大於今日。

㈢岩層應為薄層、緻密、具有高度節理。水入岩層最好能沿一定的岩石裂隙節理集中流動，則喀斯特地形易於發育，若岩層具有高度孔隙度及滲透性，則雨水下注，滲入整個岩層中，溶蝕的能力分散，如此喀斯特地形反而不易發育。此所以英法沿海白堊區喀斯特地形發育較差之原因。美國印第安那州南部喀斯特地形甚為發達，也是受此一條件所左右。

㈣在具有高度節理的易溶岩層下側，宜有下陷谷地存在。因下游若有下陷谷地存在，則在中游溶蝕後的地下水，易於向下游排出，以便容納新水源，加速溶蝕作用的進行。同時因下游河谷深陷，地下水面自必隨之下降，因而使中游地面河水，易於改向進入地下，造成地下石灰洞之擴張及伸展。美國印第安那南部失落河 (Lost River) 區喀斯特地形及石灰洞之形成，即是在此種方式下發育。

第二節 喀斯特地形特徵

在喀斯特地形區域,下列地形雖不一定會在任一喀斯特區同時出現,但俱屬於喀斯特地形區的重要形態。

㈠紅土 (terra rossa):石灰質岩石經溶蝕後,常有殘餘的紅黏土,留存於地表及節理中,紅土厚度不等,薄者數寸,厚者可達十餘公尺,此類土中富含鐵質,故作紅色,主要分布於熱帶及副熱帶區,在外表上和磚紅壤 (lateritic soil) 極相似。但磚紅壤附近無石灰岩殘丘及石峰,石林等。

㈡岩溝 (lapiés):石灰岩陡坡之上,殘餘紅土無法存在,岩面暴露於外,被溶蝕鏤刻成窪陷槽溝,高低不平,崎嶇難行,稱為岩溝。岩溝在水平岩層區甚少發育,因水平岩層區多陷穴 (sink holes)。

㈢陷穴 (sink holes):石灰岩層表面經溶蝕後,出現漏斗狀窪地,上部寬廣,向下尖銳,深度不一,有深僅數呎者,亦有深達百呎者,大多數陷穴深度介於 10 至 30 呎(約 3 至 10 公尺)之間,所佔面積由數平方公尺至 1 平方公里左右。在石灰岩地形中陷穴最多,據馬洛

照片 20-1 高雄大岡山石灰岩岩溝 (林世堅攝)

特 (C. A. Malott) 等估計，在整個印第安那州南部喀斯特地形區內，約有陷穴三十萬處，僅在奧爾良 (Orleans) 西南 1 方哩內即有陷穴一千零二十二處。陷穴可分兩種：一為溶蝕陷穴 (solution sinks)，係由溶蝕營力作用於岩層上所形成者，又名石灰阱 (dolines)。石灰阱一詞源於前南斯拉夫，塞爾維亞人稱之為 dolinas。另一種為坍塌陷穴 (collapse sinks)。此種陷穴係由岩層下方被溶中空因而坍塌所成。此二種陷穴中以石灰阱比較常見。若地表流水經由陷穴對外的通路直接流入該陷穴，特稱該陷穴為吞口 (swallow hole)。

㈣長阱溝 (uvala)：地下河道上方若大規模的坍塌，形成較大窪地時，稱為長阱溝，此種地形之育成，表示喀斯特地形循環已到達晚幼年期。

㈤長盆地 (polje)：石灰岩塊向下斷層或向下撓曲後，經過溶蝕變成長形，底部平坦，邊緣陡峻之盆地叫做長盆地。標準的長盆地範圍廣大，佔地若干方哩，而通常一個長阱溝佔不過數畝，故長盆地和長阱溝在成因上及範圍上均有不同。巴爾幹西部李夫諾長盆地 (Livno Polje)，長 40 哩（64 公里），寬 3 至 7 哩（5 至 11 公里），為全球最大的溶蝕長盆地。

㈥天然隧道 (natural tunnels)：山區河流沿深陷河谷繞曲流坡腳向下方流動時，若有一部或全部河水潛入地下，經坡腳地下直接通達河之下游，又重新升露於地表，則進水口為吞口，出水口可稱為升口 (rise hole)，中間河水在地下的一段因途程短捷，可稱為地下捷徑 (subterranean cutoff)，又可叫做天然隧道。美國維吉尼亞州克林其波鎮 (Clinchport) 以北，有一壯觀的天然隧道，長 900 呎，寬 130 呎，平均高度 75 呎，其中除有史托克溪 (Stock Creek) 流過外，並為南方鐵路利用作為火車隧道。

㈦天然橋 (natural bridges)：若天然隧道頂部逐漸坍塌，使長度縮短，上方便成天然橋，天然橋的成因甚多，並非僅由地下水溶蝕可成。為和其他成因的天然橋區別，由溶蝕作用所成的天然橋，又可叫做喀斯特橋

(Karst bridges)。美國最著名的天然橋在維吉尼亞州勒克星頓 (Luxington) 西南之石橋郡 (Rockbridge County)，該天然橋係用塊狀鎂質石灰岩構成，厚 40 至 50 呎，長 90 至 100 呎，寬 50 至 150 呎，拱形岩橋下臨西達溪 (Cedar Creek)，高出河面達 150 呎。天然隧道可被利用為火車隧道，天然橋則可被作為公路橋樑，美國第十一號聯邦公路即係利用此橋以通過西達溪峽谷。

㈧石林 (cockpits)：石灰岩層被雨水溶蝕，表面凸凹起伏不平，形成無數小石峰密集如林，叫做石林。

照片 20-2　雲南路南大石林

㈨石灰殘丘 (hums)：石灰岩地形經長期溶蝕，尖銳的石林逐漸變為渾圓小丘，稱為石灰殘丘，也有人稱它為桂林山。這些侵蝕殘餘可高出其周圍數百呎至千餘呎，為溶蝕地形循環中老年期的地形特徵，和河流地形中的殘丘 (monadnocks) 以及乾燥循環中的島狀丘 (inselberges) 相當。波多黎各之派平諾丘 (Pepino Hills)，古巴之芒高特 (Mogotes) 和法國科斯區的坦蒙尼孤山 (Butte Temoines) 等，都是石灰殘丘，僅名稱不同而已。

第三節　石灰岩洞穴地形

㈠沉積地形：雨水自地表經由裂隙、裂面及節理等孔隙進入石灰岩層，在岩層內長期溶蝕，可成洞穴 (caves)。雨水自空中下降時，沿途吸收相當數量的二氧化碳，在石灰岩層中和碳酸鈣相化合，可成重碳酸鈣，其化學反應方程式如下：

$$H_2O + CO_2 + CaCO_3 \rightarrow Ca(HCO_3)_2$$

這些重碳酸鈣極易沉積於洞頂，洞壁及洞底各處，統稱為洞穴灰華 (cave travertines)。這些灰華沉積依其所沉積的地點不同，可分為下列四種：

1. 石鐘乳 (stalactite)：飽含重碳酸物質之泉水，由洞頂下滴，重碳酸鈣及碳酸鈣依著於洞頂，日久凝結，纍纍下垂，形狀如鐘似乳，稱為石鐘乳。

2. 石筍 (stalagmite)：由洞頂下滴之泉水，落於洞底，泉水蒸發，碳酸物質沉積，屹立地面如竹筍，是為石筍。

3. 石柱 (columns or pillars)：洞頂之石鐘乳向下伸長，地上之石筍則

照片 20-3　臺灣東埔樂樂谷內的鐘乳石、石筍、石柱（林世堅攝）

向上積高，日久可上下連接成為柱狀沉積，叫做石柱。

4.石籬 (helictite)：碳酸物質隨泉水在洞中沿洞壁向上、下四方凝固
發育，無一定方向，如葛似籬，稱為石籬。石籬的生成乃因泉水
量不多，不足以聚水下滴，僅可使洞壁潮溼，因此石籬乃得依碳
酸鈣的結晶軸線發育。

世界上有許多著名的石灰洞，高大壯觀，內部琳瑯滿目，顏色乳白，
如入水晶宮中。美國新墨西哥州卡斯巴洞 (Carlsbad Cavern) 中的灰華沉
積，範圍廣大，尚可分成若干巨室，中國大陸貴州的魚河洞灰華沉積，
亦極美觀。故在石灰洞穴沉積發育良好之區，每可吸引若干遊客，形成
觀光勝地。

㈡溶蝕地形：在石灰洞中的溶蝕地形最主要者即為大型石灰洞，因
係先有石灰洞後有洞穴沉積，故溶蝕作用實為最先開始之作用。隨後可
生削磨作用，地下水流作用，逐漸使石灰岩石節理及岩層面擴大，漸成
石灰洞，石灰洞往往不止一層，普通有二層，最多可達五層，此因地下
水或地下河道將上層溶蝕擴大成洞後，又沿裂隙節理侵入下層岩面，繼
續其溶蝕作用，當我們在上層乾涸的石灰洞中考察或觀光時，往往聞及
腳下流水潺潺，即由此故。四川南部金佛山區石灰洞中即有此現象。在
石灰洞中尚有些溶蝕殘餘物，零星分布於其中，中國大陸西南各省的石
灰岩地形最發達，雲南路南的石林是著名的大片石灰岩淋溶地形；廣西
桂林的疊彩岩石灰洞是著名的溶蝕洞，洞中有許多鐘乳石，並裝置許多
彩色燈泡，供遊人入內觀賞，均成為全國著名的旅遊勝地，是重要的觀
光資源。

第四節　喀斯特地形循環

　　石灰質岩層地區有無特有的侵蝕循環抑喀斯特地形僅在河流循環中有一喀斯特型，尚屬見仁見智，爭論未決。戴維斯 (W. M. Davis) 認為石灰岩地形的發育，只是常態循環壯年期中的一種特殊形態。喀斯特地形的發育，大多始自地面水系，中經一地下水系階段，復以地面水系而結束其循環，故和常態循環具有密切關係。不過如將喀斯特地形的發育視為一種特殊循環，亦無不可。

　　克維吉 (Jovan Cvijic) 和桑德士 (E. W. Sanders) 將喀斯特地形的發育，分為四時期：

　　㈠早幼年期 (early youth stage)：當地面水系位於嬰年的石灰岩面上或地下水系甫行發展之時，均可視為喀斯特地形的幼年期，本期地形特徵具有岩溝和零星的陷穴（石灰阱），但並無大型石灰洞，地下水系尚未發展完成。

　　㈡晚幼年期 (late youth stage)：本期內陷穴最多，地下水系已發育成一條地下幹河，壯大有如地面河流，如尚有地表水系，亦僅限於短距離，瞬即進入吞口。石灰阱密布，長阱溝及長盆地十分發達，為本期特徵。

　　㈢壯年期 (mature stage)：喀斯特地形發育已自高潮趨於平緩，在壯年期中原在地下暗流的水道，已有部分開了天窗，叫做喀斯特窗 (Karst window)，暴露於外。換言之，自地上已可窺見地下河流，喀斯特窗繼續擴展，即成長阱溝。

　　㈣老年期 (old stage)：本期又已回復至地面水系，地面僅有少數孤立

的石灰殘丘、天然橋等，為原來石灰岩地形的殘餘物。

　　在喀斯特地形區不同的侵蝕循環期可以同時存在，即甲段甫受河流切割、溶蝕，為喀斯特的幼年期；乙段可能已發育到壯年期，丙段甚或已達老年期。圖 20-1 示石灰質岩地形發育的四階段圖。

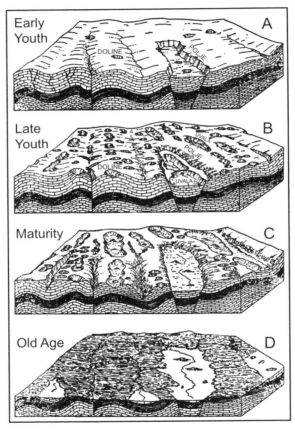

圖 20-1　　石灰質岩地形發育階段圖

〔問　題〕

一、溶蝕地形的發育，通常需具備那些條件？

二、石灰岩洞穴沉積可生那幾種地形？試述之。

三、試述喀斯特地形發育的分期。

四、解釋下列各名辭：

　　(1)石灰紅土

　　(2)陷穴

　　(3)地下水面

　　(4)桂林山

第二十一章　冰河地形

第一節　冰河的生成

　　雪為固體降水之一種，通常為六角形之疏鬆雪花 (snowflakes)，體大而質輕，密度甚小，僅約 0.06–0.16（水的密度為 1）。高寒地區，積雪終年不消，雪層漸厚，範圍頗廣，密度逐漸增大至 0.45 左右，可成雪田 (snowfields or névés)。此時雪田中小冰晶物溶化後，再結晶成大結晶體，發生再結晶作用 (recrystallization) 及再凍結作用 (regelation)，密度增加至 0.72–0.84，此時稱為雪冰 (firn)。然後積雪繼續加厚，擠壓愈甚，雪冰密度續增至 0.9，乃成冰河冰 (glacial ice)。此時冰層密度已達極大，和由水凍結所成之冰的密度 0.918 相差已甚微，密度既大，壓力亦強，每平方吋冰河冰所產生的壓力，達 150 磅之巨，此因雪冰田的最低厚度亦在百呎以上，否則此塊雪冰田將永不能變成冰河冰，冰河冰密度既大，復有甚大厚度，其本身所產生的靜壓力及地形坡度，均可促使其向下滑動，故名冰河 (glaciers)。冰河流動的速度因地而異，一般言之，表層快，底層慢，中央快，兩側慢，而兩側的速度也並不一致。根據阿加西斯 (Louis

Agassiz) 在阿爾卑斯山區觀察測量昂提拉冰河 (Unteraar Glacier) 三年之結果，其速度可如下表 21-1 所示。

表 21-1　昂提拉冰河之速度

地點（距左側之距離，呎）	年平均速度（呎）
0.0（左翼）	9.8
98.4	18.4
942.0	159.4
1,230.3	206.0
2,313.3（主流所在）	231.0
3,198.8	210.3
3,986.2	130.6
4,478.3（右翼）	5.2

由該表可見阿爾卑斯山區冰河的速度均甚緩慢，平均日速僅 1 呎，但在高緯度的大陸冰河，速度卻甚快，如格陵蘭的阿坡尼微克冰河 (Upernivik Glacier) 日速可達 100 呎至 124 呎，二者速度相差達百倍以上，何故？此因阿坡尼微克冰河已在格陵蘭峽灣之上，冰河下方海水的浮力及滑動力，使冰河的移動速度大為增加，在格陵蘭內陸冰河的日速即已銳降為 30 至 60 呎。

第二節　冰河的分類

1948 年艾爾曼 (H. W. Ahlmann) 根據冰河形態的不同，將冰河分成下列三類。

㈠片狀冰河：本類冰河為大規模片狀，冰層向四方移動，底部地形有影響力，但不受其支配。又可分為三種：

1. 大陸冰河 (continental glaciers)：冰河面積廣大，或稱內陸冰河。如南極洲冰河。

2. 冰帽冰河 (glacier caps)：冰河所覆蓋之面積較大陸冰河為小。如格陵蘭冰河。

3. 高地冰河 (highland glaciers)：冰河掩覆於山岳地帶的頂部和中部。

㈡谷狀冰河：本類冰河具有流道，移動方向以重力作用順冰河道而行，受地形所左右。上述第一類冰河的外圍部分，多為谷狀冰河，這一類冰河可分為五種：

1. 冰斗冰河 (cirque glaciers)：山壁凹地 (niches) 積雪日久，成為冰河，向下流動，因該凹地稱為冰斗，故由此下流的冰河叫做冰斗冰河。

2. 山谷冰河 (valley glaciers)：冰斗冰河下移至山谷，繼續流動稱為山谷冰河，阿爾卑斯山中最多山谷冰河。

3. 谷壁冰河 (wall-sided glaciers)：冰河僅覆蓋山谷的一部分者，稱為谷壁冰河。

4. 谷系冰河 (transection glaciers)：整個谷系各支谷均被冰河填充佔據者，稱為谷系冰河。

照片 21-1　紐西蘭南島法南茲約瑟夫冰河（林世堅攝）

5.冰舌 (glacier tongues)：在下游處，冰河向前伸展如舌，稱為冰舌。

㈢冰河散塊：在冰蝕地區之邊緣地帶，形成大小不等的冰塊，缺乏獨立性。又可分為三類：

1.山麓冰河 (piedmont glaciers)：由上述山谷冰河，谷系冰河或谷壁冰河向下延伸至山麓，連結成一片冰野，稱為山麓冰河。

2.山足冰河 (foot glaciers)：上述山谷冰河，谷系冰河或谷壁冰河延伸至山腳，其最下方部分，稱為山足冰河。

3.陸棚冰 (shelf ice)：冰河延伸至海濱，進入陸棚區，冰下已為海水，稱為陸棚冰。

此外，根據冰河移動的形式不同，可將冰河分為二類：

1.冰流 (ice streams)：上述艾爾曼分類中第二大類均為冰流。冰流的流動係受重力作用，流向一致，冰河底部的地形對其流動，具有控制力。

2.冰帽 (ice caps)：上述艾爾曼分類中第一大類均為冰帽類。冰帽的流動係由於冰層內部壓力上的差異，故四周冰河作多方面的流動，雖受地形的影響，但不受其支配。

至於艾爾曼分類第三種冰河散塊，則為第一、二兩類冰河之過渡形式。

第三節　冰河流動的原動力

冰河冰為具有彈性的固體 (plastic solids)，有其堅硬性 (rigidity)，亦具有易碎性 (brittleness)。在高低不平的地表面，促成冰河運動的力量並

非一端，有重力、壓力、也有剪移力 (shearing force)。1942 年及 1943 年，戴莫瑞 (Max Demorest) 先後發表二文，認為冰河的流動由於原動力的不同，可分為四種形式：

㈠重力流 (gravity flow)：山谷冰河若冰河底部的坡度起伏不大，重力作用大於地表的摩擦力，冰河順山谷坡度下流，沿途無冰瀑 (ice falls)，此種冰河的流動，稱為重力流。重力流的速度最大在冰河表層。一般山谷冰河的流動均屬於重力流。

㈡受阻重力流 (obstructed gravity flow)：冰河沿山谷下流時，若底部受到地形阻礙，或遇到停滯不動的冰層阻礙，使上部流動較快的冰層，沿剪移面 (shear plane) 緩緩滑過，此種超越障礙繼續向前流動的重力流，叫做受阻重力流。這種流動常引起冰河冰發生褶曲及斷層，並生成一種藍色條紋，乃是由剪移作用發生後，再結晶所形成的窄帶。

㈢擠壓流 (extrusion flow)：在冰帽區域，冰層深厚，壓力甚大，下方冰層被上方強大壓力擠壓，乃分別自下部向外緩緩移動，有如塑膠流，流速最大處為冰河底層，和重力流最大流速在表層者適相反，此種冰河流動稱為擠壓流。一般片狀冰河均屬之。大陸冰帽區域擠壓流自冰層最厚處向四方邊緣較薄處移動伸展，若冰帽底部地形和冰層流向相一致，則流動加速，侵蝕較劇，否則流動緩慢，侵蝕力亦小。此點可說明為何有些地方侵蝕大，另些地區則被蝕輕微。

㈣受阻擠壓流 (obstructed extrusion flow)：大陸或高原冰河受擠壓流的作用向前移動時，受到地形上的阻礙，不能繼續流動，但後方冰塊蜂湧而來，整個的向前推力超過地形阻力，因使前方冰塊沿斜坡或超過障礙物前進，這種流動叫做受阻擠壓流。冰帽區的四周外圍小冰河，常有發生受阻擠壓流的現象。

第四節　冰河生命史

冰河的一生應包括其本身的壯大 (nourishment)，運動 (movement) 及損耗 (wastage) 三方面的變化。當其壯大至適當程度，則冰河前進 (advance)；若損耗甚多，則呈停滯 (stagnation)；至氣溫劇增或損耗益烈，則冰河退卻 (recession)。

㈠冰河的壯大：適當的氣象條件始可使冰河滋養壯大，山地冰河的冰源來自山區降雪，但其他因素亦有助於冰河的生成。山脈迎風坡風力較強，積雪常被挾走，但降雪量遠大於背風面，故迎風面仍可有積雪形成冰河冰。故路易士 (W. V. Lewis) 曾說，北半球東北方至東北東方為最利於冰河發展之區。深谷之中，日光掩蔽最利於雪層堆積，以滋補冰河。至於大陸冰河的壯大及冰源補充，賀布士 (W. H. Hobbs) 曾創冰河反氣旋 (glacial anticyclone) 之說，現已證明和實際情況不符。大陸冰帽區冰雪主要的來源是位在大陸冰帽區的冷空氣因冷重而下沉，四周的海洋氣團氣溫較高，輕而浮於上方，因而導致氣旋性降水，以供應大陸冰河的消耗。

㈡冰河的損耗：冰河的溶解和蒸發，稱為消耗 (ablation)；若冰河前部的冰舌因伸入水中而斷裂漂走，是為崩解 (calving)，不拘消耗或崩解，都是冰河的損耗。艾爾曼曾根據冰河活力的大小，將冰河分成活動 (active)，不活動 (inactive)，被動 (passive) 及死 (dead) 冰河四種。若一冰河所獲得的補充多，消耗少，具有前進能力，應為標準的活動冰河。反之，若補充稀少，損耗甚大，活動能力近於零或等於零，則稱為死冰河。

冰河的損耗來自數方面，冰河前鋒受溶而後退，稱為後耗作用 (backwasting)，此為最易察見的一種損耗。另一種不易發現的冰河損耗為變薄作用 (thinning)，又可稱為下耗作用 (downwasting)。下耗作用所損失的冰量實較後耗為大。例如：美國華盛頓州雷英尼峰 (Mt. Rainier) 之尼斯瓜來冰河 (Nisqually Glacier) 每年平均變薄 6.6 呎，前鋒後退 70 呎；阿爾卑斯山區的亨特里菲納冰河 (Hinterisferner Glacier) 在二十四年中，計後退 1,006 呎，減薄 340 呎。

目前全球各地的冰河大多數均在後退中，後退的速率各冰河均不相同，例如法國的隆河 (Rhone R.)，上源為瑞士冰河，在過去二百年中，已後退 2 公里，平均每年後退 10 公尺，美國華盛頓州巴克峰 (Mt. Baker) 上之依斯頓冰河 (Easton Glacier) 在過去二十八年中，共後退 4,900 呎，平均每年後退 175 呎（53 公尺）。全球被冰河所掩覆的面積共為 5,829,670 方哩，南極區所佔最多，達 502 萬方哩以上，厚度 6,000 呎以上，為今日世界冰庫所在。南極洲陸上有冰層掩覆，經探測結果，已知冰層之下，有部分為海水及島嶼，並非全為大陸，冰層下並有一條大海溝 (sea trough) 長 1,900 公里，深 500 公尺，位在 Ellsworth Highland 之下，此海溝可以溝通羅斯海 (Ross Sea) 及威德爾海 (Weddell Sea)。

第五節　山岳冰河地形

㈠冰斗 (cirque)：冰斗為山岳冰河的發源地，狀如高背靠椅，其構造可分三部分，即：後壁 (headwall)，窪地和斗口 (threshold)。冰斗後壁甚為陡峻，可高達 2,000 至 3,000 呎；雪冰在壁前堆積，同時向下挖掘磨蝕，形成窪地，冰河冰在冰斗內堆積至相當厚度時，可經由斗口向下方移動，

稱為冰斗冰河。若在冰斗內只有厚雪堆積，未能形成冰河，特稱雪蝕冰斗 (nivation cirque)。斗口處稍形凸起，故冰河消滅後，可瀦水成湖，是為冰斗湖 (cirque lake)，又稱冰蝕湖 (tarns)。中緯度以上高山地區，氣候寒冷，雪量豐富，岩層單純而均一，均有利於冰斗之發育。若一山四邊均有冰斗發育，中間被削蝕成尖銳山峰，稱為冰斗山，又可叫做角峰 (horn)，例如瑞士的馬特角峰（Matterhorn, 14,713 呎），威士角峰（Weisshorn, 14,613 呎）及北美洲洛磯山區的阿西尼邦峰（Mt. Assiniboine, 11,870 呎）均屬之。

㈡冰河槽 (glacial trough)：冰河所流經之谷地稱為冰河槽。大多數的

照片 21–2　角峰

照片 21–3　加拿大的槽湖及 U 形谷（林世堅攝）

冰河槽原來都是河谷，經過冰河侵蝕後，河谷形狀乃大為改變。冰河槽可以平淺，亦可下蝕甚深，此和冰河厚度及岩床性質均有關係，一般對於冰河槽和河谷的區分是以 U 形及 V 形來區別，冰河谷稱為 U 形谷，河谷為 V 形谷，其實並不盡然。加拿大英屬哥倫比亞橋河區有一冰河槽甚為平淺，並非標式的 U 形谷，而美國約希馬冰蝕谷 (Yosemite Valley) 則為下切甚深，谷壁極為陡峻之 U 形谷，可見並不一致。

㈢懸谷 (hanging valleys)：冰河幹流冰層深厚，下蝕力強，支流力小蝕弱，因而幹支流的冰河槽常不一致，當冰河存在時，二者谷底的差異不易察知，迨冰河消失，乃見懸谷。若此時支流有水流動即成瀑布。若兩條冰河的冰量大小彷彿者相交匯，則無懸谷發生。反之，由於斷層作用，地層掀升，幹流下切力強，支谷岩層特別堅硬等原因，均可形成懸谷，故懸谷地形並非冰河地形所獨有。因之，僅由懸谷地形之有無，不能判斷該地過去是否為冰河地區。

㈣鋸形脊 (arêtes or sawtooth-like ridges)：冰斗遭受侵蝕作用 (sapping)，逐漸後退，山峰分水被蝕成尖銳的鋸齒狀山脊，稱為鋸形脊。鋸形脊也就是角峰的一部分，每一個角峰都擁有數條鋸形脊。

㈤峽灣 (fjords)：冰河自山地進入沿海，將冰河床侵蝕至海平面下，使大量海水進入被蝕窪之槽谷，而成峽灣。高緯度沿海昔日曾為冰河所盤據之區，最多此種地形。挪威、蘇格蘭、格陵蘭、英屬哥倫比亞、阿拉斯加、智利及紐西蘭等地沿海均有峽灣地形，其中尤以挪威沿海峽灣最為深長。挪威南部之索格奈峽灣 (Sogne Fjord)，長 200 公里，寬 32 公里，最深處達 1,200 公尺；一般水深亦有 100 至 200 公尺；哈丹格峽灣 (Hardanger Fjord) 長 160 公里，最大水深 900 公尺，山地冰河挖蝕的窪地若不濱臨海洋，海水不能灌入，卻被河水注入成湖，亦呈細長形，可稱槽湖 (trough lakes)。阿爾卑斯山區義大利境內各湖如科摩 (L. Como)，盧

干諾 (L. Lugano)，馬蛟 (L. Maggiore) 諸湖，都是山岳冰河所蝕成的槽湖。

(六)冰磧地形 (moraine topography)：上述五種地形均係山岳冰河侵蝕作用所形成的地形。冰河除侵蝕外，尚有沉積作用，由山岳冰河沉積作用所形成的地形主為冰磧地形。冰磧地形又可分為：

1. 端冰磧 (end moraines)：冰河所挾帶之沙礫石塊沉積於冰河前部，稱為端冰磧，又名終點冰磧 (terminal moraines)。一條冰河上可以形成數條端冰磧，但也可一條俱無，冰河上是否形成端冰磧主由下列三項因素決定：(1)冰河前鋒在一地所停留的時間是否夠長；(2)冰河所挾運的沙礫物質是否充分；(3)冰河物質運輸的速度是否趕得上沉積。當冰河前鋒被熱力溶解而向後退卻時，常有輕微的擺動，因而所沉積的冰磧地形高低不一，形成不規則的圓丘盆地帶，通稱為丘盆地形 (knob and basin topography)。

2. 側冰磧 (lateral moraines)：冰河物質沉積於冰河兩側，沙礫石塊來自風化、雪滑、雪崩及其他山石滑落作用。側冰磧不一定在冰河槽兩側皆有，冰期後又易遭受河水侵蝕，殘磧片段，聊可供人辨識。兩條側冰磧相交成一體時，可以生成中冰磧 (medial moraine)，中冰磧在冰河存在時期比較顯著，冰河消退後因受溶冰水之沖刷，故不明顯。

3. 底冰磧 (ground moraines)：底冰磧生成於冰河底部，在山地冰河中存在不多，因山地冰河於進退時，對於底冰磧的挖掘及侵蝕力量均大，大陸冰河區的底冰磧留存較厚。

(七)冰前地形：冰河下游溶解的流水，將細石沙粒搬運到冰河以外沉積，稱為冰河—河流混成沉積 (glacio-fluviatile deposits)。在山岳冰河中常見的此類沉積地形計有：

1. 谷磧 (valley trains)：自端冰磧沿山谷向下，由冰河外洗的沙礫在

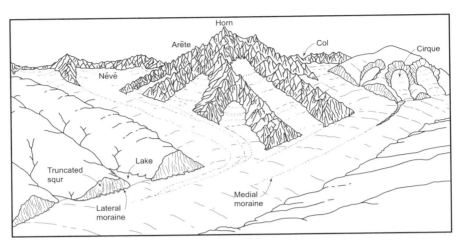

圖 21-1　山地冰河及其地形圖

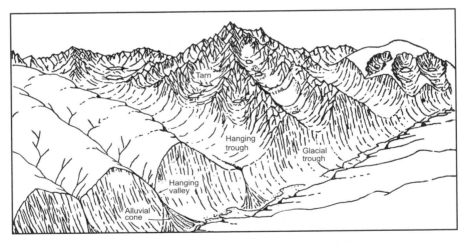

圖 21-2　冰河消融後山地地形圖

　　現行河床上作臺地式沉積，稱為谷磧。潘克 (Penck) 及白呂克納
(Brückner) 根據阿爾卑斯山區谷磧的研究，始將歐洲的冰河分成
群智 (Günz stage)、民德 (Mindel)、里斯 (Riss) 及玉木 (Würm) 四
時期。

2. 蛇狀丘 (esker)：當冰河停滯時，流水將冰河底部細小沙粒挾運至冰河前方沉積，形成一條蜿蜒曲折之沙脊，稱為蛇狀丘。蛇狀丘在大陸冰河區域比較常見，而在山岳冰河中生成較少，此因山地冰河停滯不動的時期不多。

3. 外洗沖積扇 (outwash fans)：冰河下移至山麓地帶，流水將冰河物質自谷口向山麓平原挾運作扇形沉積，稱為外洗沖積扇。

第六節　大陸冰河地形

㈠冰蝕平原 (ice-scoured plains)：大陸冰河範圍廣大，冰層甚厚，據估計第四紀大冰期中心冰層厚度可達數千呎,故昔日冰河所盤據之地區，備受冰河挖蝕及摩擦，形成今日廣大的冰蝕平原。北美洲加拿大盾地 (Canadian shield) 及北歐芬諾斯堪地 (Finnoscandia) 之一部分，均為典型的冰蝕平原。在冰蝕平原中分布有岩石盆地，擦蝕凹槽及羊背岩等小型冰蝕地形，高低不平，錯落點綴其間。

㈡岩石盆地 (rock basins)：冰蝕平原上岩石軟硬不一。軟岩被挖蝕以後，硬岩圍成岩壁，是為岩石盆地，一般河流的侵蝕能力不克成此。冰期之後積水即成冰蝕湖。

㈢擦蝕凹槽 (glacial grooves)：冰河底部之冰磧石塊，石質堅硬，向前移動時將地面岩層刻蝕成為長形凹槽，深可達數寸，稱為擦蝕凹槽。

㈣羊背岩 (roche moutonnées)：地表堅硬岩層受大陸冰河磨蝕，形成一群圓丘，有類群羊伏臥其間，故名羊背岩。

㈤冰磧土平原 (till plain)：大規模的冰磧黏土及沙礫沉積所形成的平

原，稱為冰磧土平原。在冰磧土平原下由於冰磧物質的堆積和停滯，尚可形成一些小地形：

1. 底冰磧：底冰磧中礫石、漂礫之類甚多，故地形多起伏，厚度頗大。如美國伊利諾和愛阿華各州底冰磧的平均厚度在 100 呎以上。

2. 端冰磧：端冰磧物質中有石礫亦有黏土，其沉積的方式有澱積式 (lodgment)，亦有推積式 (pushing)。若係石礫為主的端冰磧，可成丘盆地形，高低不平，窪處積水可以成湖；黏土質端冰磧則為平緩的斜坡。冰河前方物質缺乏凝固性，並受冰河水外流之沖刷，端冰磧常分段存在，形若弦月，或似彎弓。

3. 冰磧丘 (drumlins)：在端冰磧後方常有一些流線型丘陵，丘頂橢圓，形如覆卵，是為冰磧丘。在冰磧土平原上常三兩成群，平行排列，高度由 20 呎至 200 呎以上不等，長度由數百呎至數哩，極少單獨存在。冰磧丘和端冰磧不同：

   (1)端冰磧之沉積和冰河流向垂直；冰磧丘則和冰河流向平行。

   (2)端冰磧沉積形似彎弓；冰磧丘則形狀細長，常在端冰磧後方數哩處發生。

   (3)端冰磧純由冰河物質沉積所造成；而冰磧丘則是先行沉積，隨後又曾遭受冰層摩擦，使之表面呈流線形，形狀亦被修改。

(六)冰前地形

1. 蛇狀丘：當大陸冰河停滯時，冰水溶化成為細流，流水所挾帶的泥沙物質沿途沉積，彎曲如蛇，稱為蛇狀丘。美國梅因州蛇狀丘最多，其中長者可達百哩以上。

2. 外洗平原 (outwash plains)：一條冰河溶化後，流水所挾帶之泥沙物質，被搬運至前方沉積，初成外洗沖積扇，而由數條冰河流水所沖積成的外洗扇即組成外洗平原。外洗平原地形一般平坦，但

當其生成之初，若有未溶冰塊被埋入外洗平原之下，稍後冰塊消融，上方泥沙物質下陷成豎坑，即成窪陷外洗平原 (pitted outwash plain)，此種外洗平原表面高低不平，豎坑積水可成池塘，又稱壺洞 (kettles)。

在上述各種冰河地形中，冰斗於冰雪消融後，可瀦水成冰蝕湖，每為河流的發源地，若距城市匪遙，亦可成為天然蓄水池，供作飲用及工業用水，英國康伯蘭山區 (Cumberland) 湖區高地 (Lake District) 有許多冰蝕湖，風光幽美，成為遊覽勝地，少數湖水且已被利用為蓄水池。懸谷在冰河消融河流發生後，成為瀑布，可供旅客觀賞。峽灣水道深長，足以防風避浪，利於練習游泳及航海術，故人口僅三百九十萬之挪威漁航事業能以稱雄於世界。蛇狀丘和冰磧丘由於高度較大，排水良好，每為鄉村聚落及交通路線所經之地。這些地形都和人類活動有密切的關係。

〔問　題〕

一、試述冰河的分類。

二、冰河的流動可分為那幾種形式？試述之。

三、山地冰河有那幾種地形？

四、在冰河區以外，可形成那幾種冰前地形？

五、大陸冰河可有那幾種地形？

第二十二章　海濱地形

第一節　海濱剖面及海蝕作用

　　由低潮線向陸地延伸至波浪有效可及之處，稱為海濱 (shore)。而實際海水所在的位置，叫做海濱線 (shoreline)。此線隨時間而升降於高、低潮線之間，其達到最高潮水之線，可稱為高潮濱線 (high water shoreline)，而降至最低潮水之線，為低潮濱線 (low water shoreline)。介於高低潮濱線之間的一帶海濱，叫做前濱 (foreshore)，而由高潮濱線至海崖之間的一帶陸地，稱為後濱 (backshore)。若沿海地勢平坦，並無海崖，則由高潮濱線至波浪有效可及之處為後濱。後濱密接海岸 (coast)，海岸因經常可受到沿海大浪之打擊侵蝕，岸壁常呈缺凹而陡峻，是為海崖 (sea cliff)，沿海即使缺乏硬岩，不能形成高大海崖，而由於長波大浪的長期侵蝕，沿海岸亦將變成較高斜坡，聯絡沿海海崖及高坡之線即為海岸線 (coastline)。在海岸線後方始有鄉村聚落及道路。各地海濱寬狹不一，若沿海坡度極小，則海濱寬闊，沙灘 (sand beach) 坦蕩，每為海泳勝地；若海水逼臨陡崖，水深浪大，則海濱線及海岸線已合而為一，無復前後濱之區

分矣。臺灣西部沿海海濱寬廣，由於沙土沖積，漸有海埔新生地之生成；臺灣東部沿海為一大斷層崖，太平洋水直逼斷崖，使海岸和海濱僅具有垂直上下之關係，水平距離近於零。

　　海水對於海濱及海岸的侵蝕作用稱為海蝕作用 (marine erosion)。侵蝕作用主要通過波浪及潮汐為之。至於沿海海流則甚少直接侵蝕，但在侵蝕後之搬運作用上，甚有貢獻。在海蝕作用上，波浪的力量最大，尤以由低氣壓風暴和地震火山所產生的長浪震波對於海岸的侵蝕最烈。1755 年葡萄牙里斯本 (Lisbon) 大地震所引起的震波高達 20 公尺，在六分鐘時間內，沿海居民及漁民死亡六萬餘人；1960 年 5 月南美智利大地震所引起的巨浪，曾橫過整個太平洋，使日本、琉球及臺灣均發生海嘯，基隆港內木橋被沖坍，進入基隆港之波高猶達 6 公尺。如此高大波浪對於岸壁所產生的壓力甚大，1919 年約翰生 (W. D. Johnson) 曾在蘇格蘭沿岸用測力計 (dynamometers) 測到波浪的壓力，每平方呎達六千磅，波浪衝力之大，可以想見。

　　海蝕作用的快慢除和侵蝕營力的大小直接相關外，尚受下列各項因素的影響。

　　㈠沿海岩石的性質及堅硬度。

　　㈡岩層的構造、節理的多寡、裂隙的深淺及角度均有關係。因當波浪撞擊岩壁時，節理和裂隙中的空氣，突被壓縮，宛如尖楔，鑽入岩隙使岩隙遭受壓迫，迨海水後退，空氣又突然擴張其體積，產生一種爆裂力量，充分發揮海水侵蝕的機械力量，如為易溶性岩層，亦將加速其溶蝕性。

　　㈢侵蝕工具的大小及多寡。海中波浪如挾有沙礫石塊，其對海岸的侵蝕力甚大，這些石礫隨波浪運動，依波浪圓形運動的切線方向，對正岸壁撞擊，有若砲彈，破壞岸壁甚烈。

㈣盛行風方向和海岸間的角度。若盛行風向和海岸線平行，則風浪不易撞擊海岸，若二者為直角相交，或大角度斜交，則均可加速海蝕作用。

㈤濱外海水的深度。沿海水深，大浪可直抵岸濱；若水淺則大浪於抵達海濱以前已經變成次生波，威力大為減少。至於波浪在水下的侵蝕深度，各家說法不一，約翰生認為波浪的有效侵蝕深度，可達海深 200 呎處，但席巴德 (F. P. Shepard) 則認為最深只能達到 30 至 40 呎。

㈥海岸受波浪侵襲的開闊程度。若海面開闊則大洋風浪可全力向海岸撞擊。若海岸隱蔽，深處灣澳，則不易受巨浪激盪。是以陸地盡頭，岬崎尖端，最易受巨浪侵蝕，而灣澳之處，則多沙礫沉積。

第二節　　海岸及濱線分類

若依構成海岸的性質分，海岸可分兩類：

㈠沙岸 (sand coast)：沿海多沙灘、沙洲，缺乏海崖及灣澳，此類海岸平直，濱外海水甚淺，不利於漁航事業。

㈡岩岸 (rock coast)：若沿海多山，海崖及灣澳綿延，沿海多岩壁，是為岩岸，此類海岸水深港闊，最多良港。中國大陸錢塘江以北多沙岸，長江口以北濱外沙洲星羅棋布，舟船必須繞外海行駛，華北良港俱在岩岸區域；錢塘江以南多岩岸，良港眾多，其所以未能全部興起者，乃由於港後腹地之限制。

若依沿海地質構造來分，則可分為下述二類：

㈠縱海岸 (longitudinal coast)：沿海山脈的走向和海岸平行者稱為縱

海岸。美國西岸的海岸山脈，喀斯開山脈 (Cascade Range)、內華達山脈 (Sierra Nevada)、洛磯山脈 (Rocky Mts.) 等，都和海岸平行，故屬於縱海岸。臺灣海岸也是縱海岸。此類海岸因內陸不遠即有山脈阻隔，腹地大受限制，沿海港口之發展往往受其影響，臺灣東部之花蓮港僅以臺東花蓮縱谷為其腹地，故難成其大，舊金山之興起由於豐富的金礦，隨後又有遠洋航運及橫越北美大陸之鐵路線為其後援，始得日漸繁盛，若僅賴加州沙克里門托谷地為腹地，絕無今日之規模。

㈡橫海岸 (transversal coast)：山脈走向若不和海岸平行，成直交或大角度斜交，則此種海岸為橫海岸。此類山脈對海陸交通無阻礙，腹地深入內陸，利於內外貨物的交流。中國大陸上的山脈多東西走向，而海岸線作南北向，故為橫海岸。

至於海濱線的分類，1919 年約翰生曾將海濱線分為下列四類：

㈠下移濱線 (shorelines of emergence)：海面下降或海底平原上升，出離水面，使濱線自其原來位置向下移動而成的新海濱線，稱為下移濱線。此線位置較過去原來的濱線為低。

㈡上移濱線 (shorelines of submergence)：由海面上升或陸地下降，使濱線向上移動而成之新海濱線，稱為上移濱線。此線位置較過去原來的濱線為高。上移濱線又可分為二類：

1. 谷灣濱線 (ria shorelines)：沿海河谷下沉或海水上升，使部分河谷被海水侵入而成。被海淹沒之河谷下游稱為溺谷 (drowned valley)。西歐比荷丹德各國沿海各河口之縮短及東、西法里孫群島 (Frisian Is.) 之生成，皆係由於海水上升所致，故成為谷灣濱線。基隆港和蘇澳港均為利用谷灣沉降海岸所建設之良港，和平島和小基隆嶼俱為早幼年期谷灣海岸所特有之沿海島嶼。

照片 22-1　臺灣東北角谷灣海岸（林世堅攝）

2. 峽灣濱線 (fjord shorelines)：昔日冰河挖掘擦蝕所成的冰蝕谷，今
　被海水侵入形成峽灣，兩岸陡峻，灣水深長。北歐的挪威海岸，
　英國蘇格蘭海岸均屬之。

㈢中性濱線 (neutral shorelines)：此種濱線之生成，既非地盤上升，
亦非海水上移，乃由其他營力所形成。又可分為：

1. 沖積作用所成者：計有沖積平原濱線，三角洲濱線及外洗平原濱
　線。這些濱線的生成和下移濱線相似，因沿海沖積作用愈盛，海
　濱線愈顯得向下方移動。

2. 構造作用所成者：火山濱線 (volcano shorelines)，斷層濱線 (fault
　shorelines)。

3. 生物作用所成者：珊瑚礁濱線 (coral shorelines)。

㈣混合濱線 (compound shorelines)：地盤升降無定，地形循環非一，
濱線極端複雜，是為混合濱線，在實際的海濱地帶，以此種濱線最多，
因地史悠久，地盤升降及海水漲落不知凡幾，故極難判定某一海濱線純
屬上移抑下移。例如臺灣北部海岸，一般言之，係屬沉降海岸（上移濱

線），但也有許多地盤隆起之證據，如被舉升至陸地上之海穴，石門等，表示在近期第四紀臺灣北端海岸有局部的上升現象。濱線升降之複雜性，由此可見。

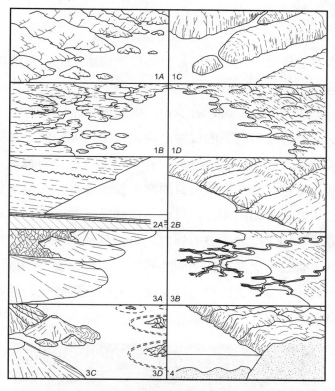

圖 22-1　海濱線分類圖

　　在圖 22-1 中，1A 示山地上移濱線，1B 示海岸平原上移濱線，1C 示峽灣濱線，1D 示冰磧區上移濱線，2A 示海岸平原下移濱線，2B 示高地下移濱線，3A 示沖積扇濱線，3B 示三角洲濱線，3C 示火山濱線，3D 示珊瑚礁濱線，4 為混合濱線。

第三節　海蝕地形

　　由海水波浪侵蝕所成的地形，有的位於海水之上，有的位在海水以下，茲分述之。

　　㈠海蝕臺地 (marine-cut terrace)：波浪向下侵蝕的下限稱為波基 (wave base)。由於波浪向下的侵蝕自海崖底部向海延伸，每易生成淺臺地，稱為波蝕臺地 (wave-cut bench)，臺地之上可能岩石裸露，也可能有沙、礫及卵石覆蓋，這些沉積物質因常受波浪騷擾，並無永久性，波蝕臺地向海延伸更為平坦的部分，可稱為海蝕平臺 (abrasion platform)，使波蝕臺地變成平坦之海蝕平臺的外力，為波浪及海流的磨蝕作用。波蝕臺地和海蝕平臺二者之間並無顯明的界線，可合稱為海蝕臺地。臺灣北端海岸和平島和八斗子之間有一片範圍廣大的波蝕臺地，面積達 1 萬方公尺，發育極為良好。

照片 22-2　基隆鼻頭角海蝕平臺（林世堅攝）

㈡海穴 (sea caves)：海崖長期受波浪侵蝕，沿岩隙及節理發育成許多孔穴，小者密集如蜂房，大者如山洞。基隆外港西側之「仙洞」，原為海穴，位於海濱，昔受風浪侵蝕，後因地盤上升，現已遠離海岸，並已隆起至海拔十數公尺處。若海穴上方岩石被蝕所遺不多，拱起如門，稱為海拱 (sea arches)，俗名石門。臺灣北部淡水、金山海岸間之石門，原和海水相接，後因北部海岸上升，石門已高出於海面數公尺，成為近代地盤上升之證據。

㈢海柱 (chimneys)：海濱硬岩矗立於海水之中，成為海蝕殘餘，依其大小，可分別名為顯礁 (stacks)，海柱及海嶼 (skerries)。金山附近的燭臺

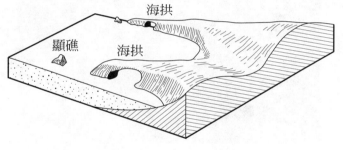

圖 22-2　海蝕地形圖

照片 22-3　海蝕凹壁（林世堅攝）

嶼，恆春半島沿岸的船帆石都屬於此類。

㈣懸谷 (hanging valley)：由於波浪的沖激侵襲，使海濱線向陸地退卻之作用稱為後退作用 (retrograding)。沿海一帶海崖後退的速率並不一致，視岩層的硬度和海岸的開闊程度而定，易被溶蝕的岩岸最易後退，英法兩國相鄰之英吉利海峽兩岸，俱為白堊海岸，易受溶蝕，後退迅速，以致原來在海岸上流動的河流，不及將其河谷切深，以和新的海濱線相配合，因而可生懸谷。多佛海峽 (Dover Str.) 兩岸最多此類懸谷。

照片 22-4　澳洲大洋路海蝕門（林世堅攝）

照片 22-5　基隆野柳岬燭臺石與岬角（右上角）（林世堅攝）

照片 22-6　屏東縣花瓶岩海蝕柱（林世堅攝）

第四節　海積地形

　　由海水堆積作用所形成的地形，稱為海積地形。分述如下：

　　㈠沙灘 (beaches)：岩屑沙礫堆積於海濱是為沙灘。若地形適宜，沙灘可沿海綿亘數百公里，如美國東南部海濱及江蘇北部海濱皆屬之。但如沿海崎嶇，岬崖甚多，沙灘沉積常受限制，形成各種不同形式之沙灘。如成於灣頭之灣頭灘 (bayhead beach)，形如口袋之袋形灘 (pocket beach)，狀如弦月之新月灘 (crescent beach)。臺灣北部貢寮的福隆海水浴場為一袋形灘。沙灘上物質的來源不一，部分來自海中，部分來自陸上，海崖風化，山壁崩坍及河流搬運，均可供作沙灘沉積之用，沙灘上沙粒物質之運轉，無時或已，有時變薄，有時加厚，當強風大浪時，沙礫大量被移去；而當風小浪弱之時，沙灘物質逐漸加多。美國加州拉荷拉 (La Jolla)

沙灘冬春季節多變薄，夏秋季節多增厚。地震波和颱風對於沙灘的破壞性更大，既可將大批沙礫攜捲海中，亦可使之移入平時波濤所不能達到之陸地。在高潮濱線以上所堆積之沙礫灘，均由風暴之力所成，故稱為風暴灘 (storm beach)。臺灣西北海岸高潮線以後之沙灘，高出於高潮線 1–3 公尺，寬數十至百餘公尺，類屬風暴灘。

㈡沙洲 (bars)：由波浪和海流在濱海一帶所堆積的水上及水底堤狀沙礫沉積，稱為沙洲。依其發生的位置可將沙洲分為灣頭沙洲 (bayhead bar)、灣腰沙洲 (mid-bay bar) 及灣口沙洲 (bay mouth bar)。沿海島嶼可藉沙洲為媒介而彼此相連或和海岸相連接，稱為陸連島 (tombolo)，而完全不和海岸相連的沙洲稱為濱外沙洲 (offshore bar)。若兩方各有沿岸飄流挾帶沙粒沉積，向中間輻合，可成尖形沙洲 (cuspate bar)，尖形沙洲並可逐漸向海中伸展，使海濱線向海中推進，其向前延伸所成之陸地叫做尖形前地 (cuspate foreland)。

㈢沙嘴 (spits)：根據伊文斯 (O. F. Evans) 的定義：海中脊狀沉積層，一端和陸地相聯，一端止於開闊之海水中，叫做沙嘴。沙洲和沙嘴實為同類沉積地形，二者相差無幾。沙嘴的脊軸一般係成直線和海岸平行，

照片 22–7　臺灣西岸鹽水溪沙嘴（林世堅攝）

但若該區有強大潮流或沿岸海流，每易向陸地彎曲，形成反曲沙嘴 (recurved spit) 或鉤形沙嘴 (hook spit)。關於沙嘴的生成，史提爾 (J. A. Steers) 認為沙灘漂流作用最有貢獻。沙灘的細沙物質隨水漂流至海濱尖端而沉積於該地，逐漸沿漂流方向向前延伸生成。臺灣西南部沿海多海積地形，最多沙洲和沙嘴，曾文溪南岸有一沙嘴，長約 4 公里半，寬 200 至 300 公尺，圍繞竹滬潟湖，北端有竹滬區鹽田，南端有彌陀區鹽田。

　㈣濱外沙洲 (offshore bars)：海濱坡度平緩，海邊大浪受海底阻礙，不待進至海濱即行破碎而成捲波。海中捲波將海底沙礫捲起，可在前方沉積形成海底沙洲 (submerged bar)，其位置大致與濱線平行，經長期堆積，高出水面，即成濱外沙洲，又稱堡洲 (barrier)，俗稱砂堤。在濱外沙洲和海岸之間，常有海水被圍成潟湖。臺灣西南部沿海最多此類沙洲，北港溪外之統汕洲，外傘頂洲，大致作北北東－南南西方向，長達 20 餘公里，北端距海岸不足 5 公里，南端距岸則達 13 公里；臺南縣外海八掌溪口至曾文溪口沿岸有一連串的濱外沙洲如海汕洲，王爺港汕，北青山港汕，青山港汕，網子寮汕，頂頭額汕及浮崙等，俱作東北－西南向，全長 30 餘公里，距臺灣本島海岸不及 3 公里，洲內潟湖水深不足 1 公尺，部分已被開闢為鹽田魚塭，臺灣海鹽主要產地布袋，北門，七股俱在本沙洲鏈所範圍之潟湖區。濱外沙洲外受波浪侵蝕，迫其向陸地延伸，故經長期沙礫的沉積，可漸和海岸相接，成為海岸的一部分，如明末臺南沿海之濱外沙洲四草湖、安平、三鯤鯓、四鯤鯓等，今已成為海岸的一部分，所包圍之潟湖，長約 16 公里半，寬 8 公里，已被利用為魚塭。由於高低潮線之升降差異，濱外沙洲的面積變化甚大，一般在低潮時，寬度如為 300 至 400 公尺，滿潮時面積常不及其半。

　㈤潟湖 (lagoons)：沙嘴或濱外沙洲和海濱之間，部分海水被攔，可圍成潟湖。潟湖之水初為純海水，內外海水並可藉濱外沙洲間的缺口相

溝通，此類缺口尤利於潮流之進出，稱為潮流口 (tidal inlet)，落潮之際，因海面下降，濱外沙洲內之廣大海汜平地，出露成湮地，由於潮流所挾泥沙逐漸沉積於潟湖之內，故湖面積逐漸縮小變淺，滋生水生植物，湖水性質也由純鹹水變為半淡水 (brackish water)，終而潮流口全部淤積不通，潟湖可變為沿海沼澤地 (marshland)。臺灣西南沿海被濱外沙洲所圍成之潟湖，淺者不及 1 公尺，深者只有 3 公尺，大部分已被利用為鹽田及魚塭。東港西南方由崙子頂至崎子頭（崎峰村）一帶，有一沙嘴作西北西─東南東向，長約 9 公里半，內抱東港潟湖，該湖的東西兩端均已被闢作魚塭。

㈥珊瑚礁 (coral reef)：珊瑚礁是由生物作用所堆積形成的海濱地形。堆積成礁石的珊瑚稱為造礁珊瑚，而珊瑚礁的生成並非僅由珊瑚構成，其他有機物如灰藻 (calcareous algae)，腹足動物 (gastropods，如螺獅等)，棘皮動物 (echinoderms)，有孔蟲類 (foraminifera) 以及軟體動物類 (mollusca)，都對珊瑚礁的生成有相當貢獻，是以珊瑚礁正確的名稱應名生物堆 (bioherm)，但因人們已習用珊瑚礁，故沿用迄今。珊瑚不能移動，寄生於岩盤之上，死後成石灰質礁石，活珊瑚繼續在其上生長，珊瑚之間的空隙則由其他生物骨骼以及有機和無機的碎屑充塞其間，珊瑚礁由其所在位置和相鄰海島間的關係及形狀，可分四種：

1. 裙礁 (fringing reef)：造礁珊瑚等有機物直接在海岸床岩上生長，構成海濱線的一部分，礁和陸地間無海隔阻，故未形成潟湖。臺灣澎湖，蘇澳附近及恆春半島海岸均有裙礁生成。

2. 堡礁 (barrier reef)：生成於海岸之外，中隔潟湖，潟湖區因海水過深，不宜於珊瑚生長，湖面寬狹不一，可狹如水道，亦可寬達若干公里。世界上最大的堡礁為澳洲東南海外的大堡礁，長凡 1,930 公里，中間僅有少數缺口，可供航輪進出，中太平洋熱帶島嶼周

圍多有堡礁環繞，如法屬大溪地 (Tahiti)，堡礁為它圍成一個很優越的海港。

3. 環礁 (atoll)：珊瑚礁在淺海區作圓形分布，圍繞成環，中為潟湖，但潟湖中間卻無島嶼，是為環礁。我國南沙有許多環礁，中太平洋環礁更多，如安尼威吐克，京曼環礁 (Kingman) 俱屬之。

4. 峰礁 (pinnacle)：潟湖四周的珊瑚礁如特別陡峻而尖銳，可特別自環礁中分出，另列一類，稱為峰礁。比基尼環礁 (Bikini atoll) 因特別尖銳而陡峻，有人稱它為比基尼峰礁。

珊瑚因係寄生動物，不能移動，故其生長受自然環境的限制頗大。其繁殖條件可分述如下：

1. 海水溫度：最適於造礁珊瑚繁殖的海水溫度為 25°C–30°C，水溫如降至 20°C–17°C 時，珊瑚尚勉可生存，16°C 至 13°C 以下即將冷凍而死。故珊瑚最宜於在熱帶暖海中繁殖。臺灣澎湖列島四周化石珊瑚礁和現生珊瑚礁均有，但因澎湖水溫夏熱冬寒，每入冬季東北季風凜冽，氣溫陡降，活珊瑚多被凍死，故目前澎湖珊瑚礁之發育，不及南部恆春半島海岸珊瑚礁發育之迅速。

2. 海水鹽度：適於珊瑚生長的海水鹽度介於 27‰–38‰，故一般海域之海水均可符合需要，惟鹽度過高之區如紅海，過低之區如各大河河口，鹽度每被河水沖淡至 25‰ 以下，均不宜於珊瑚繁殖。

3. 海水深度：在特別清澈的海水中，珊瑚可在水深 300 呎（約 100 公尺）處生存，但因其他因素的影響，珊瑚很少能達到 200 呎以下。因珊瑚和石灰藻類之間具有共生關係 (symbiotic relationship)，石灰藻類從珊瑚類水螅 (polyps) 處得到食物和二氧化碳；卻將氧和醣類供給珊瑚吸取，而石灰藻類需要吸收陽光始易繁殖，故珊瑚為和藻類共存，多在淺水區繁殖。

4. 海水混濁度：海水中如含有多量泥沙，混濁度大，當珊瑚吸取水中養分時，泥沙每將珊瑚的口腔窒塞，使之死亡。河口泥沙多，不利於珊瑚繁殖，故在基隆海岸附近有活珊瑚礁，而在淡水河口外則無珊瑚繁殖。印尼巽他 (Sunda) 海底多泥質，細泥顆粒懸浮水中，故少有珊瑚生存其間。

5. 浮游生物之豐富度：珊瑚不能移動，其食物的供應純賴小型浮游生物送至口中；因之，一地海中如小型浮游生物豐富，珊瑚易於繁殖。

6. 海水之波動度：海中波浪起伏激盪之區以及海流旺盛之區，均利於珊瑚繁殖。海流旺盛，則浮游生物之輸送迅速而頻繁；波浪激盪則利於氧之供應，因珊瑚所需要的氧在白晝係由石灰藻類供應，而在夜晚則有賴海水供應。

〔問　題〕

一、影響海蝕作用的因素有那幾種？試述之。

二、試述約翰生的濱線分類。

三、在臺灣北端沿海可看到那些海蝕及海積地形？試分述之。

四、珊瑚礁可分成那幾種？

五、珊瑚礁的繁殖條件有那幾項？試述之。

第二十三章　高原和山地

第一節　高　原

　　高原遠望如山，但登臨其上，表面平坦，然海拔高度中等或甚高，通常在 500 至 1,000 公尺以上，高者可達 4、5,000 公尺。如中國大陸青藏高原。有些高原因切割甚少，可說就是高平原 (high plain)，例如美國的科羅拉多高原；但另一些高原表面則被河流切割甚深，成為切割高原 (dissected plateau)，如中國大陸的雲貴高原。唯一可以證明這種切割高原，原來就是平坦高原者，厥為「山頂齊一」，各山峰的高度大致均在同一高度上，自一山山巔遠望，群峰水平成線。

　　通常高原係由兩部分組成：⑴水平的高平原面；⑵傾斜的斷崖或山谷。普通都是平原面先行生成，斷崖或山谷隨後切割發育，但也有二者同時發育的。高原面如欲保持長期完整必須要：⑴河流稀少，流量小，故最好是乾燥區域，如美國科羅拉多高原 (Colorado Plateau)；⑵高原頂部有耐蝕的岩層掩蓋作保護，這種岩層或者特別堅硬，或因孔隙特多 (如多孔隙之沙礫層)，使雨水落地可迅速大量進入地下，因而使地表侵蝕力

量大為減少。兩項要素至少要具備其一，始可使高原長期存在，故比較
乾燥的區域高原較多。

(一)高原的種類：依高原所在位置分，可有三種：

1. 山間高原 (intermontane plateau)：四周由山脈包圍的高原屬之。如
瑞士中部高原，海拔高度 400 餘公尺，西有侏儸山脈 (Jura Mts.)，
其他各方面由阿爾卑斯主脈環繞，平均高度達 3,000 公尺，使山
區河流齊向高原匯流，形成日內瓦、蘇黎世、琉森諸湖。南美玻
利維亞高原位於安地斯山區，西藏高原西有帕米爾，南有喜馬拉
雅山脈，北為崑崙山脈，均為著名的山間高原。

2. 山麓高原 (piedmont plateau)：高原一側和山脈相接，另一側與平
原或海洋為鄰，叫做山麓高原。美國西部科羅拉多高原海拔高度
約 1 哩（5,280 呎 = 1,610 公尺），其西、北兩側和洛磯山脈相連；
東、南兩面均為斷崖，與美國中西部平原相接；南美巴塔哥尼亞
高原西倚安地斯山脈，東側逼臨大西洋岸，均為山麓高原。

3. 大陸高原 (continental plateau)：高原範圍廣大成為大陸地塊且與山
脈無甚關連者，稱為大陸高原。如阿拉伯高原掩有整個阿拉伯半
島。南非洲的南非高原，東非洲的衣索比亞高原均屬之。世界高
原的分布請參看圖 23-3。

此外，若依據岩層的構造來區分，也可分為三種：

1. 熔岩高原 (lava plateau)：火山噴發，大批岩漿外流，將原地形掩蓋，
熔岩岩漿在地表堆積所成的高原謂之。印度的德干高原和美國西
北部的哥倫比亞高原，都是由玄武岩熔岩流構成的。

2. 水平岩層高原 (horizontal rock plateau)：沉積岩層水平排列，地勢
高聳，形成高原。如科羅拉多高原即係由厚層沉積岩沉積而成，
其後遭受科羅拉多河向下切割，造成著名的大峽谷 (Grand

Canyon)，阿拉伯高原亦為水平的沉積岩層所構成。

3. 變形岩高原 (deformed rock plateau)：古老的結晶岩層，經河流長期侵蝕，已成準平原，後因地殼變動，隆起成為高原，叫做變形岩高原。如南美的巴西高原。

(二)高原的性質：高原地勢高聳，容易遭受風化及河流的侵蝕切割，因而易成切割高原，原面之間河流下切成為峽谷。中國大陸雲南高原受金沙江、元江、瀾滄江、怒江諸大河流的切割，所成峽谷甚深，造成交通上的重大阻礙。由原上下降至峽谷谷底，必須盤桓繞曲而下，至谷底過橋後（類多索橋），又須迴旋登山，重達高原面，抗戰期間滇緬公路上的 24 之形路及橫跨怒江的惠通橋，艱險之情形，尤為著名。一般言之，峽谷的深度總不及峽谷的寬度。如美國科羅拉多高原上的峽谷深度和寬度之比，約為 1: 8 至 1: 10，即谷深 1 哩，谷寬為 8 至 10 哩。

高原如初被切割，原面逐漸破裂，為高原地形發育的幼

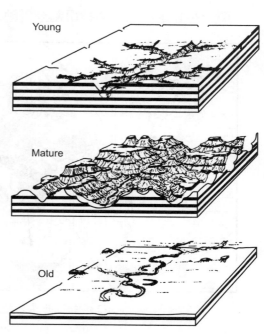

圖 23-1　水平岩層高原侵蝕循環圖

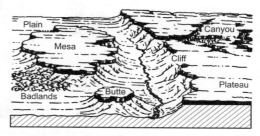

圖 23-2　水平岩層蝕後各種地形圖

年期，迨切割已深，原面突出，峽谷深邃，則已將逐漸變為切割高原，此種高原，若由水平岩層形成，易於形成平頂山（圖 23-1），其後，原面漸被侵蝕後退，使高原平頂逐漸縮小，也可成為小地形的方山 (mesa)；若體積較方山尤小，叫做孤峰 (buttes)（圖 23-2）。

圖 23-1 示高原由初被切割至侵蝕末期，切割已深的老年期情形。

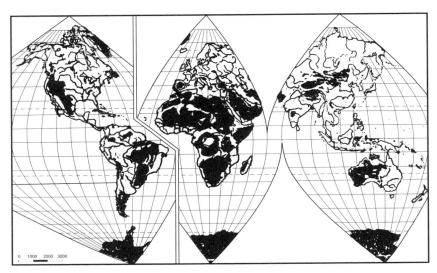

圖 23-3　世界各地高原分布圖

第二節　山地和丘陵

一、山地和丘陵的區分

地勢起伏甚大且甚高峻之地為山嶺 (mountain)，高度自數百公尺至數千公尺不等。若地勢較低且起伏平緩者，稱為丘陵 (hills)，高度自數十

至數百公尺不等。前者高大的如喜馬拉雅山脈，阿爾卑斯山脈；較低矮的如印度的東、西高止山脈，海南島上的黎母嶺；後者比較高大的如九龍半島諸山丘，臺北附近的大屯火山群，最低矮的有南京城內的雞鳴山、清涼山、蘇州的虎邱山、臺北的圓山、彰化的八卦山均屬之。山和丘陵除用高度區分外，也有以坡度大小來區分的。大多數山嶺的坡度均為 20°至 25°（和地平線交角），只有少數超過 35°，山峰頂部比較陡峻，坡度可達 50°–70°。山頂陡峻狹小，但基礎龐大，有廣大的山坡地帶；丘陵頂部多呈渾圓狀，基礎亦小，缺乏廣大的山坡地帶。

　　若孤峰高聳，叫做峰 (mount or peak)；長山一碧，中有若干山脊山谷，叫做山脈 (range or sierra)，通常一列山脈的構造，形態及地質史均相同。若有一群山峰大致作圓形排列，稱為山群或山彙 (group)；若干山脈或山群相連縱列，可成山系 (mountain system)；同一山系各山脈之間有山谷或盆地相間，如阿爾卑斯山脈在瑞士奧地利間為一山系，除前地部分不計外，主脈共有四支，谷作東西向，最北者名北部石灰岩阿爾卑斯，次為黏板岩頁岩山脈，二者之間有縱谷；第三條為中央阿爾卑斯山脈，最南為南石灰岩阿爾卑斯，二者之間亦有一條東西向縱谷。若山系特別寬廣，叫做山鏈 (cordillera)。世界上的山鏈帶計有北起加拿大向南直達南美尖端的美洲山鏈，包括北美洲的洛磯山系和南美的安地斯山系。歐亞大陸山鏈西半部以阿爾卑斯山系為主幹，東半部以帕米爾山結 (Pamir Knot)為中心，向各方面伸展。

　　二、崎嶇地形的重要性

　　丘陵和山地均屬崎嶇地形 (rough terrain)，和平原地區相比較，此類地區居民較少，交通不便，農產不定，為其缺點，但也有其特殊的重要性。山區坡地如不能開闢成梯田，最好不要農作，以植林種草為宜，否則易於引起土壤劇烈侵蝕，故山區林產為一大富源。其次，山區飽受地

殼變動，構造複雜，富含礦產，易為人類勘得而開發，故山區每易發生礦業市鎮，其興衰純視礦業之發展而定。山區坡度大，雨量多，為水力發電的源地，就發電能力的大小言，落差的大小較水量多寡，尤為重要。山區如非童山濯濯，常常構成天然風景線，青山綠水，登山狩獵，划船垂釣，每為遊憩勝地。此外，山地氣溫隨高度而減低，故熱帶高山之上，可產寒帶生物，增加當地人民生活的多樣性。例如臺灣濁水溪上游可有寒帶魚類，中央山脈寒帶針葉林之紅檜木及扁柏，更是名聞遐邇，為建築佳材。山路崎嶇，交通純賴山口，阿爾卑斯山區山隘甚多，如聖哥塔 (St. Gotthard)，辛普倫 (Simplon)，巴國阿富汗間之開伯爾 (Khyber) 均為著名要隘。山地由於地形崎嶇進出不便，每使弱小國家得以長期生存，如安道爾、瑞士、尼泊爾等。

三、山地重要形態

㈠山谷和山坡：山區坡度陡峻，溪流沖刷力強，下切迅速，故谷形橫切面呈 V 字形，谷壁陡峻，遇有堅硬岩塊之山丘橫亙河畔，不易被蝕去，更可將河谷逼狹，形成峽口 (gorge)，如臺灣北部淡水河支流大嵙崁溪上之石門。此類河峽利於建築攔河水壩以從事灌溉及水力發電等水利工程。山中溪流蜿蜒，河道隨之彎曲，因之下切所成之坡腳多成交錯坡腳 (overlapping spurs)，山區道路均沿溪谷修築，沿溪行，前山橫亙，疑似無路，所謂「山窮水盡疑無路，柳暗花明又一村」即係由此種交錯坡腳所形成。由於山坡峻峭，輔以風化、重力下滑、雨水沖刷等作用，山中最易發生山土崩解現象，坡上土壤向下滑動，叫做土壤蠕動 (soil creep)；土石沿坡向下流動，稱為土石流 (earth flow)；碎石自山坡崩落至路側或谷底，可成碎石堆 (talus)。

㈡山峰和山脊：介於山谷之間的分水脊，叫做山脊 (crest)，通常是由最堅硬耐蝕的岩石組成。但若兩側河流的向源侵蝕強烈而長久，亦可

能將山脊切低，發生河流襲奪，使兩條谷地變成一個流域。山地岩層若為軟硬相間，可以形成小型脊谷相間的地形，硬岩層突出成脊，軟岩層被侵蝕下陷成為谷地，若硬岩層具有相當傾斜度，可成豬背崖 (hogback ridges)，若遇大規模的褶曲作用，則可成大範圍的脊谷山地，美國阿帕拉契山地的脊谷區域和法國瑞士之間侏儸山脈之脊谷區，均為範例。

四、山脈的種類：依山脈的成因分，可將山脈分為四種。

(一)褶曲山脈 (folded Mts.)：沉積岩層受地殼變形作用，發生褶曲，背斜層成山，向斜層為谷，但經過長期後，背斜層可被侵蝕成谷，向斜層也可翻轉成為山峰，所謂：「高岸為谷，深谷為陵」，就是這個意思。這種和原來的構造相反的地形現象，稱為地形倒置 (inversion of topography)。法瑞間的侏儸山脈，長 300 公里，寬約 80 公里，山中包括數十個背斜層和向斜層，為一條大褶曲山脈。中國大陸秦嶺亦為一條大褶曲山脈。

(二)斷層山脈 (fault-block Mts.)：地層受斷層作用發生斷裂，形成塊狀山脈。歐洲萊因河自巴塞爾 (Basel) 以下，流介德法之間，為一地塹，其河岸兩側則為斷層地壘，法境者名佛日山地 (Vosges Mts.)，德境者為著名的黑林山 (Schwarzwald or Black Forest)。中國大陸因斷層作用所成之山脈有阿爾泰山，山西高原上的呂梁山，霍山等。

(三)穹窿狀山脈 (dome-shaped Mts.)：地下熔岩漿侵入沉積岩下方，使之隆起成山，因山作穹窿狀，故名。上凸之沉積岩層易被侵蝕，因而下陷成為窪地，但在構造上仍為穹窿狀地形，其地下侵入岩體一旦出露，亦作圓丘隆起狀。如中國大陸山東的嶗山。

(四)火山 (volcanoes)：地下熔岩漿迸發至地面，熔岩堆積，成圓錐狀山塊，稱為火山錐 (volcanic cones)。火山錐頂端即為火口，火山熄滅後，火口頸部被火山栓填塞，可積水成湖，是為火口湖，如中國大陸長白山

上的天池；火山錐生成後，如下方地殼仍不穩定，可繼續迸發成新火口，造成新火山，終而形成火山群，在已生成的主要火山山坡之上，賡續生成的火山錐，叫做寄生火山，如臺北近郊陽明山區的紗帽山即為發生在七星火山上的一個寄生火山，因山形渾圓，覆蓋如帽而得名。

五、丘陵分類：可分為三種。

㈠侵蝕丘陵 (erosional hills)：此類丘陵之生成不受構造控制，大多為水平的沉積岩層，受河流侵蝕，地形一部分被蝕低，一部分仍然高聳成丘，如準平原上的殘丘。巴西東南沿海里約城附近 (Rio de Janeiro) 有著名的糖麵丘陵 (Sugarloaf Hills)，為溼潤氣候下花崗岩地層遭受侵蝕及風化共同作用的結果。冰河侵蝕也可造成丘陵，如加拿大勞倫辛盾狀地以迄聖羅倫斯河谷以北的丘陵，即為冰蝕丘陵。風蝕地區也可造成丘陵，即島狀丘。

㈡構造丘陵 (structural hills)：丘陵的形態及其形式若直接反映出受到岩床影響者，稱為構造丘陵。舉例言之，美國田納西州丘陵區下方為受過褶曲的沉積岩層，褶曲軸線作東北－西南向，風化和侵蝕作用將軟岩蝕成谷地，硬岩突出成山，山和谷地的走向均作東北－西南向，二者平行排列，充分表示它所遭受構造線控制的程度。該區谷地從事農耕，山上植林，地表景觀截然不同。

㈢沉積丘陵 (depositional hills)：由冰河、水力或風力將物質搬運至適當地點沉積所成的丘陵，稱為沉積丘陵。例如由冰河搬運所成的冰磧丘，谷磧 (valley trains)，由融冰流水作用所成的蛇狀丘以及由風力吹積而成的沙丘等均屬之。

世界山地的分布約如圖 23–4 所示，圖中黑色者均為山地區域。

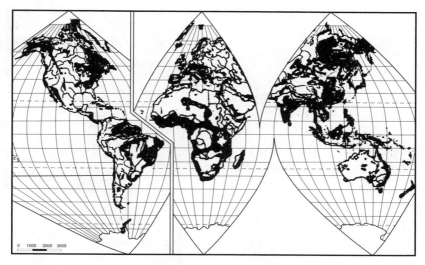

圖 23-4　　世界山地分布圖

〔問　題〕

一、試述高原的分類。

二、試述山脈的分類。

三、丘陵可分為那幾類?

四、解釋名辭:

　　⑴交錯坡腳

　　⑵「高岸為谷，深谷為陵」

　　⑶寄生火山

五、山脈和丘陵如何區分? 試指出其區分的標準。

第二十四章　水資源

第一節　水文循環

自然界三寶

地球表面的自然界 (biosphere) 之所以繁衍萬物，端賴適度的陽光、充分的空氣和適量的水份供應，故日光、空氣、水三者，乃是自然界三寶，也是人生的三寶。不但三者缺一不可，而且均有其臨界值。日光乃氣溫之源，不同的溫度可以孕育不同的生物；地形的高低，形成不同的氣壓和不同的溫度，據 2004 年 1 月報導，中國新疆到西藏阿里的公路，平均海拔高度 4,500 公尺，夏季洪水、碎石流不斷；冬季積冰成災，大雪封路，全線中海拔最高的界山達坂，高 6,700 公尺，當地空氣中的含氧量不到平原地區的 40%，年平均氣溫在 −11°C 以下，極不利於人類在該區活動。

在三寶之中，水的分布在地球上亦極不平均，其貯存在海洋中者佔

97% 以上，但它們是鹹水，不能由人類和植物直接吸收取用，必須轉化為淡水後，才能供人類飲用和植物吸收，這種由海水轉變為陸上淡水、經使用或直接由空中降落地面，再經由河川注入海洋的過程，稱為水文循環 (hydrologic cycle)。

水文循環

地表水體含量龐大，又為全體生物所必需，其貯存在海洋中者特多，它經由太陽熱力引起的蒸發作用 (evaporation)，將水汽由洋面蒸發到空中者約佔 86%，另由陸地蒸發及地表植物經由蒸散作用 (transpiration) 輸送到空中者，則佔 14%；這些水汽經由空中氣流或風力吹送，或進入陸地上空，或仍漂浮於海洋上空，形成雲層，遇到適當時機，即會沛然降

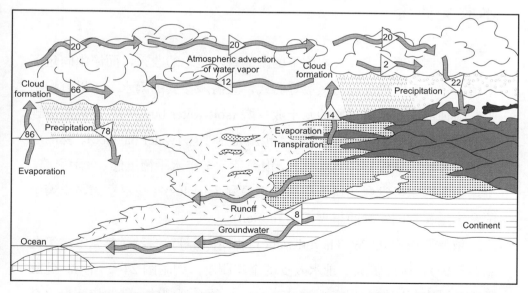

圖中：總蒸發散量為 86% + 14% = 100，總降水量 78% + 22% = 100

圖 24-1　地表四界（水界、陸界、空界、生物界）水文循環示意圖

雨，雨水仍復降落回洋面者，據估計佔 78%，降落在陸地者佔 22%。此
22% 的水分又有 14% 復經由蒸發作用返回空中，其餘的 8% 則經由逕流
及地下逕流 (subsurface runoff)，仍復回到海洋。這種地表水體以水汽、
雨水和固體的冰雪三種形態，經由海洋、空中及陸地三領域所形成的運
動，就是水文循環。理論上說，這種在地表三度空間的循環運動是平衡
的。如圖 24–1 所示。

第二節　水收支及水資源

水收支觀念

　　對一個地區而言，天空降下的雨、雪，是它的收入，而經由向地下
滲透、植物吸收以及向上蒸發等方式，又將所接受的雨水，予以分配出
去，這種狀況就是該地區的水土收支賬 (soil-water budget)。這種賬最理
想的狀況是收支相等，達到平衡，也就是水平衡 (water balance)。然而由
於地表各地的氣候條件差別極大，很難達到全年水平衡狀態；多雨季節，
土壤中所含水量常會超過飽和而呈現過剩 (surplus)；乾旱季節，土壤中
的含水量又常因短缺而呈現不足 (deficit)。

　　依據桑士偉 (C. W. Thornthwaite) 的水平衡計算方法（參見本書第九
章第五節），可以製成一地水收支的全年圖解，如附圖 24–2 所示。此圖
係由美國南部田納西州京士波 (Kingsport) 的資料製成，圖的橫座標為全
年月份，由 1 月至 12 月，縱座標為土壤水分，左側示公釐單位，右側示

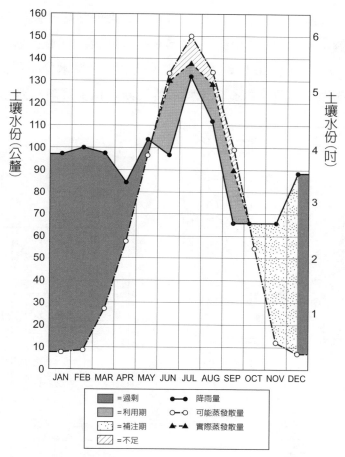

圖 24-2　美國田納西州京士波年平均水收支圖解

吋單位。圖解中代表當地各月雨量的曲線，此項紀錄可由當地氣象站的
雨量計讀得，而與代表該地的可能蒸發散量 (potential evapotranspiration)
之曲線，兩者的相交區，可分別得出：土壤水分過剩期、水分利用期 (soil
moisture utilization)、 水分不足期及土壤水分補注期 (soil moisture
recharge)。上圖所示田納西州京士波，屬夏雨型暖溫帶氣候，年平均雨
量 1,119 公釐，僅在每年的 6–9 月，雨水稍感不足。

　　以下三圖解分別代表：(1)地中海型即冬雨型暖溫帶氣候型的全年水文收支圖解，以北加州的柏克萊 (Berkeley) 為代表，雨量曲線冬高夏低，幾近於無，每年的 5–10 月，有賴灌溉才能維持土壤水分而利植物生長。(2)夏雨型暖溫帶氣候型的全年水文收支圖解，以美國新澤西州的奚布洛

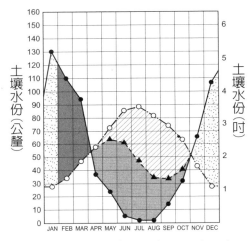

圖 24–3　　柏克萊的全年水收支圖解

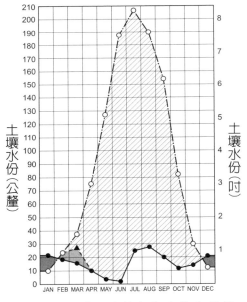

圖 24–5　　鳳凰城的全年水收支圖解

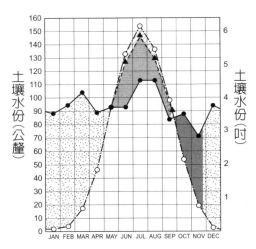

圖 24–4　　奚布洛克的全年水收支圖解

克 (Seabrook) 為代表，當地全年兩量豐足，幾無缺水之月，因而新澤西州林木茂盛，綠茵遍野，久有公園州 (Garden State) 的美譽。⑶溫帶沙漠氣候型的全年水文收支圖解，以美國亞利桑那州的鳳凰城 (Phoenix) 為代表，當地年兩量稀少，圖解顯示幾乎全年缺水，只有 12 月及 1 月，土壤水分不缺。

水資源

　　地表大多數地區均會有季節性兩水不足的現象，在此時期，如需農業生產，則需實施灌溉 (irrigation)，所以水是人類十分依賴的，特稱它為水資源 (water resources)。至於全年缺水的乾燥地區，水更是貴重。中國內蒙古年平均降兩量不足 300 公釐，而年蒸發量卻達 2,000 公釐，當地居民的勞動力，每天有 1/3 的時間用在取水上，要到十幾里外去挑水、拉水以供飲用。中國婦女發展基金會自 2000 年 8 月起，投資在 15 個地區修建了九萬多個集兩水窖及一千多處小型集水工程，這種用混凝土構築的水窖，通過截流的方式來集儲雨水及雪水，使附近的居民可以有水飲用及有水洗臉，這些集水工程於 2003 年完工，據說可以使 77,000 戶居民解決他們的基本用水困難；然而中國大西北地區有 2,000 多萬人民，要想完全滿足他們的用水需求，仍有賴中國政府大量撥款、長期建設才行。

　　即使在潮溼多雨的臺灣，也因兩量的分配不平均，而呈現季節性的缺水現象。臺灣南部的嘉南平原到高雄屏東一帶，每年冬季半年（11–4月）乾旱少雨，雖有烏山頭水庫、阿公店水庫及曾文水庫的蓄積供水，仍難滿足南部人民飲用及工農業用水的需要；北部桃園臺地的農業原賴陂塘灌溉，後又增建石門水庫蓄水，利用桃園大圳灌田；臺北盆地的居

民在光復之初，原本只有數十萬人，經過近六十年的繁衍、聚集，臺北縣市的人口合計已近千萬，對於用水的需求豈止倍增，雖由政府在新店溪上游北勢溪上，攔河築壩，形成翡翠水庫，供應大臺北地區的飲用水，但自 2000 年以來，臺灣北部的冬季雨量明顯不足，以致近年的臺灣北部，每到春季出現水源短缺而不得不實行限水。尤有進者，臺灣北部工業發達，工廠眾多，工業用水量亦大，尤其是新竹工業園區盡是高科技產業，每日以三班制生產，全年無休，對於水的供應猶如電力，不可一時中斷，更不宜列入限水用戶。由上述可見，世界各地對水資源的需求，與時俱增，實不容忽視。

第三節　地下水資源

地下水資源

　　地下水 (ground water) 為地球表層水文循環中重要的一支，是地表下方優質淡水的主要貯存地。據估計：由地表下至 4,000 公尺的地層內，共積貯有 8,340,000 立方公里的淡水，約為地球表面淡水湖群總貯水量的七十倍。地表許多內陸地區均依賴地下水源，如美國位在洛磯山以東的內布拉斯加州，85% 的居民用水依賴地下水的供應，而在農莊 (homestead) 上更是百分之百的依靠地下水作飲用及農業灌溉之用。中國西北的廣大內陸地區，當然更需要開發地下水以供居民需求，但地下水的開發需要鑿井及裝置抽水馬達，費用不低，中國農民貧窮，必需由政府投

資才可廣泛設置。

　　光復以後的臺灣，人口日增，臺北市原來設在新店溪下游水源地的自來水廠，供水已不能滿足臺北市民的需要，當時臺北市府工務局特在臺北市區內，選擇一些公共土地（大多選在學校內），開鑿深井（井深在百米以內），汲取地下水，併入臺北市自來水管線系統，供市民使用；經過十年的汲抽，因臺北市地處盆地，其下方沖積地層鬆軟，上方又逐年增建高樓，遂使地盤呈現下陷，影響地上建築物；政府乃改在北勢溪上興建翡翠水庫，供大臺北地區居民使用，原所使用的三十多口深井，予以封閉，臺北市下方的地下水面乃不再下降。由此可見，對一地區地下水的汲抽不宜超量，也應講求汲抽及補注的動態平衡。另如臺灣西南沿海地區的居民一向飲用當地自鑿的淺水井，水中含有砷元素，導致飲用者自水中吸取毒素，毒素在人體中沉澱，形成烏腳病；光復後，政府在當地改鑿深水井，水質良好，才使烏腳病患者日益減少而逐漸消除。

地下水和河流的關係

　　暖溼地區的地下水面 (water table) 因經常有雨水下滲，地下水面甚高，遇到河床切面，自會入注河床，使河水量增多，河面升高，這種河流可稱為豐水河 (effluent stream)，中國大陸南方的珠江、長江、湘江、贛江等河川，均屬此類；而在乾燥氣候區，地下水面必然低降，昔日華北各地使用井水，汲水之桶需用長繩汲取，可以想見地下水面之深。在此等地區若有河川流過，則所經之地，地下水面甚低，河床中的水會自然下滲，遂使河中水量愈流愈少，這種河流可稱為減水河 (influent stream)，乾燥地區河川均屬此類。二種河川在地下狀況如圖 24–6 所示。

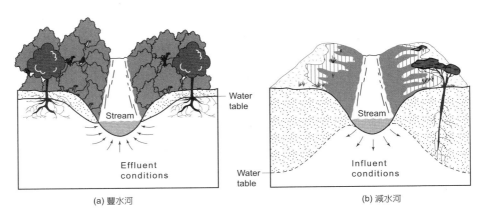

(a) 豐水河　　　　　　　　(b) 減水河

圖 24-6　豐水河及減水河的地下水狀況

地下水在地下分布及和地表人類活動關係

　　地表土壤層因土質疏鬆，土粒間有孔隙，其間含有空氣，此層稱為通氣層 (zone of aeration)，地表雨水沿此層向下滲透，蓄積於地下不透水

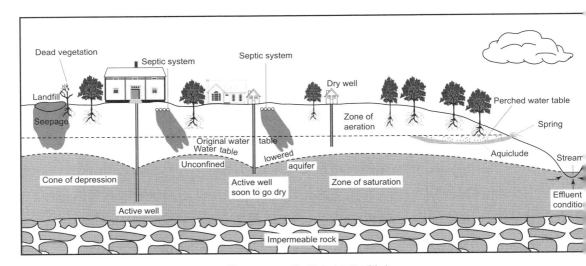

圖 24-7　地下水剖面圖(一)

的岩床 (impermeable rock) 之上，逐漸將孔隙填滿，充滿了地下水，此層稱為飽和層 (zone of saturation)。在此層表面即為地下水面。我們鑿井取水，井深必須達到地下水面以下，否則此井將成乾井 (dry well)。若在地下水面以下，有一薄層不透水層，該區含水量不豐，亦不宜鑽井；井址必須選在主要的地下飽和層之中，且井距深達飽和層下方，才可使深井長期汲抽而不致枯竭。如附圖 24-7 所示。深井鑽成一旦開始汲抽，地下水面在井口四周自會下降，此種現象稱為淺降 (drawdown)，並在地下水面和井身四周接觸區，形成一圈洩降圓錐 (cone of depression)。

　　圖 24-8 代表另一種地形所呈現的地下水分布，在不透水岩層之上，另有上下兩層含水夾層，這種岩層雖也含水，卻因岩隙小，含水不多，但在兩含水夾層 (aquiclude) 間的地層中，卻飽含地下水，是真正的含水層 (aquifer)，不但是地下飽和層的一部分，且因為上下有含水夾層約束，地下水豐富，在其上方鑽井，不但可以鑽得汲抽井 (pumped well)，在適當的地段，甚至可以鑽得自流井 (artesian well)，該區地下水受到地下水

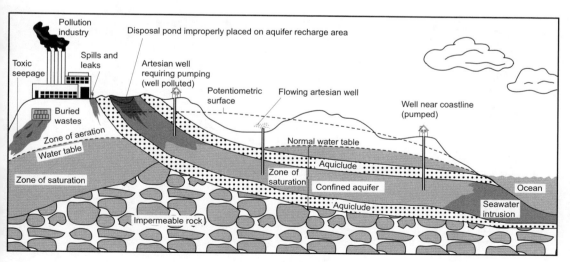

圖 24-8　地下水剖面圖㈡

第二十五章　土壤地理

第一節　土壤的發育及成分

　　土壤孕育發展於地球表面，而人類生活其上，對土地的依賴甚深，古語云：「有人斯有土，有土斯有財」。故地上天然植物紛紛被人類砍伐，使土壤暴露，而加以耕種，當耕種以後，土壤的質地及構造均有改變，因深耕（如犁，耙）可將土壤的表土 A 層和底土 B 層上下顛倒，若二層土壤的顆粒大小不同，則如此翻轉，將使土壤水分的滲透速度改變，增強或減少淋溶作用；另一方面，作物根部所得的養分，均來自土壤本身，若為樹木則其根部可深入土壤母質以覓取養料。

　　人類為求土壤適於生長其所需的作物，經常對土壤作各種適當的處理，例如該地若排水不良，潮溼過甚，則需開掘溝渠以排水；反之若土壤疏漏，則需設法改良土質或增加灌溉；土壤耕作，地力有限，為求充分生產，必須經常施肥，同時各種作物對肥料的需求各有不同，因之一地土壤對此作物適宜，而對其他作物則否，若人類對土壤使用過甚，或施肥過少，均可使土壤發生枯竭現象 (soil exhaustion)，在此情形下，若

不及早增加肥料或停止耕種，以使土地得以休息，則此種土壤終將使產量銳減，得不償失。

　　岩石風化而成土壤，土壤的發育則由氣候、天然植物、土壤母質、土地坡度及時間等五項因素共同長期作用而成，前二者的影響普遍，後二者的作用異地不同，至於第五項「時間」因素對於任何成土作用，均有其重要性。所謂成土作用 (soil forming process) 即指土壤母質經過長期的風化，分解發育而成土壤的一種作用。

　　土壤為一種混合物，所含各種成分並無一定，端視其土壤母質及其他作用而定，但大別之，其成分可分為下述四種：

　　㈠有機物質 (organic substances)：土壤中所含有之動植物及其遺骸在土壤中地位重要，除高等動植物外，低等動植物如蚯蚓 (earthworms)，細菌 (bacteria) 及原生動物 (protozoa) 等，對於土壤的發育均有很大的貢獻，這些微生物並可將有機物質分解成膠狀物，易於溶解，呈黑色，稱為腐植質 (humus)，為植物生長的必需品。腐植質在有些土壤中所含甚多，有些土壤中卻甚少，端視有機物質及水分的多少而定，土壤中的有機物質有下述五項功用：

1. 當有機物質成為溶液以供給土中植物生長時，不僅其中的氮被吸取，磷、碳酸鈣、鉀等亦然。
2. 有機質的酸性有助於土壤中的分解作用。
3. 有機物質為土壤中微生物的生存所必需，而此類微生物又可分解有機物質以供應植物根部的需要。
4. 腐植質的孔狀特性，可多容納水分以分解物質，此不僅可以多多保存水分，且可使礦物質不易因淋溶作用流失。
5. 腐植質的存在，可促使土壤分子有較好的排列，因而利於耕作及植物生長。

㈡礦物質 (mineral substances)：土壤中所含有的礦物質大致均和被岩中的礦物質相同，最多的為氧、矽、鋁、鐵，次有鈣、鉀、鈉等。植物生長所需要的元素共約十五種，除上述各種可由土壤中供應外，植物尚可直接吸收某些氣體，如二氧化碳等。

㈢空氣：土壤中有空隙，可容空氣存在，其中尤以氮氣，經微生物吸收可變為氮素化合物，以供植物吸收，最為有用。

㈣水：土壤中所含的水分可分三類：

1. 重力水 (gravitational water)：土壤顆粒大，雨水下滲可以自由通過。這種水是泉水、井水、及自流井水的來源。

2. 毛細管水 (capillary water)：此水可在土粒間流動，也可被蒸發以去，為植物根部吸收的主要水源。

3. 吸著水 (hygroscopic water)：此水附著於各個土粒表面，互不相通，故不流動，也不蒸發，故植物也難吸收。

第二節　土壤的物理性質

㈠土壤質地 (soil texture)：土壤顆粒大小差別甚大，大土粒可大於 5 公釐，甚或土中含有石礫，為極粗土壤，一般言之，土粒可分為：

1. 沙 (sand)：此種顆粒直徑介於 0.05 到 2 公釐之間。

2. 細泥 (silt)：此種顆粒較小，直徑介於 0.002 到 0.05 公釐間。

3. 黏土 (clay)：此種顆粒最細小，直徑概在 0.002 公釐以下。

在上述三種中，沙最粗大，黏土最細微，介於二者之間，由大到小，尚可分成：壤質沙土 (loamy sand)，沙質壤土 (sandy loam)，泥質壤土 (silt loam)，壤土 (loam)，泥質黏性壤土 (silty clay loam)，黏性壤土 (clay loam) 以及泥質黏土 (silty clay) 等。各種土壤所含沙，泥，及黏土的百分比大致有其一定比例，如壤土中各含有 30-50% 的沙和細泥，另含有 10-20% 的黏土。

㈡土壤構造：土壤構造不宜過密，以便容納水和空氣，植物根部也易在土壤中延展散布，否則成為不易透水的硬土層，耕種困難。良好的黏土和沙泥土孔隙約佔土壤容量的 35% 至 50%。構造良好的土壤，若耕種方法不良或種植作物次數過多，腐植質消耗淨盡，亦可變為惡劣構造，而喪失原來良好的粒狀構造。

㈢土壤顏色：土壤的顏色不同，最能指示土中所具有的物理及化學物質。黑色土表示土中有機物質分解旺盛，亦即腐植質豐富，若土中含有多量的鐵礦物質，則土壤呈紅黃色，反之呈灰白色。一般言之，暗褐色土比較肥沃，淡栗色土較貧瘠；土色濃淡與太陽輻射之吸收量有關，暗褐色土較淡栗色土可吸收更多的太陽輻射。土壤顏色亦為地理重要景觀之一。例如烏克蘭以黑土 (black earth) 著名，四川則被稱為紅盆地，該區紫色沙頁岩經風化後，呈赤紅色，富含礦物質，遠較熱帶所發育的淋餘紅土肥沃。

第三節　土壤的剖面

土壤的地表厚度不一，有厚達 2、3 公尺者，但也有厚僅數公寸者。岩石一旦露出地面，即將遭受風化及侵蝕雙重作用的影響，開始成土作用，逐漸變成土壤。發育完全的土壤剖面，稱為成熟剖面 (mature profile)，

可分為四層：

㈠掠奪層 (zone of robbery)：本層即最上一層表土，此層物質常被雨水淋溶，運入其下 B 層沉積，故又稱淋溶層 (zone of leaching)，本層質地較粗，可溶物質較少，又名洗出層 (illuviated horizon)。

㈡澱積層 (zone of accumulation)：本層又名底土 (subsoil)，所積聚的物質最豐富，有的來自上方 A 層，有的來自下方 C 層，土質細緻而堅硬，又名洗入層 (illuvial horizon)。

㈢被岩層 (zone of mantle rock)：本層為已受風化的土壤母質，有時含有豐富的化學成分，如白色的碳酸鈣及藍灰色的鐵化合物等。

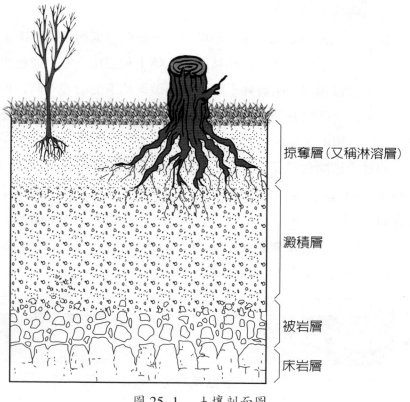

掠奪層（又稱淋溶層）

澱積層

被岩層

床岩層

圖 25-1　土壤剖面圖

㈣床岩層 (bed rock)：本層甫行開始風化，為其上三層風化物質的根本來源。

第四節　土壤的分類

㈠根據形成的地點分

1. 原積土 (sedentary soils)：是由岩石風化，仍在原地沉積的。又可分為殘積土和堆積土。

2. 運積土 (transported soils)：如果將表土搬到他處而沉積的叫做運積土，其中包括崩積土，沖積土，冰積土和風積土等。原積土和被岩的性質相似，由運積土變成的土壤與其下的被岩不同，但如果成土作用時間充裕，土壤母質雖然各不相同，亦能逐漸演化而成同一性質的土壤。

㈡根據土壤的化學反應分：可分為酸性土 (acidic soils) 及鹼性土 (alkaline soils) 兩種。土壤中的酸鹼度可由土中所含有的 ph 值測定之，當土中所含 ph 值為 7 時，稱為中性土 (neutral soil)，7 以下者由弱酸性到強酸性 (4.5)，到 3.0 已達極強酸性 (extreme acidity)；7 以上者為弱鹼性，到 ph 為 10 時，已達強鹼性，如附圖 25-2 所示。

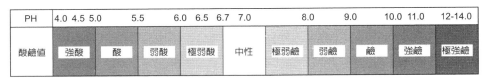

PH	4.0 4.5 5.0	5.5	6.0 6.5 6.7	7.0	8.0	9.0	10.0 11.0	12-14.0
酸鹼值	強酸	酸	弱酸	極弱酸	中性	極弱鹼	弱鹼	鹼	強鹼	極強鹼

圖 25-2　土壤酸鹼度分類標準

雨水在空氣中吸收二氧化碳，具有酸性，滲入土中，土內又有有機物質分解後所產生的各種酸類，與水混合，變為酸性水，可將土中石灰質及其他鹽類溶解，此種作用稱為淋溶作用 (leaching)。經過淋溶的土壤，化學反應為酸性，稱為酸性土。此種土壤易成於多雨地帶；另在乾燥地帶，土壤中所含的石灰質及鹼質不惟無水淋溶使之減少，反因水汽蒸發而將地下鹼質也逐漸吸引至表土之上，使化學反應呈強鹼性或石灰性，此種土壤稱為鹼性土；若土壤中化學反應為中性，叫做中性土 (neutral soils)。酸性強的土壤不適於微生物及蚯蚓等生存，對於能製造氮素的根瘤菌尤為有害，故酸性土比較貧瘠，所以熱帶地區的土壤特別需要使用鈣、鉀、磷等鹼性肥料。鹼性過強的土壤，一般植物也不易適應，且嫌過於乾旱。最適於作物生長者為中性土，但真正的中性土壤甚少，所以世界上農業地帶大部分的土壤為微酸性土或微鹼性土壤。

因土壤所具有的酸鹼性質深受雨量多寡的影響，故酸性土又名淋餘土 (pedalfers)，鹼性土又名鈣層土 (pedocals)；淋餘土中的鈣、鉀、磷等多已淋去，僅含有多量的鋁和鐵，故淋餘土又名聚鐵鋁土，淋餘土又可分為：

　㈠磚紅壤 (lateritic soils)

　㈡熱帶紅壤 (tropical red soils)

　㈢灰棕壤 (gray-brown podzolic soils)

　㈣灰壤 (podzolic soils)

　㈤冰沼土 (tundra soils)

鈣層土則可分為：

　㈥草原黑土 (black prairie soils)

　㈦黑鈣土 (chernozemic soils)

　㈧栗棕鈣土 (chestnut and brown soils)

㈨灰鈣土 (desertic soils)

第五節　土壤的性質

上述九種重要土壤分布於世界各地，茲分別說明其性質如下：

㈠磚紅壤：形成於熱帶雨林區，因雨水豐富，岩石風化迅速，可溶的礦物質全部被地下水淋溶以去，所餘均為矽酸鹽類，氫氧化鈣和氧化鐵等，表土淡紅為鐵質反應，土粒極大，孔隙達 70% 左右，易漏水，土壤下部淋溶作用較弱，礦物質成分較多，適宜樹木生長。

㈡熱帶紅壤：最多發育在熱帶草原氣候區，乾季內淋溶作用不盛，腐植質與礦物質膠體含量較多，如果有水灌溉，可以發展農業。

㈢灰棕壤：產於冷溫帶大陸性氣候區，為硬木落葉林區，土中含腐植質及礦物質膠體甚富，由於冬季凍冰，使淋溶作用有一短期停止，土壤構造較佳，酸性不強，宜於農業耕種。

㈣灰壤：發育於副極地氣候帶，為針葉林區。冬冷夏涼，微生物甚少，有機物分解緩慢，表層甚薄，其下主為礦物質，酸性很強，土色灰白，故名灰壤。因缺乏蚯蚓等動物翻轉土壤，有機層和其下的灰白層不能互相混合，兩層分界顯明，因其構造不佳，耕種較為困難。

㈤冰沼土：分布在苔原區域，因氣候酷寒，夏季亦僅表土解凍，地表水無法下滲，積水無法宣洩，故排水不良，坡地排水較佳，夏季可生矮短草類。

㈥草原黑土：此類土壤為灰棕壤和黑鈣土間的漸移土壤，具有二者特性，土色和質地與黑鈣土相似，而所含石灰質與鹼質成分甚低，又似

灰棕壤，是以此土極肥沃，含豐富腐植質，為重要農業地帶。

㈦黑鈣土：發育在茂草原氣候區，年雨量較少，淋溶作用不盛，腐植質豐富，土壤呈黑色或暗棕色，構造佳良，是大農業區。

㈧栗棕鈣土：土呈棕色，地生短草，雨量由 300 至 500 公釐，淋溶作用較微，土壤肥沃，可供農業發展，但若雨量過少，稱為棕鈣土。是貧草原土壤。

㈨灰鈣土：此土乃沙漠氣候下之產物，色灰或棕，腐植質極少，又乏氮素，但可供溶解的礦物質在土中積存甚豐，如果有水灌溉，亦可種植作物，如尼羅河下游等地。

第六節　世界土壤分布和氣候及天然植物的關係

在生成土壤的過程中，氣候形式和天然植物之種類二者的作用最大，因之世界土壤種類的分布，也大致和氣候帶及植物帶相吻合，為顯示三者相互間的關係，美國氣候學者布魯曼斯托 (Blumenstock) 及桑士偉於 1941 年在《氣候與人》(*Climate and Man*) 一書中，曾繪有三幅簡明圖表說明它們之間的關係，如附表 24–1 所示雖為一表，實際為一顯示北半球的簡圖，⒜示世界氣候區之分布；⒝示世界天然植物區之分布；⒞示世界土壤之分類。從而可見三者是如何的相似相關。

表 25-1　氣候植物土壤三相關表

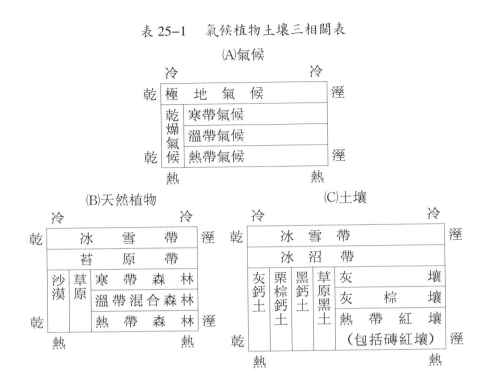

(A)氣候

(B)天然植物

(C)土壤

第七節　土壤破壞及其保持方法

土壤容易遭受破壞的原因有下述各點：

㈠土壤侵蝕：土壤發育完成後，復經人類精心處理，使表土非常細緻，遂易遭雨水及風力挾帶以去，此類大規模的表土侵蝕 (sheet erosion)，對土壤的破壞性常極大。表土內所有的礦物質和腐植質等，均易被淋溶而去，如侵蝕猛烈，土壤可由沃壤瞬變瘠土，難以耕種。

表土有高低紋路，經雨水沖刷，可變為溝壑，洪水侵蝕底土，稱為溝壑侵蝕 (gully erosion)，此項侵蝕如賡續發展，可變為山谷流水向下侵及土壤母質及被岩，此時土壤盡失，成為河流侵蝕。一次每小時 100 公釐的暴雨，可在每英畝面積的範圍內，攜走十至十五噸的土壤，其對土壤侵蝕沖刷力之大可知。

㈡耕耘不當：若耕耘的方法不當，常易引起土壤侵蝕，例如在山坡地帶耕作，若耕種方向與山坡方向平行，表土最易喪失；臺灣山胞燒山耕田，僅可耕種一二季，土壤即遭大量侵蝕，無法繼續在原地耕種，必須另行燒山闢田，對於土地的質被破壞迅速，土壤侵蝕隨之加劇。

㈢灌溉不當：灌溉本對農作有益，但在乾燥地區水源不繼，則土內溶於水中的鹼質，由於蒸發作用，隨毛細管水上升，水分蒸發後，鹼質在地面積聚，變為鹼地，無法耕種。

㈣種植不宜：同一土壤若連續種植一種作物使土中某些礦物質養料銳減，生長力衰竭，亦為破壞土壤的一因。

優良土壤的培育需時甚久，但破壞迅速，人類對土地的依賴甚深，故對土壤的保持 (soil conservation) 工作必須研求，以免多遭損失。保護土壤減少侵蝕從而增加生產的方法主要有下列各項：

1. 等高線耕種法 (contour planting)：旱田的耕種方向應與山坡方向直角相交，使山水下流緩慢，減少沖刷能力，以保持土壤。

2. 建立梯田 (terrace field)：在斜坡山地，建立梯田，既可蓄積水源，種植水稻，又可使地面平坦，防止表土侵蝕。

3. 表土已被侵蝕之區，可散播草種或遍植草類植物或造林，以培育新土壤。

4. 在乾燥區域，耕種的方向應與盛行風向直交，以減少風力侵蝕。

5. 在沿海多風地區，應種植防風植物，以求鎮定海濱細沙，不致內

揚，並免侵及內地佳壤。就臺灣言，沿海防風植物計有馬鞍籐，龍爪豆，芒草，貓鼠刺和甜根子草等。而在距海稍遠的多風區，宜種植防風林，以防細沙侵入。防風林的防沙能力可防護樹高二十倍距離內的作物不被沙襲，區內作物產量，平均可增加 20-30%，臺灣的防風林木，有相思樹，赤柯，黃槿，赤榕，刺桐，木麻黃等。新竹及桃園臺地上茶園四周均種植相思樹，即在保護茶樹少受強風吹襲，使茶葉終年保持光澤溼潤。

6.輪種：作物種類不同，所需要的植物養料亦異，故施行輪流種植，可免土地內某幾種植物養料被耗盡，而其他養料卻嫌過剩。

7.施肥：施用堆肥及化學肥料可以增加土壤肥度，提高生產量，臺灣土壤年需大量化學肥料，若施肥不足，產量立即銳減。

8.種植豆科植物，可以增加土壤內的氮素。

9.深耕：使表土與底土可以澈底混合，土中養料可以充分利用，深層害蟲也可被翻至表面被凍死或被鳥類吞食。

〔問　題〕

一、土壤中的有機物質有那些功用？試述之。

二、土壤的成熟剖面可分為那幾層？試述之。

三、何謂淋餘土？淋餘土可有那幾種？

四、何謂鈣層土？鈣層土可有那幾種？

五、試述土壤破壞的原因。

六、土壤十分珍貴，應如何保持？試述之。

第二十六章　生物地理

第一節　自然環境對於生物的影響

　　探討生物和人地關係的學問叫做生物地理學 (biogeography)。地球表面的氣候和地形既有許多的差異和變化，因之在地表所育成的生物也受到周遭環境的重大影響。一般言之，動物因具有行動的能力，可以尋求適於其生長繁殖的環境。因有皮毛可以禦寒，故北極熊可在冰天雪地中活動；因有翼翅可供飛翔，故北雁南飛，成為候鳥，以求適應氣候的變化。但每種動物仍以在其最適合的自然環境中，其種族始易繁衍昌盛。例如羊盛產於溫帶和寒帶，不適於高溫多雨的熱帶，騾馬盛產於溫帶，過熱或過寒的氣候均非所宜，而在特殊的自然環境下，也可發育出特殊的動物，例如青藏高原上的犛牛，沙漠之舟的駱駝，南美洲安地斯山區的駱馬和駱羊，暖溫帶及熱帶潮溼氣候下的水牛，都能特別適於各該地區的自然環境，成為當地人類生活所不可缺少的役獸。

　　植物因不能移動，故所受自然環境的限制較動物為大，影響植物分布的自然因素有下列五點：

㊀氣溫：每一種植物都有三種臨界溫度 (critical temperature)，即(1)上限溫度，(2)下限溫度，(3)最適宜溫度。前二項溫度若再過高或過低，該類植物即無法生長。植物生長所需要的溫度下限和冰點並不一致，有些熱帶植物在冰點以上即已死亡，另外一些寒帶植物卻可在冰點以下長期存在。

㊁日光：植物本身不能發生熱力，日光為植物所需的熱力來源，同時日光又可發生光合作用，為植物製造葉綠素所不可缺乏，故植物對於陽光的倚賴甚深。生長於陰暗地區的植物，枝葉一定特別茂盛，開花遲緩，花期短促，並儘量向有陽光的地方伸展；反之，生於陽光下之植物，其花卉必特別美觀大方，枝葉則必較細小。

㊂水分：任何植物不能無水而生長，一般植物以根部為其養料及水分的主要輸入口，水分進入根部，變為樹液，經過幹枝運輸，直達葉面。也有些植物反其道而行之，利用葉面吸收露水以發育，遇有剩餘則透過根部將水分排入土中，俟需要時再重行吸取。沙漠植物對於水源的尋求更不遺餘力，檉柳的根可以深入地下 100 呎以搜集水分；墨西哥北部和美國西南部的大仙人掌，其向下直根雖只有 3 呎，但其橫根卻向四面八方伸展，水平距離可達 90 呎，形成一大根網。

㊃土壤：沙漠土壤利於排水，如種植作物以花生，山芋等根作物為宜，以免果實在土中腐爛；水稻則宜植於不透水之粘質壤土中，以防漏水。副熱帶的灰壤酸性甚強，不利於一般植物，只能生長石南 (heather) 及金雀花 (furze) 等；桃園中壢臺地上之熱帶磚紅壤，內含氧化鐵，富有酸性，不利於一般作物生長，故發展成大茶園作業區 (tea plantation)。

㊄風：風力可以促進蒸發，增加水分消耗，若水源補充不繼，植物將不易生長，甚或死亡。中國大陸福建沿海及臺灣海峽，每年冬半年東北季風強烈，使樹木不易生長，澎湖樹木高度每和圍牆等高，逾此則葉

面枯萎，純由風力過強所致。

第二節　植物的分類

植物依其形態，輔以氣候的差別，可以分成下述四類，這種分類方法因係依氣候為根據，故也可視作地理上的植物分布。

㈠森林植物 (forest association)：

1.熱帶森林 (tropical forest)。

⑴熱帶莽林 (jungles)。林中多猿猴、蛇類、鳥類及各種昆蟲，河濱有河馬，鱷魚等息止。

⑵熱帶季風雨林 (tropical monsoon rainforest)。

⑶熱帶灌木林 (tropical scrub forest)。大型動物如象、犀、獅、虎、長頸鹿等在本區活動。

2.溫帶和寒帶森林 (mesothermal and microthermal forests)。

⑴地中海型灌木林 (mediterranean woodland and shrub)。

⑵溫帶混合林 (mixed forest)。土地已充分開發為農田，野生動物稀少，只有少數野兔、狸、獾、黃鼠狼等。

⑶寒帶針葉林 (microthermal conifers)。在本區活動之動物有鹿、麋、狐、兔、熊、獺、貂及馴鹿等，鳥類以雁、鷹為多，雁為候鳥，馴鹿為候獸。

㈡草原植物 (grassland association)：

1.熱帶草原 (tropical grasslands)。食草動物如羚羊、鹿等及食肉動物如獅、虎、豹等均在本區活動。

(1)疏林草原 (wooded savanna)。

(2)高草原 (savanna)。

2.溫帶及寒帶草原。

(1)茂草原 (prairie)。或譯為溼草原，係指雨量較多區的草原。

(2)貧草原 (steppe)。或譯為乾草原，係指雨量稀少，半乾燥區的草原。

(三)沙漠植物 (desert shrub)：駱駝及牛羊馬等均可在本區活動，駱駝適應沙漠的能力驚人，體內所儲水量可供自身 7–9 天之需，牠並有準確尋找水源的本能，故被譽為「沙漠之舟」。

(四)苔原植物 (tundra vegetation)：苔原地區只有北極熊、海狗、狼、貂、銀狐等耐寒動物活動。

草原區可以說是不宜於森林生長之區，此多因底土不良或其他氣候條件不利於林木，但任何森林區均可繁衍草類。大致言之，草原植物應為森林及沙漠植物間之過渡地帶，地中海氣候夏季乾熱，而草根淺短，不耐久旱，故該氣候區不利於草類繁衍。沙漠植物稀少，耐旱之野草及荊棘，多成束存在，偶有仙人掌 (cactus)，檉柳等棘類小灌木，高僅數吋，葉莖表面多絨毛小刺，平時枯黃，毫無生氣，一旦降雨，立現生機，大漠中草苗青綠，野花齊放，這些花草生長的速度迅捷，從種子發芽經開花至結種，前後僅需一星期。新生成之種子降落於漠地中，也許再等三、五年，始可遇雨，重新萌芽生長。沙漠植物儲水能力驚人，在仙人掌堅厚的幹莖中可儲水達數百加侖。至於苔原植物只有苔蘚 (mosses)，地衣 (lichens) 及管茅 (sedges) 等。

第三節　人類對於動物的利用

　　人類開始懂得蓄養動物 (animal domestication)，以為己用，由來已久，新石器時代的原始人類，已開始以狗為伴，與狗為伍，故狗類為人群服務，成為家畜，相信已有萬年歷史。而後牛、羊、馬等食草類動物相繼成為家畜，人類的社會結構也由漁獵經過牧畜而進入農業社會。

　　從發生學的觀點看，人類飼養動物的基本目的在利用，但利用的方式則隨社會環境而有異。大別之可分為：

　　㈠食物的目的 (food purpose)：古人「茹毛飲血」為以動物為食的簡明寫照。二、三千年前的匈奴人更是「羶肉酪漿，以充飢渴」。人類飼養的家畜，家禽，均是以食用為基本目的。推而廣之，園中養蜂取蜜，海灘插竹採蚵，仍是以食為目的。此在古代，是因食物保存不易，故將活生生的動物養於身側，可隨需要而取食；現代則以全球人口日增，食需浩繁，必須大量生產肉類，以供需要。故今日商品化的畜產國家在畜、禽品種的改良上，飼養的方法上以及飼料的配製上，經常多方講求，俾能達到產量高，品質好，價格廉之目的。

　　㈡禦寒的目的 (protection purpose)：人類為禦寒蔽體，很早即以獸皮為衣、為褥，其後因所飼牛羊甚多，遂以羊皮為最廉價的皮衣，中國大陸北方冬季人民多以羊皮袍禦寒，貧苦農民亦有一件老山羊皮襖。羊毛織毯，在蒙古，搭成蒙古包，「韋韝毳幕，以禦風雨」，在塞北已有數千年歷史，寒帶人民通常以狼皮、虎皮為褥，狐皮、貂皮因日漸稀少，遂成今日名貴的皮衣。至於養蠶繰絲以成絲綢，剪取羊毛織成毛線呢絨，

則是利用動物產物經過加工後的衣料。

㈢工作的目的 (work purpose)：人類最基本的兩項需要 —— 食、衣，藉蓄養動物達到後，由於無止境的慾望，乃更進一步的訓練動物以協助其工作。於是用牛、馬、驢拉車、磨粉、耕田、騎乘，乾燥地區的人民騎乘駱駝以渡大漠，印、泰各國用大象運送林木，愛斯基摩人久為「使鹿（馴鹿）部落」，小興安嶺的鄂倫春人亦為中國大陸境內的使鹿部族，興凱湖畔的赫哲人不但會役犬拉車，成為少見的「使犬部落」，抑且因為終年以答抹哈魚（鮭，salmon）為主食，被稱為魚皮韃子。我國古代行獵（如元朝貴族），已以獵犬及花豹為狩獵的工具，今日警犬更負起防盜、追蹤、搜索等多種任務，凡此皆是以工作為其飼養目的。

㈣玩賞的目的 (pet purpose)：古代人民生活比較原始化，忙於衣食採集，絀於生活享受，對於玩賞的要求不高，但皇室貴族行有餘力，常以名馬寶駒為樂，唐太宗甚且以其六駿殉葬於昭陵。中古時代民間已耽於鬥雞、鬥鵪鶉、養蟋蟀，樂此不疲，有為之傾家蕩產者。現代人民生活水準提高，有較多餘暇及較高的玩賞能力，故對動物的飼養頗多改變，他們所飼養的動物乃以美觀、柔順、賞心悅目為主，養貓不需捕鼠，養狗毋庸看門防盜，貓狗和主人同居一室，甚且同榻而眠，純以牠們為玩偶。故在培育上，以狗為例，大型狗多供工作之用，小型狗的繁育，則以玩賞為目的。臺北市近年高樓公寓如雨後春筍，住戶庭院大為減少，飼養大型狗者為之銳減，小型玩具犬類如北京狗、獅子狗、貴賓狗等的需求量卻在增加中。

關於動物的繁衍和傳播，在古代受到海洋的隔阻，各洲生物的發育，不盡相同。如青藏高原上特有的犛牛 (yaks)，南美安地斯山地特有的駱馬 (llama) 和駱羊，澳洲乾燥草原上特有的袋鼠 (kangaroo)，紐西蘭島上特有的鷸鴕 (kiwi)，這些動物歷經數十萬年的石器時代，因受海洋橫阻，未

能傳播至他洲，但自近數百年，海洋航路大開，這些局部發育成的特殊動物，已可向外洲遷居移殖，而由於航空運輸的迅速發展，無遠弗屆，世界各地動物的遷徙，更是朝發夕至，久已達到交流的目的。如早期臺灣尚少科學化的養雞業，雞蛋的供應仍以土雞為主，然自民國 40 年的養雞熱潮後，世界各種的蛋用雞如來亨，肉蛋兩用雞如洛島紅、澳洲黑、紐罕希夏，以及肉用雞如九斤黃等，均已畢集島上，使臺灣雞肉及雞蛋的供應，十分充足，價格低廉，迄今市民大眾，均蒙其利。

第四節　森林的分布

　　森林具有枝幹莖葉，其經由蒸發生長所消耗的水分，遠多於草地，但因森林根部深遠，所獲水源之補充較一般草類及作物均多，故可抵抗較長期的乾旱，是以短期旱季對於森林的威脅不及對草原及農作物之甚。在氣溫方面，最耐寒的針葉樹，所需要的最暖月平均氣溫也不低於 10°C，因氣溫過低，樹幹組織將無法成長，故森林在高緯度及高山地區的分布均受到寒冷氣候的限制。

　　史前時代，人口稀少，各地森林密布；其後人口逐漸繁衍，所需生存空間增大，天然林木逐漸被砍伐，尤以溫帶地區為最甚，昔日的茂林修木，今日已成廣大之農耕區域，截至目前，據美國林務局估計，全球尚有之森林面積共約九十億英畝，各洲各主要森林區所佔的百分比約如表 25-1 所示。

　　臺灣多山，林野面積廣大，達 227 萬公頃，其中森林面積共有 180 萬公頃，以熱帶闊葉林為最多，佔 56%（高度在 700 公尺以下），暖溫帶闊

葉林佔 29%（高度 700–2,000 公尺），冷溫帶針葉林佔 15%（2,000–3,000
公尺），寒帶針葉林佔 1%（3,000 公尺以上），此四種林木共八百餘種，
其中具有經濟價值者二百十種，闊葉樹約佔一百八十種，針葉樹約三十
種。針葉林中以臺灣扁柏、紅檜、杉木、肯楠、冷杉、馬尾松等為主；
闊葉樹則有烏心石、樟木、相思木、木麻黃、紫檀、楠木等。

表 26–1　世界森林分布

地　　　　　　　　　　　　　區	百　　分　　比
俄羅斯	18.1
亞洲（俄羅斯除外）	13.3
歐洲（俄羅斯除外）	4.3
北美洲	18.9
中南美洲	23.8
非洲	16.9
大洋洲	4.7

第五節　森林的功用

　　森林為自然資源 (natural resources) 之一種，對於人類有甚多貢獻。
原始人架木為巢，鑽木取火，為利用林木之始，隨後伐木為舍，刨木作
舟，燃料，冶鐵，林木之利用，迄猶未衰，但現已脫離原始方式之利用，
正式成為森林工業 (forest industry)。目前森林之主要功用，約有下述各
點：

　　㈠涵養水源：山地坡度陡峻，水土保持不易，森林及林地枯葉均利
於水分之積貯涵養，故山區上游可闢為水源林，當洪水時，水源林可含

蘊若干水量，減少洪水流量，消弭洪水災害；遇枯水季節，蓄水源源流出，有利於中、下游水源之補充。

㈡防止風砂：海濱河灘多砂之地，宜有防風林，以防止風砂侵入農田，又可分為海岸防風林及耕地防風林兩種，桃園臺地茶園四周的相思樹，即為耕地防風林。臺灣自光復以來，已造海岸防風林約 10,000 公頃，耕地防風林約 1,000 公頃。

㈢美化環境：童山濯濯，乏人喜愛，森林可以點綴風景，美化山川，以供旅遊觀光人士欣賞。在森林區內，旅客可以作狩獵、垂釣、野餐、露營等活動。特大或歷史悠久的樹木，特別吸引遊人，如阿里山之三代神木，美國西部之紅水杉，樹齡已逾三千年，馳名遠近。

㈣利於養殖漁業：沿魚塭四周如種植漁業林，可以遮蔽部分陽光，調節水溫，並利於藻類及昆蟲繁殖，增加魚餌，使魚類便於生息產卵，漁業林並兼有防風及防潮水作用。

㈤森林工業供應：木材供應為森林最基本的功用，舉凡建築，造船，傢俱均需要木材。此外軟木材 (softwoods) 可以用來造紙漿，北美加拿大及北歐洲芬諾斯堪地為世界上最大的紙漿及紙張供應地，全球新聞用紙有 60% 係由加拿大供應，即因加拿大森林資源豐富且已大量開發之故。瑞典每年外銷紙漿在三百萬噸以上；芬蘭在其全國輸出貨物中，木材、紙漿和紙三項合佔 92%，此皆因其國內森林面積廣大，故森林工業特別發達。

此外，木材可以蒸餾成酒精，可以作為人造絲原料，可製三夾板，對於人類之貢獻實非淺鮮。

第六節　森林防護

　　森林既為天然富源之一種，有益於人群，所謂「十年樹木」，植育非易，自應妥加防護，以免受災被害，其防護之道，約有下述數端：

　　㈠防火：森林火災為林木之最大敵人，因一場大火，非惟成樹被毀，幼苗亦成灰燼。美國在 1946 年曾發生森林火災達 96,500 次，被焚面積超過一千八百萬英畝，堪稱浩劫。引起森林火警的原因甚多，但基本上以天氣乾燥、相對溼度低小為最主要，美國華盛頓州哥倫比亞河北岸拉琪山區 (Larch Mts.) 曾於 1902, 1929, 1937 累次發生火災，入山之後，但見枯木成林，盡是昔日火災遺跡，該區火災頻仍，即係由於夏季特別乾燥，相對溼度曾有低達 7% 之記錄，每年夏半年該區為東風，來自艾達荷州沙漠的乾風，穿山越嶺到達本區，因下沉增溫作用，既乾且熱，兼受哥倫比亞河峽谷之約束，風力復甚強勁，時速可達 60 哩 (約每秒 26 公尺)，故一旦火警發生，數分鐘內整個山谷即成火海，非惟搶救不及，即林中野獸也多遭焚斃。誠所謂野火燎原，一發而不可收拾！觸發森林火災的導火線，半為天然因素，半受人為影響，天然的導火線即天電 (light strike)，人為因素多係山地居民闢林燒山為田或將煙蒂拋擲入草叢，若值天乾物燥，即可引起火災。

　　森林防火之方法計有：

　1. 架設瞭望臺：在視界開闊之山頂，設置瞭望臺，架設專線電話，派人守望，遇有火警，立即電告救火單位，儘速前往撲滅。

　2. 開闢森林道路：森林區域宜多闢林道，既利於救火人員之趨往施

救，復可利用道路隔斷火勢，縮小災區。

3. 實行森林火警預報：當天氣特別乾燥之季節，宜隨時注意空氣溼度，以防火警，必要時可劃定山區，限制人民進入，以策萬全。

4. 利用科學設備：一旦火災發生，應以如何減少損失，及早滅火為第一要義。在消極方面，應有電鋸，以便迅速將樹木伐倒，開闢火巷，截斷火勢；在積極方面，可利用飛機飛臨上空，噴洒泡沫滅火溶液或乾冰等物質，以便壓低火勢，控制火場。

㈡防蟲：森林火災為有目共睹之損害，而森森害蟲則為不易察覺之傷害，並常年累月地進行不已，對於林木的破壞力甚大。甲蟲 (beetles) 和蛾的幼蟲可以嚙食種子，象鼻蟲 (weevils) 和甲蟲則經常以樹苗、嫩枝、樹幹及樹根為食料；穿孔蟲 (borer) 寄生在生長中的樹木及枯木上；蛀蟲 (bark borer) 因在樹表皮之下迴環嚙食，足以切斷樹幹養料之供應，使樹木枯死，據估計，自 1917–1943 年間，美國西部白皮松樹和黃松被松樹甲蟲蛀食致死達 250 億板呎 (board feet) 之木材，約和同期所砍伐之松木相垺。對於硬木樹類的害蟲為蝗蟲 (locust borers)；而芋蟲 (caterpillars)，吉普賽蟲 (gypsy)，鋸木蟲之幼蟲等，不拘對針葉樹及闊葉樹均予蠶食；天牛將其卵排注於樹皮之內，俟卵孵化即行在木中嚼食，直到長大成蛹，再變為天牛穿洞飛出始止。

天生萬物常彼此牽制，這些森林害蟲也有其天然敵人，如鳥類，蜘蛛 (mites)，齧齒類動物以及其他蟲類，均以森林害蟲為食物，啄木鳥 (woodpeckers) 及囀鳥 (warblers) 等專在林中覓食害蟲之卵及幼蟲；松鼠 (squirrels)、地鼠 (shrews) 和鼷鼠 (mice) 等最喜掘食冬眠之蛹。除生物間之尅制外，人類尚可利用輕便飛機噴灑藥劑以殺死害蟲，若一旦發現病蟲在某一樹上特多，可將之鋸除或焚死，以防病蟲蔓延。臺灣氣候溼熱，林木所受蟲害甚烈，最嚴重者為白蟻，白蟻在土中孕育，喜食木質，故

可自土中順柱腳向上蠹食，以迄屋樑，為臺灣木造房屋之無聲大敵；第二種為蛀蟲，蛀蟲即天牛之幼蟲，天牛在樹上撒子，如樹木不加處理，即予建築，則天牛幼蟲即開始在木料上繁殖，蛀蟲形狀似蠹，嚙木有聲，擾人殊甚，蛀蟲邊行邊食，食後木屑排泄，堆於體後，故只有仿照啄木鳥之辦法，始可將之覓出殺死。第三種為乾蟻。此蟻亦食木料，食後排泄乾燥褐色顆粒，故名乾蟻，破壞性不及前二者大。臺灣木材除檜木（包括扁柏及紅檜）及杉木外，其他各種樹木統被視作雜木，即因其他各木均無法避免蟻蟲的侵襲。

㈢防病：樹木一旦染病，即將逐漸枯萎，變軟，終至無用。且有些樹病迄今不知如何治療，故一旦染病，只有將染病之樹木，全部芟除。例如 1946 年元月美國所引種的荷蘭榆樹發病，蔓延面積達 23,659 方哩，損失不貲，且未能求得其治療法。1904 年自東方傳染到美洲的栗樹枯葉症 (chestnut blight) 曾將新英倫、紐約、賓州各地的栗樹殺死殆盡。白松和五葉松 (five needle pine) 可以傳染葉銹病 (blister rust)，此病不能直接由一樹傳染至其他樹，必須經由媒介始可。傳播的媒介為紅醋栗 (currant) 及鵝莓 (gooseberry)，故為防止白松傳染葉銹病，必須將白松周圍的醋栗樹及鵝莓等全部清除，始可確保安全。

第七節　海洋生物的種類及其環境的適應

㈠底棲生物 (banthos)。此類生物包括：

　1.各種海底穴居動物，如大部分海蛤及蠕蟲類，一部分甲殼類及海

膽等。

2. 各種海底爬行動物，大部分甲殼類如海蟹、海螺、原生動物及少
數魚類等。

3. 各種附著生物，如海綿、淡菜、牡蠣、海帶、珊瑚、藤壺、水螅、
苔蘚蟲以及各種海藻等。

㈡自游生物 (nekton)。此類生物包括一切可在廣大範圍內自動游泳
覓食的動物，如魚類及其他海中動物，因需具有自游能力，故此類無植
物。

㈢浮游生物 (plankton)。本類生物包括一切無自游能力或自游力極為
薄弱的各種生物，又可分為：

1. 浮游植物 (phytoplankton)。如矽藻類，鞭藻類，鈣鞭毛藻類及藍藻，
綠藻類，尤以前二者為最多，這些藻類可說都是海洋中的草類，
它們吸取太陽能，生產海洋生物所必需的基本糧食，一個橈足蟲
一天就需吞食十二萬個矽藻，所幸這些藻類繁殖迅速，一個矽藻
在三十天內可繁殖一億個子孫！海洋生物學者在一尾青魚腹中找
到六萬個橈足蟲，而一年被人類捕獲的青魚，僅在英國各港即超
過五億尾，由此可見在海洋中浮游的動植物數目是如何的龐大！

2. 浮游動物 (zooplankton)。如有孔蟲，放射蟲，球形蟲等單細胞動
物，水螅，水母，扁蟲類，圓蟲類，橈足類，蔓足類等均屬之，
此外尚有軟體動物及棘皮動物的幼蟲和幼魚等。

上述三大類海洋生物因生活習慣不同，其生活環境也不一樣。底棲
生物都生長於海底，但如海底過深（200 公尺以上），陽光無法射入，則
底棲植物無法生存，僅有少數動物生存其間。在水深 100 公尺內，因日
光充分，且多位於大陸邊緣，自陸上流入之沉澱養料甚多，各種藻類均
可繁殖，同時也為魚類繁育的場所，成為豐富的漁場。至於自游動物的

生息環境，則以全部海洋為範圍；浮游生物無自游能力，大部隨洋流移動，洋流的動向不同，所挾帶的浮游生物也有異。如寒流中多矽藻類，暖流中多鞭藻類，寒流中矽藻類數量最多，為食草動物的最好食料，如鱈魚，鮪魚等，都追逐這種藻類而移動，歐洲北部的北海和波羅的海，沿海魚產的豐歉，全視海流的消長與運來的浮游植物多寡而定。至於浮游動物則以暖流中較多，因熱帶海洋的營養循環迅速；浮游動物的生長旺盛，因之賴浮游動物為生的動物──魚類，也極豐富。

　　動物的體色常與環境的顏色相似，以資保護，海中動物亦然，大洋中魚類背部均為藍色或綠色，腹部為白色，使其他動物不拘從上面或側面看去，均與周遭環境相若，以避免捕捉；浮游動物因漂浮水中，故透明無色者居多，另有些魚類的體色，可隨時變換，以免外界注意，最顯著者為比目魚，當其棲息於泥沙質的海底時，其覆於泥沙的一面為白色，向上一面的顏色和花紋和側旁的泥沙無異，若泥沙中雜有貝殼，含有花紋，則比目魚的表面也有這種花紋，頗有不可思議之妙。此因魚體內有一種變色體，皮層內含有數種顏色的色素變色體，在靜止時，為圓形小粒，各粒不相連接，但在作用時，色素體變為放射狀，超出白色原形質之外，放射的長短可以自由伸縮，使色素體互相重疊，因而配成各種顏色。

　　深海中無外界光線射入，可謂黑暗世界，在深海中生息之魚類仍有視器官，其光源大多來自其自身的發光器，例如烏賊的墨囊中，有一種腺，可以分泌發光的膠質，有人試驗用六個甲殼類海底動物，放入玻瓶，所生光亮可供閱報；深海魚類還有一種適應黑暗環境之法，即利用觸鬚或觸角，如琵琶魚的觸鬚較其本身長數倍，非常靈敏，當小動物接近時，由觸鬚感覺，即可張嘴吞食。

　　海洋動物以冷血為多，體溫隨其環境的溫度而變化，故對海水溫度

之需求特強，如珊瑚類必須生長於全年水溫在 20°C 以上，年較差小於 7°C 之海洋，故溫帶海洋內無珊瑚蹤跡。一般言之，沿岸生物的適溫性最大，比較不怕嚴寒酷暑，淺海生物的適溫性比較狹，大洋或海底生物的適溫性最小，因此有些大洋動物為追尋其適宜的溫度起見，往往有季節的週流，此種現象對漁業的關係甚大，例如每年冬季南來臺灣的烏魚，即為躲避北方的寒冷而南來產卵的。若一旦海水溫度驟然變化，可使水中生物大量死亡，例如 1882 年 3–4 月由波士頓至紐約沿海，因有不同水溫的海流經過，使海底的一種 (tile) 魚大量死亡，約達一億尾，海底魚屍堆積達 6 呎之厚。

　　海中生物對於鹽度的適應頗不一律，大致在大洋及深海的生物對鹽度的變化，感覺敏銳，而沿海生物，隨海水漂流抵海岸，並可逆江而上，生息於淡水中，待長成後又沿江而下，再去深海產卵，所經鹽度可自 35% 以至淡水。另有一種甲殼類動物，可在近於飽和的鹹水中生存。

　　海洋中生物門類如此繁多，甚且在陸地上早已絕跡的生物，卻仍可在海洋中捕得之，此係何故？根據若干事實，生物學家認為海洋是古代動物發展的場所，甚且有人認為目前所有的動物，都是由海洋進化而來，其所持論點：

　　㈠就全部動物的大類 (門) 來看，每門動物海中均有代表動物存在，這是因為海洋環境非常均一，入陸地後，為適應各種陸上環境，才產生許多變種。

　　㈡到目前為止，還有許多動物具有海洋的習性，如有幾種海蟹，在海洋中出生後，即進入淡水，成年後又回到海洋中去產卵；另如西北太平洋東西岸沿海盛產的鮭 (salmon)，在產卵前一定分別上溯至哥倫比亞河及烏蘇里江一帶上游，在淡水中產卵孵化後，即順流進入海洋，以至成魚，凡此均為海洋習性的顯示。

㈢海水乃一種稀薄的鹽類溶液，最適於生物細胞的生存。

由上所述，我們可以說：海洋是各種原始生物的繁生地；陸地則為各種高等動物逐漸進化而發生變種的場所。

〔問　題〕

一、試述影響植物分布的自然因素。

二、試述植物的分類。

三、試述人類對動物的利用。

四、試述森林的功用。

五、森林應如何防護？試述之。

六、試述海洋生物的種類。

名詞索引

G

N

schist　片岩　197

school of determinism　必然論學派　12

school of man-land relationship　人地關係學派　12

school of possibilism　可能論學派　12

school of regionalism　區域論學派　13

scrub　灌木　137

sea arches　海拱　319

sea caves　海穴　319

sea cliff　海崖　312

seamount　海山　216

sea trough　海溝　304

Secondary　第二紀　32

secondary cold front　副冷鋒　120

secondary loess　次生黃土　285

secondary rocks　次生岩　195

secondary undulation　次生波　227

secant cone　割截圓錐　64

sedentary soils　原積土　352

sedges　管茅　362

sedimentary rocks　沉積岩　195

sedimentation　沉積　281

seismic wave　地震波　227

selenite　石膏層　279

semiarid climate, BS　半乾燥氣候　139

sequential form　中期地形　256

severe weather　劇烈天氣　132

shale　頁岩　192

shallow water deposits　淺海沉澱　218

shaping　造形作用　277

shearing force　剪移力　302

shear line　切線　133

sheet erosion　表土侵蝕　356

sheet floods　片汎　276

shelf ice　陸棚冰　301

shield volcano　盾狀火山　205

shoal　海洲　216

shooting stars　流星　17

shore　海濱　312

shoreline　海濱線　312

shorelines of emergence　下移濱線　315

shorelines of submergence　上移濱線　315

shrews　地鼠　369

shrub　灌木林　137, 361

sial zone　矽鋁層　24

sidereal month　恆星週期　22

sierra　山脈　331

silica　矽　24

silt　細泥　349

silt concentration　含沙量　247

silt loam　泥質壤土　349

siltstone　細泥岩　196

silty clay　泥質黏土　350

silty clay loam　泥質黏性壤土　350

sima zone　矽鎂層　24

◎經濟地理　　姜善鑫 陳明健 鄭欽龍 范錦明　編著

　　經濟地理(Economic Geography)是一門研究人類的經濟學活動(Economic Activity)、經濟系統(Economic Systems)的空間組織(Spatial Organization)和發展、及人類利用地球資源等之區位(Location)問題的科學。經濟地理是一門具有高度實用且有悠久歷史的科學。最早期，經濟地理又名商業地理(Commercial Geography)。隨著地理學的發展，經濟地理的內容與研究方法也日趨多元。

◎都市地理學　　　　　　　薛益忠　著

　　本書係作者根據多年來教授都市地理及相關課程的研究與教學心得，並加以整理撰寫而成。其內容涵蓋了都市地理學的主要概念、理論、及實證研究結果。本書儘可能列舉國內外實例，來作深入淺出的分析，特別著重於臺灣的個案，以比較西方理論與臺灣個案研究結果之異同，並突顯本土化之研究。

◎歷史地理學　　　　　　　姜道章　著

　　本書討論歷史地理學的基本理論和方法，展示若干研究實例，並評述美、英、法、日及我國歷史地理學的發展。書末附錄兩篇，一為邵爾的「歷史地理學引論」，另一為哈特向的「地理學中的時間和起源問題」，兩者是極為重要的歷史地理學文獻，代表二十世紀美國兩位地理學大師對歷史地理學的看法，也代表國際地理學兩大派別的觀點。

◎地圖學原理

潘桂成　著

　　地圖以圖像式的表達，詮釋人對環境的觀感與判斷，故能引領人們更直接而深刻的認識這個世界。在科技日新月異的今日，地圖的運用層面相當廣泛：舉凡軍事國防、經濟建設、學術研究、教學方法、日常生活……等，在在與地圖有著密不可分的關係。本書附有多達300幅的參考圖片與詳實精確的表格資料，搭配簡明清晰的敘述，可謂理論與實務兼備。另外，書中特別強調培育地理素養、將地理觀點納入製圖思維的重要性，此特色在國內地圖學相關書籍中實屬難能可貴，是您不二的選擇！

◎經濟學

王銘正　著

　　本書特色如下：1.舉例生活化：除列舉許多實例來印證所介紹的理論外，也詳細的解釋我國總體經濟現象。希望透過眾多的實務印證與鮮活例子，讓讀者能充分領略本書所介紹的內容。2.視野國際化：詳細介紹「國際金融」知識，並利用相關理論說明臺灣與日本在1980年代中期之後的「泡沫經濟」，以及1997～1998年的「亞洲金融風暴」。3.重點條理化：在各章開頭列舉該章的學習重點，除可助讀者在閱讀前掌握每一章的基本概念外，也能讓讀者在複習時自我檢視學習成果。